清华大学研究生公共课教材——数学系列

泛函分析基础

步尚全 编著

清华大学出版社
北京

内 容 简 介

本书主要论述泛函分析的基本内容及其在分析及逼近论中的应用. 全书共分为五大部分，依次论述度量空间、赋范空间、内积空间、赋范空间中的基本定理及有界线性算子的谱论.

本书可以作为综合性大学工科各专业学生以及没有修过实变函数的理科各专业学生学习泛函分析的教材，也可以作为数学系学生学习泛函分析时的参考书.

版权所有，侵权必究。举报：010-62782989，beiqinquan@tup.tsinghua.edu.cn。

图书在版编目（CIP）数据

泛函分析基础/步尚全编著. —北京：清华大学出版社，2011.5（2024.8重印）
（清华大学研究生公共课教材. 数学系列）
ISBN 978-7-302-25057-9

Ⅰ. ①泛… Ⅱ. ①步… Ⅲ. ①泛函分析－研究生－教材 Ⅳ. ①O177

中国版本图书馆 CIP 数据核字（2011）第 046013 号

责任编辑：刘　颖
责任校对：王淑云
责任印制：杨　艳

出版发行：清华大学出版社
网　　址：https://www.tup.com.cn，https://www.wqxuetang.com
地　　址：北京清华大学学研大厦 A 座　　邮　编：100084
社 总 机：010-83470000　　邮　购：010-62786544
投稿与读者服务：010-62776969，c-service@tup.tsinghua.edu.cn
质量反馈：010-62772015，zhiliang@tup.tsinghua.edu.cn
印 装 者：涿州市般润文化传播有限公司
经　　销：全国新华书店
开　　本：185mm×230mm　　印　张：12.75　　字　数：276 千字
版　　次：2011 年 5 月第 1 版　　印　次：2024 年 8 月第 11 次印刷
定　　价：39.00 元

产品编号：040418-05

前　言

泛函分析是数学的一个抽象分支，它起源于经典分析．人们在研究各种实际数学问题时发现，虽然他们研究的对象不同，有时可能是序列，有时可能是函数，有时可能是欧氏空间中的点，但他们研究这些问题的方法和技巧本质上是一样的．人们根据这个事实，通过对问题的提炼，而获得了解决这些问题有效而统一的途径，形成了一套综合应用代数、分析和几何的理论，这就是泛函分析的起源．泛函分析与数学的几乎所有学科均有内在的联系，在微分方程的现代理论、调和分析、随机过程与随机分析学、计算数学、生物数学以及经济数学等数学分支中有着十分重要的应用．泛函分析在规划与优化、电子信息、控制论、自动化及管理学等方面也有着十分重要的应用，这也是越来越多的大学对工科学生开设泛函分析这门课程的原因．

本书是针对工科各专业学生和没有修过实变函数的数学系学生讲授的泛函分析教材．考虑到工科学生一般仅仅掌握高等数学的基本内容，对于较深的数学内容（如拓扑、Lebesgue 积分及集合论）所知甚少，我们在本书的编写过程中力图避开应用这些较深的数学内容．考虑到工科学生的数学基础，我们尽量将所编内容细化，在证明的推导过程中尽力给出详细过程．只要了解高等数学基本内容的学生就可以不费力地读懂此书，从而掌握泛函分析的基本内容及其在实际中的应用技巧．我们希望学生们通过对详细推导过程的阅读和理解，不光可以掌握泛函分析的基本内容和应用技巧，也可以同时提高他们的抽象逻辑思维能力，这对他们以后在学习和工作中掌握更加深入的数学知识是十分必要的．

本书涵盖了泛函分析的基本内容．第 1 章讨论度量空间，这是全书的基础．在这一部分中，将给出度量空间的基本例子，研究度量空间的基本性质，包括开集、闭集、内部、闭包、稠密性、序列的收敛性、可分性、完备性、紧性、映射的连续性等，在这一部分里还将介绍著名的 Banach 不动点定理，它在数学的许多分支均有重要的应用．第 2 章讲授赋范空间的基本内容，包括线性空间的维数、Hamel 基、线性算子、线性泛函以及线性泛函的表示等．第 3 章研究内积空间，主要内容包括 Hilbert 空间的正交投影、正交分解、标准正交基以及 Hilbert 空间上有界线性泛函的表示等．第 4 章是本书的核心内容，将建立赋范空间中的四大基本定理，即 Hahn-Banach 定理、一致有界性原理、开映射定理和闭图像定理，在这一章里还将给出这些基本定理的几个应用．第 5 章主要讨论有界线性算子的谱论，首先给出谱论的一般理论，然后研究紧算子的谱论及自伴算子的谱论．

由于工科学生更加注重泛函分析的应用，我们在每个重要理论之后力图多给一些此类抽象理论的具体应用．这些应用包括 Banach 不动点定理在求解线性方程组、微分方程初值问题解的局部存在性、求解函数积分方程及隐函数存在定理方面的应用．在第 4 章的最后一节,给出了泛函分析在逼近论中的几个应用,包括 Chebyshev 多项式、最小二乘法及三阶样条函数等. 另外在第 4 章还给出了一致有界性原理在周期函数傅里叶级数收敛性、序列的可求和性以及求数值积分等方面的几个典型应用. 为了使所讲授的主要内容紧凑些,将与集合的半序性及势的概念与基本性质安排在附录中,以便于读者自己补充这方面的知识.

本书是作者在清华大学多年讲授针对工科研究生的基础泛函分析这门课程的讲义基础上形成的. 在本书的撰写过程中,得到了不少专家、同事及这门课程助教们的支持和帮助,作者借此机会一并向他们表示衷心的感谢. 对于书中的疏漏之处,也请读者给予批评指正.

步尚全

2010 年 9 月于清华园

符 号 表

$\mathbb{K}$	实数集或复数集
$\mathbb{R}$	实数集
$\mathbb{C}$	复数集
$\mathbb{Q}$	有理数集
$\mathbb{N}$	自然数集
$\mathbb{Z}$	整数集
$\mathrm{Re}(\lambda)$	复数 λ 的实部
$\mathrm{Im}(\lambda)$	复数 λ 的虚部
$\bar{\lambda}$	复数 λ 的共轭复数
$d(x,y)$	从 x 到 y 的度量
$B(x,r)$	以 x 为中心以 r 为半径的开球
$\bar{B}(x,r)$	以 x 为中心以 r 为半径的闭球
$S(x,r)$	以 x 为中心以 r 为半径的球面
M°	M 的内部
$\bar{M}$	M 的闭包
M'	M 的导集
$\rho(x,M)$	点 x 到集合 M 的距离
$\mathrm{diam}(M)$	集合 M 的直径
s	全体数列之集
$\ell^p\,(1\leqslant p<\infty)$	p-阶可和的数列空间
ℓ^∞	有界数列空间
c_0	收敛到 0 的数列空间
$C[a,b]$	闭区间 $[a,b]$ 上的连续函数空间
$D(T)$	线性算子 T 的定义域
$N(T)$	线性算子 T 的零空间
$R(T)$	线性算子 T 的像空间
I_X	X 上的恒等映射
$\mathrm{span}(M)$	由 M 生成的线性子空间
$\dim(X)$	线性空间 X 的维数
X^*	线性空间 X 的代数对偶空间

符号表

X'	赋范空间 X 的对偶空间
X''	赋范空间 X 的二次对偶空间
$\|T\|$	线性算子 T 的范数
$B(X,Y)$	从赋范空间 X 到赋范空间 Y 的有界线性算子空间
$B(X)$	赋范空间 X 上的有界线性算子空间
$T(M)$	集合 M 通过映射 T 下的像集
$T^{-1}(M)$	集合 M 在映射 T 下的逆像
T^*	算子 T 的共轭算子或伴随算子
X/M	商空间
$\hat{x}$	商空间中 x 所代表的等价类
G_T	线性算子 T 的图像
$x_n \to x$	$\{x_n\}$ 收敛到 x
$x_n \rightharpoonup x$	$\{x_n\}$ 弱收敛到 x
$BV[a,b]$	$[a,b]$ 上的有界变差函数空间
$\|\omega\|_{bv}$	ω 的有界变差范数
$J: X \to X''$	从赋范空间 X 到其二次对偶空间 X'' 的典范映射
$M^\perp$	M 的正交补
$\rho(T)$	线性算子 T 的预解集
$\sigma(T)$	线性算子 T 的谱集
$\sigma_p(T)$	线性算子 T 的点谱
$\sigma_c(T)$	线性算子 T 的连续谱
$\sigma_r(T)$	线性算子 T 的剩余谱
$r(T)$	有界线性算子 T 的谱半径
$\omega(T)$	有界线性算子 T 的数值值域
$R(T)$	有界线性算子 T 的数值半径
$R(\lambda, T)$	线性算子 T 的预解式
$M \oplus N$	M 与 N 的直和
$K(X,Y)$	赋范空间 X 到赋范空间 Y 的紧算子空间
$K(X)$	赋范空间 X 到 X 的紧算子空间

目 录

第 1 章 度量空间 ... 1
1.1 度量空间的定义及例子 ... 1
1.2 开集和闭集 ... 8
1.3 收敛性、完备性及紧性 ... 15
1.4 Banach 不动点定理及其应用 ... 28
习题 1 ... 36

第 2 章 赋范空间 ... 40
2.1 线性空间和维数 ... 40
2.2 赋范空间和 Banach 空间 ... 46
2.3 有限维赋范空间 ... 50
2.4 有界线性算子 ... 59
2.5 有界线性泛函及其表示 ... 65
习题 2 ... 71

第 3 章 内积空间和 Hilbert 空间 ... 75
3.1 内积空间 ... 75
3.2 正交补及正交投影 ... 80
3.3 标准正交集与标准正交基 ... 84
3.4 Hilbert 空间上有界线性泛函的表示 ... 91
习题 3 ... 98

第 4 章 赋范空间中的基本定理 ... 101
4.1 Hahn-Banach 定理 ... 101
4.2 一致有界性原理 ... 121
4.3 强收敛与弱收敛 ... 127
4.4 开映射定理和闭图像定理 ... 138
4.5 在逼近论中的应用 ... 143
习题 4 ... 154

第 5 章 线性算子的谱论 ·········· 158
5.1 基本概念及例子 ·········· 158
5.2 紧算子的谱论 ·········· 168
5.3 自伴算子的谱论 ·········· 178
习题 5 ·········· 184

附录 1 半序集和 Zorn 引理 ·········· 187

附录 2 集合的势与可数集 ·········· 188

索引 ·········· 192

第1章 度量空间

本章将研究度量空间的基本结构,给出度量空间的基本例子,讨论度量空间的完备性、可分性,子集的稠密性、紧性,序列的收敛性,度量的等价性,度量空间之间映射的连续性.在最后一节,介绍 Banach 不动点定理及其应用.这一章提供了全书的基础知识.

1.1 度量空间的定义及例子

度量空间是泛函分析最基本的研究框架,其在泛函分析中的作用如同实数集 $\mathbb{R}$ 在微积分中的作用.事实上,它是实数集 $\mathbb{R}$ 的推广.度量空间为统一处理分析各个分支中的重要问题提供了一个共同基础.度量空间是更加一般的拓扑空间的特例,但在泛函分析研究中我们仅限于度量空间的研究.也就是说在泛函分析中我们将要遇到的空间均为度量空间.

度量空间的概念起源于经典分析,人们在研究线性常微分方程、偏微分方程、变分法以及逼近论时,发现不同领域的不同问题虽然提法不一样,但却具有相互关联的特征和性质.人们由此通过去伪存真的提炼,获得了处理这些问题的一个有效统一的途径,度量空间的概念和内容就是这样一个十分标准的例子.在以后的章节里我们还会接触到赋范空间和内积空间的概念,其结构和内容较度量空间更加丰富.在泛函分析研究中,我们经常将符合一定要求的元素放在一起所构成的集合称之为一个"空间",而该空间中的元素称之为该空间的"点".这样的点可以是欧氏空间中真正意义下的点,也可以是数列或函数.在泛函分析中我们很少研究一个点(如一个函数或是一个数列)的具体性质,而是研究一个空间中点与点之间的关系,以及空间中符合一定条件的点组成的该空间子集的一些性质.

有时我们需要在空间中的两点间研究它们之间的"距离",比如欧氏空间 $\mathbb{R}^n$ 中两点 $\boldsymbol{x}=(x_1,x_2,\cdots,x_n)$ 和 $\boldsymbol{y}=(y_1,y_2,\cdots,y_n)$ 之间的欧氏距离

$$d_2(\boldsymbol{x},\boldsymbol{y}) = \left(\sum_{i=1}^{n} |x_i - y_i|^2\right)^{1/2},$$

或是闭区间 $[a,b]$ 上两个连续函数之间的平均距离

$$d_1(f,g) = \int_a^b |f(t) - g(t)| \, \mathrm{d}t.$$

这些距离表面上可能会很不一样,即使在同一个空间上的不同距离在形式上也可能千变万化,但本质上空间中两点距离最主要的性质可以归纳为四条,这就是将要引入的四条度量公理.

定义 1.1.1 设 X 为集合,d 为 $X \times X$ 上的实值函数.称 d 为 X 上的**度量**(也称为距

离),若 d 满足下述公理:

(1) $\forall x,y \in X, d(x,y) \geqslant 0$(非负性);

(2) 若 $x,y \in X$,则 $d(x,y)=0$ 当且仅当 $x=y$(非退化性);

(3) $\forall x,y \in X, d(x,y)=d(y,x)$(对称性);

(4) $\forall x,y,z \in X, d(x,y) \leqslant d(x,z)+d(z,y)$(三角不等式).

此时称序对 (X,d) 为**度量空间**(也称为**距离空间**),为叙述方便,有时也简称 X 为度量空间. $d(x,y)$ 称为从 x 到 y 的**度量**(或距离). X 中的元素称为度量空间 (X,d) 中的**点**.

定义 1.1.1 中的四个条件称为度量公理. 由度量公理中的三角不等式可以得到广义三角不等式:任给 $x_1, x_2, \cdots, x_n \in X$,有

$$d(x_1, x_n) \leqslant d(x_1, x_2) + d(x_2, x_3) + \cdots + d(x_{n-1}, x_n).$$

另外,若 $Y \subset X$,则 d 在 $Y \times Y$ 上的限制 $d|_{Y \times Y}$ 为 Y 上的度量,从而 $(Y, d|_{Y \times Y})$ 也为度量空间,我们称此度量空间为 (X,d) 的(度量)子空间,简记为 Y.

很多常见的集合都可以赋予一个度量而成为度量空间. 在本书中,我们用 $\mathbb{K}$ 来统一表示复数集 $\mathbb{C}$ 或实数集 $\mathbb{R}$.

例 1.1.1 设数集 $A \subset \mathbb{K}$. 任给 $x,y \in A$,令 $d(x,y) = |x-y|$. 则 d 为 A 上的度量.

例 1.1.2 设 $1 \leqslant p < \infty, A \subset \mathbb{K}^n$,其中 $n \geqslant 1$. 任给 A 中元素 $\boldsymbol{x} = (x_1, x_2, \cdots, x_n)$ 及 $\boldsymbol{y} = (y_1, y_2, \cdots, y_n)$,令

$$d_p(\boldsymbol{x}, \boldsymbol{y}) = \Big(\sum_{i=1}^n |x_i - y_i|^p\Big)^{1/p}.$$

则 d_p 为 A 上的度量. 事实上,度量公理中的前三条很容易验证,第四条我们将在 Hölder 不等式(定理 1.1.1)建立之后给出证明.

例 1.1.3 设 $A \subset \mathbb{K}^n$,其中 $n \geqslant 1$. 任给 A 中元素 $\boldsymbol{x} = (x_1, x_2, \cdots, x_n)$ 及 $\boldsymbol{y} = (y_1, y_2, \cdots, y_n)$,令

$$d_\infty(\boldsymbol{x}, \boldsymbol{y}) = \max_{1 \leqslant i \leqslant n} |x_i - y_i|.$$

则 d_∞ 为 A 上的度量. 度量公理的前三条容易验证的. 为了证明三角不等式,任取 A 中元素

$$\boldsymbol{x} = (x_1, x_2, \cdots, x_n), \quad \boldsymbol{y} = (y_1, y_2, \cdots, y_n), \quad \boldsymbol{z} = (z_1, z_2, \cdots, z_n),$$

对于 $1 \leqslant i \leqslant n$,利用数集 $\mathbb{K}$ 中的三角不等式有

$$|x_i - y_i| \leqslant |x_i - z_i| + |z_i - y_i| \leqslant d_\infty(\boldsymbol{x},\boldsymbol{z}) + d_\infty(\boldsymbol{z},\boldsymbol{y}),$$

从而

$$d_\infty(\boldsymbol{x},\boldsymbol{y}) \leqslant d_\infty(\boldsymbol{x},\boldsymbol{z}) + d_\infty(\boldsymbol{z},\boldsymbol{y}).$$

这就证明了 d_∞ 满足三角不等式.

例 1.1.4 设 $a<b$,令 $C[a,b]$ 为所有闭区间 $[a,b]$ 上连续函数构成的集合. 由连续函数的性质,任给 $x \in C[a,b]$,函数 $|x|$ 必在 $[a,b]$ 达到上确界,即存在 $t_0 \in [a,b]$ 使得 $|x(t_0)| =$

$\max\limits_{t\in[a,b]}|x(t)|$. 对于 $x,y\in C[a,b]$,令
$$d_\infty(x,y) = \max_{t\in[a,b]}|x(t)-y(t)|.$$
则 d_∞ 为 $C[a,b]$ 上的度量. 事实上,度量公理的前三条也是显然成立的. 若 $x,y,z\in C[a,b], t\in[a,b]$,则
$$|x(t)-y(t)|\leqslant|x(t)-z(t)|+|z(t)-y(t)|\leqslant d_\infty(x,z)+d_\infty(z,y),$$
因此有
$$d_\infty(x,y)\leqslant d_\infty(x,z)+d_\infty(z,y).$$
这就证明了三角不等式. 如果不加特殊说明,以后我们在考虑连续函数空间 $C[a,b]$ 时,总赋予这个度量.

例 1.1.5 设 X 为集合,若 $x,y\in X$,定义
$$d(x,y)=\begin{cases}0, & x=y,\\ 1, & x\neq y.\end{cases}$$
我们来证明 d 为 X 上的度量. 度量公理中的前三条由定义容易验证. 设 $x,y,z\in X$,若 $x=y$,则由定义有 $d(x,y)=0$,又因为 $d(x,z)\geqslant0$ 及 $d(z,y)\geqslant0$,所以必有
$$d(x,y)\leqslant d(x,z)+d(z,y).$$
若 $x\neq y$,则 $d(x,y)=1$. 由于 $x\neq y$,所以要么 $x\neq z$,要么 $z\neq y$,从而要么 $d(x,z)=1$,要么 $d(z,y)=1$,又由于 $d(x,z)$ 和 $d(z,y)$ 均为非负的,所以总有
$$d(x,y)\leqslant d(x,z)+d(z,y).$$
这就证明了 d 满足三角不等式. 这个度量 d 称为 X 上的**离散度量**,(X,d) 称为**离散度量空间**.

例 1.1.6 设
$$s=\{\{x_n\}:x_n\in\mathbb{K}\}$$
为所有数列的集合. 若 $x=\{x_n\},y=\{y_n\}\in s$,令
$$d(x,y)=\sum_{n=1}^{\infty}\frac{1}{2^n}\cdot\frac{|x_n-y_n|}{1+|x_n-y_n|}.$$
由于
$$\frac{|x_n-y_n|}{1+|x_n-y_n|}\leqslant 1, \quad \sum_{n=1}^{\infty}\frac{1}{2^n}<\infty,$$
所以 $d(x,y)$ 的定义有意义. 下面证 d 为 s 上的度量. 度量公理中的前三条是显然成立的. 为证三角不等式,考虑函数 $f(t)=\dfrac{t}{1+t}$,其中 $t\geqslant0$. 我们有 $f'(t)=\dfrac{1}{(1+t)^2}>0$,因此 f 为单调递增函数. 任给
$$x=\{x_n\}, \quad y=\{y_n\}, \quad z=\{z_n\}\in s,$$
则

$$\frac{|x_n-y_n|}{1+|x_n-y_n|}=f(|x_n-y_n|)\leqslant f(|x_n-z_n|+|z_n-y_n|)$$
$$=\frac{|x_n-z_n|+|z_n-y_n|}{1+|x_n-z_n|+|z_n-y_n|}\leqslant \frac{|x_n-z_n|}{1+|x_n-z_n|}+\frac{|z_n-y_n|}{1+|z_n-y_n|}.$$

不等式两边同时乘以 $\frac{1}{2^n}$, 然后求和即为三角不等式
$$d(x,y)\leqslant d(x,z)+d(z,y).$$

例 1.1.7 设 $(X_1,d_1),(X_2,d_2)$ 为度量空间,考虑笛卡儿乘积
$$X=X_1\times X_2=\{(x_1,x_2):x_1\in X_1,x_2\in X_2\}.$$
在 X 上定义
$$d_\infty((x_1,x_2),(y_1,y_2))=\max\{d_1(x_1,y_1),d_2(x_2,y_2)\}.$$
则易证 d_∞ 为 X 上的度量.

例 1.1.8 令 ℓ^∞ 为所有有界数列构成的集合,即数列 $x=\{x_n\}\in\ell^\infty$ 当且仅当存在与 x 有关的常数 $C\geqslant 0$,任给 $n\geqslant 1$,有 $|x_n|\leqslant C$. 若 $x,y\in\ell^\infty$, $x=\{x_n\}$, $y=\{y_n\}$, 令
$$d_\infty(x,y)=\sup_{n\geqslant 1}|x_n-y_n|.$$
则 d_∞ 为 ℓ^∞ 上的度量. 事实上,度量公理中的前三条是显然成立的. 为了证明三角不等式, 设 $x,y,z\in\ell^\infty$,
$$x=\{x_n\},\quad y=\{y_n\},\quad z=\{z_n\}.$$
则
$$|x_n-y_n|\leqslant|x_n-z_n|+|z_n-y_n|\leqslant d_\infty(x,z)+d_\infty(z,y),$$
从而
$$d_\infty(x,y)\leqslant d_\infty(x,z)+d_\infty(z,y).$$
即三角不等式对 d_∞ 成立.

例 1.1.9 设 $1\leqslant p<\infty$, 称数列 $x=\{x_n\}$ 为 **p-阶可和的数列**, 若
$$\sum_{n=1}^\infty |x_n|^p<\infty.$$
我们用 ℓ^p 表示所有 p-阶可和的数列构成的集合. 若 $x,y\in\ell^p$,
$$x=\{x_n\},\quad y=\{y_n\},$$
令
$$d_p(x,y)=\Big(\sum_{n=1}^\infty |x_n-y_n|^p\Big)^{1/p}.$$
则 $d_p(x,y)$ 有意义, 这是因为
$$\sum_{n=1}^\infty |x_n-y_n|^p\leqslant \sum_{n=1}^\infty (|x_n|+|y_n|)^p\leqslant 2^p\sum_{n=1}^\infty \max\{|x_n|,|y_n|\}^p$$

$$= 2^p \sum_{n=1}^{\infty} \max\{|x_n|^p, |y_n|^p\} \leqslant 2^p \left(\sum_{n=1}^{\infty} |x_n|^p + \sum_{n=1}^{\infty} |y_n|^p\right) < \infty.$$

d_p 为 ℓ^p 上的度量. 度量公理中的前三条也是显然成立的. 三角不等式则是下述 Hölder 不等式的直接推论.

定理 1.1.1(Hölder 不等式) 设 $1 < p, q < \infty$ 且 $\frac{1}{p} + \frac{1}{q} = 1$(此时称 p, q 互为**共轭指数**), $x = \{x_n\} \in \ell^p, y = \{y_n\} \in \ell^q$. 则 $\{x_n y_n\} \in \ell^1$ 且

$$\sum_{n=1}^{\infty} |x_n y_n| \leqslant \left(\sum_{n=1}^{\infty} |x_n|^p\right)^{1/p} \left(\sum_{n=1}^{\infty} |y_n|^q\right)^{1/q}. \tag{1.1}$$

证明 由 $\frac{1}{p} + \frac{1}{q} = 1$ 易得 $(p-1)(q-1) = 1$. 考虑函数 $u = t^{p-1}$, 其中 $t \geqslant 0$. 其反函数为 $t = u^{q-1}$, 其中 $u \geqslant 0$. 设 $\alpha > 0, \beta > 0$. 曲线 $u = t^{p-1}$ 的图像将 Otu 平面上由 $(0,0), (0,\beta), (\alpha,\beta)$ 及 $(\alpha,0)$ 所组成的矩形分为两部分 I 和 II. 此时有两种可能性, 如图 1.1 所示.

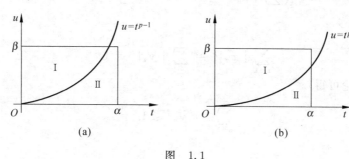

图 1.1

如果是图 1.1(a) 的情形, 则上述矩形的面积 $\alpha\beta$ 是两部分 I 和 II 的面积之和, 第一部分的面积等于 $u = t^{p-1}$ 的反函数 $t = u^{q-1}$ 在区间 $[0,\beta]$ 上的积分, 第二部分的面积则小于等于函数 $u = t^{p-1}$ 在区间 $[0,\alpha]$ 上的积分, 从而

$$\alpha\beta \leqslant \int_0^{\alpha} t^{p-1} \mathrm{d}t + \int_0^{\beta} u^{q-1} \mathrm{d}u. \tag{1.2}$$

易见上式在图 1.1(b) 的情形也成立. 因此我们总有

$$\alpha\beta \leqslant \frac{\alpha^p}{p} + \frac{\beta^q}{q}.$$

上式当 $\alpha = 0$ 或 $\beta = 0$ 时显然也成立. 若

$$x = \{x_n\} \in \ell^p, \quad y = \{y_n\} \in \ell^q$$

满足条件

$$\sum_{n=1}^{\infty} |x_n|^p = \sum_{n=1}^{\infty} |y_n|^q = 1.$$

利用已证不等式(1.2), 有

$$|x_ny_n| = |x_n||y_n| \leqslant \frac{|x_n|^p}{p} + \frac{|y_n|^q}{q},$$

从而,成立

$$\sum_{n=1}^{\infty}|x_ny_n| \leqslant \frac{\sum_{n=1}^{\infty}|x_n|^p}{p} + \frac{\sum_{n=1}^{\infty}|y_n|^q}{q} = \frac{1}{p} + \frac{1}{q} = 1.$$

若数列 $x=\{x_n\}$ 的每项均为 0 或者数列 $y=\{y_n\}$ 的每项均为 0,则 Hölder 不等式(1.1)显然成立. 因此不妨假设

$$\sum_{n=1}^{\infty}|x_n|^p > 0, \quad \sum_{n=1}^{\infty}|y_n|^q > 0.$$

考虑序列 $x'=\{x_n'\} \in \ell^p, y'=\{y_n'\} \in \ell^q$,其中

$$x_n' = \frac{x_n}{\left(\sum_{n=1}^{\infty}|x_n|^p\right)^{1/p}}, \quad y_n' = \frac{y_n}{\left(\sum_{n=1}^{\infty}|y_n|^q\right)^{1/q}}.$$

则有

$$\sum_{n=1}^{\infty}|x_n'|^p = \sum_{n=1}^{\infty}|y_n'|^q = 1.$$

由已经证明的结论可得

$$\sum_{n=1}^{\infty}|x_n'y_n'| \leqslant 1.$$

等价地,有

$$\sum_{n=1}^{\infty}|x_ny_n| \leqslant \left(\sum_{n=1}^{\infty}|x_n|^p\right)^{1/p}\left(\sum_{n=1}^{\infty}|y_n|^q\right)^{1/q}. \qquad \square$$

注 1.1.1 (1) 当 $p=q=2$ 时,由 Hölder 不等式,若 $x=\{x_n\}, y=\{y_n\} \in \ell^2$,则有 $\{x_ny_n\} \in \ell^1$,且

$$\sum_{n=1}^{\infty}|x_ny_n| \leqslant \left(\sum_{n=1}^{\infty}|x_n|^2\right)^{1/2}\left(\sum_{n=1}^{\infty}|y_n|^2\right)^{1/2}. \tag{1.3}$$

这是著名的 **Cauchy-Schwarz 不等式**.

(2) Hölder 不等式在 $p=1, q=\infty$ 时也是成立的,即任给

$$x = \{x_n\} \in \ell^1, \quad y = \{y_n\} \in \ell^{\infty},$$

则 $\{x_ny_n\} \in \ell^1$,且

$$\sum_{n=1}^{\infty}|x_ny_n| \leqslant \sum_{n=1}^{\infty}|x_n| \sup_{n \geqslant 1}|y_n|. \tag{1.4}$$

这是由于任取 $n \geqslant 1$,显然有

$$|x_ny_n| \leqslant |x_n|\sup_{n \geqslant 1}|y_n|.$$

对这个不等式求无穷和就可以得到式(1.4).

(3) Hölder 不等式(1.1)对任意数列 $x=\{x_n\}$ 和 $y=\{y_n\}$ 均成立. 事实上, 若 $\sum_{n=1}^{\infty}|x_n|^p=\infty$ 或 $\sum_{n=1}^{\infty}|y_n|^q=\infty$, 则 Hölder 不等式退化为

$$\infty\leqslant(\infty)\cdot(\infty),0\leqslant 0\cdot(\infty),0\leqslant(\infty)\cdot 0 \text{ 或 } \infty\leqslant c(\infty).$$

在 $p=1,q=\infty$ 情形, 我们也有类似结果.

利用 Hölder 不等式(1.1), 我们可以证明例 1.1.9 中定义的度量 d_p 满足三角不等式. 设 $x=\{x_n\}\in\ell^p, y=\{y_n\}\in\ell^p$. 则有

$$|x_n+y_n|^p\leqslant|x_n||x_n+y_n|^{p-1}+|y_n||x_n+y_n|^{p-1}.$$

因此由 Hölder 不等式(1.1), 得

$$\sum_{n=1}^{\infty}|x_n+y_n|^p\leqslant\sum_{n=1}^{\infty}|x_n||x_n+y_n|^{p-1}+\sum_{n=1}^{\infty}|y_n||x_n+y_n|^{p-1}$$

$$\leqslant\Big(\sum_{n=1}^{\infty}|x_n|^p\Big)^{1/p}\Big(\sum_{n=1}^{\infty}|x_n+y_n|^{(p-1)q}\Big)^{1/q}$$

$$+\Big(\sum_{n=1}^{\infty}|y_n|^p\Big)^{1/p}\Big(\sum_{n=1}^{\infty}|x_n+y_n|^{(p-1)q}\Big)^{1/q}$$

$$=\Big(\Big(\sum_{n=1}^{\infty}|x_n|^p\Big)^{1/p}+\Big(\sum_{n=1}^{\infty}|y_n|^p\Big)^{1/p}\Big)\Big(\sum_{n=1}^{\infty}|x_n+y_n|^{(p-1)q}\Big)^{1/q}.$$

注意到 $(p-1)q=p$ 及 $1-\dfrac{1}{q}=\dfrac{1}{p}$, 我们就可以得到著名的 **Minkowski 不等式**:

$$\Big(\sum_{n=1}^{\infty}|x_n+y_n|^p\Big)^{1/p}\leqslant\Big(\sum_{n=1}^{\infty}|x_n|^p\Big)^{1/p}+\Big(\sum_{n=1}^{\infty}|y_n|^p\Big)^{1/p}. \tag{1.5}$$

若 $x=\{x_n\}\in\ell^p, y=\{y_n\}\in\ell^p, z=\{z_n\}\in\ell^p$, 则应用 Minkowski 不等式(1.5), 有

$$d_p(x,y)=\Big(\sum_{n=1}^{\infty}|x_n-y_n|^p\Big)^{1/p}=\Big(\sum_{n=1}^{\infty}|(x_n-z_n)+(z_n-y_n)|^p\Big)^{1/p}$$

$$\leqslant\Big(\sum_{n=1}^{\infty}|x_n-z_n|^p\Big)^{1/p}+\Big(\sum_{n=1}^{\infty}|z_n-y_n|^p\Big)^{1/p}=d_p(x,z)+d_p(z,y).$$

即 ℓ^p 中的三角不等式成立.

若 $A\subset\mathbb{K}^n$ 且 $\boldsymbol{x}=(x_1,x_2,\cdots,x_n)$ 及 $\boldsymbol{y}=(y_1,y_2,\cdots,y_n)$ 为 A 中元素, 对 $k\geqslant n+1$, 令 $x_k=y_k=0$. 则 x,y 可以自然地视为 ℓ^p 中的元素. 应用已证的 ℓ^p 空间中的三角不等式可以得到例 1.1.2 中定义的度量 d_p 的三角不等式.

例 1.1.10 若 $a<b, 1\leqslant p<\infty$, 闭区间 $[a,b]$ 上的连续函数空间 $C[a,b]$ 还可以赋予如下度量:

$$d_p(x,y)=\Big(\int_a^b|x(t)-y(t)|^p\mathrm{d}t\Big)^{1/p}.$$

度量公理中前三条是显然成立的. 在 $p=1$ 情形,关于 d_1 的三角不等式是显然成立的,在 $1<p<\infty$ 情形,要建立关于 d_p 的三角不等式,需要用到关于连续函数的 Hölder 不等式

$$\int_a^b |x(t)y(t)| \, dt \leq \left(\int_a^b |x(t)|^p \, dt\right)^{1/p} \left(\int_a^b |y(t)|^q \, dt\right)^{1/q},$$

其中 $x,y \in C[a,b]$,且 $1<p,q<\infty$ 互为共轭指数. 我们在这里不给出其证明,有兴趣的读者可以比照定理 1.1.1 的证明给出其完整证明.

1.2 开集和闭集

正如我们在引入度量空间概念时所说的那样,在泛函分析中很少研究度量空间中某个点的具体性质,而是研究该空间中符合一定条件的点组成集合的具体性质,以及该空间中不同集合间的内在联系. 我们下面要引入的度量空间中的开球、闭球和球面的概念是欧氏空间中相应概念在度量空间中的自然推广.

设 (X,d) 为度量空间,$x_0 \in X, r>0$. 令

$$B(x_0, r) = \{x \in X : d(x_0, x) < r\},$$
$$\overline{B}(x_0, r) = \{x \in X : d(x_0, x) \leq r\},$$
$$S(x_0, r) = \{x \in X : d(x_0, x) = r\}.$$

称 $B(x_0, r)$ 为以 x_0 为中心以 r 为半径的**开球**,称 $\overline{B}(x_0, r)$ 为以 x_0 为中心以 r 为半径的**闭球**,$S(x_0, r)$ 则称为以 x_0 为中心以 r 为半径的**球面**.

例 1.2.1

(1) 若在 $\mathbb{R}^3$ 上赋予例 1.1.2 中定义的度量 d_2,则上面定义的开球、闭球及球面与通常 $\mathbb{R}^3$ 中的相应概念一致.

(2) 设 (X,d) 为离散度量空间,则

$$B(x_0, 1) = \{x_0\}, \quad \overline{B}(x_0, 1) = X, \quad S(x_0, 1) = X \setminus \{x_0\}.$$

若 $0<r<1$,则

$$B(x_0, r) = \overline{B}(x_0, r) = \{x_0\}, \quad S(x_0, r) = \emptyset.$$

而当 $r>1$ 时,我们有

$$B(x_0, r) = \overline{B}(x_0, r) = X, \quad S(x_0, r) = \emptyset.$$

(3) 设 $X = [0,1]$,赋予例 1.1.1 定义的度量,若 $x_0 = \frac{1}{4}, r = \frac{1}{2}$,则 $B(x_0, r) = \left[0, \frac{3}{4}\right)$,$\overline{B}(x_0, r) = \left[0, \frac{3}{4}\right], S(x_0, r) = \left\{\frac{3}{4}\right\}.$

定义 1.2.1 设 (X,d) 为度量空间,$M \subset X, x_0 \in M$. 若存在 $r>0$ 使得 $B(x_0, r) \subset M$,则称 x_0 为 M 的**内点**. M 的所有内点之集称为 M 的**内部**,记为 M°. 若 $M = M^\circ$,即 M 的所有点均为内点,则称 M 为 X 的**开子集**,简称**开集**. 称 $F \subset X$ 为 X 的**闭子集**,简称**闭集**,若 F 的余

集 $F^c = X \setminus F$ 为开集.

M° 总为开集. 事实上,任给 $x \in M^\circ$,存在 $r > 0$ 使得 $B(x, r) \subset M$,下证 $B(x, r) \subset M^\circ$:任取 $y \in B(x, r)$,令
$$\delta = \frac{r - d(x, y)}{2} > 0,$$
利用三角不等式易得 $B(y, \delta) \subset B(x, r)$,所以 $B(y, \delta) \subset M$,从而 $y \in M^\circ$. 这就证明了 $B(x, r) \subset M^\circ$,即 M° 的所有点均是 M° 的内点,由定义知 M° 为开集.

M° 为包含在 M 中的最大开集. 事实上,设 $G \subset M$ 为开集,$x \in G$,则由于 G 是开集,存在 $r > 0$ 使得 $B(x, r) \subset G \subset M$,从而 x 为 M 的内点,即 $x \in M^\circ$. 所以 $G \subset M^\circ$.

开球 $B(x, r)$ 必为开集. 事实上,由三角不等式,若 $y \in B(x, r)$,总有
$$B\left(y, \frac{r - d(x, y)}{2}\right) \subset B(x, r),$$
从而 y 必为 $B(x, r)$ 的内点. 这就说明 $B(x, r)$ 为开集.

闭球 $\overline{B}(x, r)$ 必为闭集. 为此我们来证明其余集是开集. 设 $y \in \overline{B}(x, r)^c$,则 $d(x, y) > r$,令
$$\delta = \frac{d(x, y) - r}{2} > 0,$$
则利用三角不等式易得
$$B(y, \delta) \subset \overline{B}(x, r)^c.$$
这说明 $\overline{B}(x, r)^c$ 的每个点均是其自身的内点,从而 $\overline{B}(x, r)^c$ 为开集. 因此 $\overline{B}(x, r)$ 为闭集.

需要特别注意的是,不为开集的子集未必是闭集,不为闭集的子集未必一定是开集. 为此可以考虑 $X = \mathbb{R}$ 赋予通常度量的情形,半开半闭区间 $(0, 1]$ 既不是开集,也不是闭集.

另外,说一个集合是开集,一定要强调它相对于哪个度量空间. 若 (X, d) 为度量空间,Y 为 X 的子集(则 Y 是 X 的度量子空间),若 $M \subset Y$ 为 Y 的开集,则 M 未必是 X 的开集. 例如,取 $X = \mathbb{R}$,$Y = [0, 1]$,则半开半闭区间 $\left(\frac{1}{2}, 1\right]$ 为 Y 的开集,但 $\left(\frac{1}{2}, 1\right]$ 不为 X 的开集.

例 1.2.2

(1) 开区间 (a, b) 为 $\mathbb{R}$ 的开集,闭区间 $[a, b]$ 为 $\mathbb{R}$ 的闭集. 在 $\mathbb{K}^n$ 中,开球
$$\left\{(x_1, x_2, \cdots, x_n) \in \mathbb{K}^n : \sum_{i=1}^n |x_i - a_i|^2 < r^2\right\}$$
为开集.

(2) 若 (X, d) 为离散度量空间,则 X 的任意子集 M 均为开集. 这是由于任取 $x \in M$,$B\left(x, \frac{1}{2}\right) = \{x\} \subset M$,从而 M 的每个点均为其内点,由定义知 M 为开集. 从而 X 的任意子集均为闭集.

定理 1.2.1(开集的基本性质) 设(X,d)为度量空间,则

(1) $\emptyset$, X 为开集;

(2) 任意多个开集的并集仍为开集;

(3) 有限多个开集的交集仍为开集.

证明

(1) $\emptyset$ 显然为开集,这是由于 $\emptyset$ 中没有元素,所以没有什么需要验证的. 若 $x\in X$,则有 $B(x,1)\subset X$. 故 X 为开集.

(2) 设 $(G_i)_{i\in I}$ 为一族开集,其中 I 为指标集,令
$$G=\bigcup_{i\in I}G_i.$$
若 $x\in G$,则存在 $i\in I$, 使得 $x\in G_i$. 由于 G_i 为开集,存在 $r>0$, 使得 $B(x,r)\subset G_i$, 从而 $B(x,r)\subset G$, 即 x 为 G 的内点,所以 G 为开集.

(3) 设 $G_1,G_2,\cdots,G_n$ 为 X 的 n 个开集. 若 $x\in\bigcap_{i=1}^n G_i$, 则任取 $1\leqslant i\leqslant n$, 都有 $x\in G_i$. 由于 G_i 是开集,故存在 $r_i>0$ 使得 $B(x,r_i)\subset G_i$. 令
$$r=\min\{r_1,r_2,\cdots,r_n\}>0,$$
则有 $B(x,r)\subset\bigcap_{i=1}^n G_i$. 这就证明了 $\bigcap_{i=1}^n G_i$ 的所有点都是它的内点,所以 $\bigcap_{i=1}^n G_i$ 为开集. □

若 X 为非空集合,$\mathcal{T}$ 为由 X 满足一定条件的某些子集构成的集合,如果 $\mathcal{T}$ 满足定理 1.2.1 所述的三条性质,则称序对 $(X,\mathcal{T})$ 为一个**拓扑空间**,$\mathcal{T}$ 中的每一个元素(事实上是 X 的子集)称为拓扑空间 $(X,\mathcal{T})$ 的一个开集. 因此,若 (X,d) 为度量空间,$\mathcal{T}$ 为所有 X 的开集构成的集合,则 $(X,\mathcal{T})$ 构成一个拓扑空间. 从这个意义上来讲,度量空间是一类特殊的拓扑空间. 拓扑空间是拓扑学里要研究的内容,在泛函分析研究中我们仅限于度量空间范畴.

对于度量空间中的闭集,我们也有类似于开集的基本性质.

定理 1.2.2(闭集的基本性质) 设 (X,d) 为度量空间,则

(1) $\emptyset$, X 为闭集;

(2) 任意多个闭集的交集仍为闭集;

(3) 有限多个闭集的并集仍为闭集.

证明

(1) 由于 $\emptyset=X^c$, $X=\emptyset^c$, 所以应用定理 1.2.1 及闭集的定义知 $\emptyset$, X 为闭集.

(2) 设 $(F_i)_{i\in I}$ 为一族闭集,其中 I 为指标集,令 $F=\bigcap_{i\in I}F_i$. 由定理 1.2.1, 得 $G=F^c=\bigcup_{i\in I}F_i^c$ 为开集. 所以 F 为闭集.

(3) 设 $F_1,F_2,\cdots,F_n$ 为 X 的 n 个闭集. 若 $F=\bigcup_{i=1}^n F_i$, 由定理 1.2.1, 得 $F^c=\bigcap_{i=1}^n F_i^c$ 为开

集. 所以 $\bigcup_{i=1}^{n} F_i$ 为闭集. □

由上面两个定理我们知道,在任意度量空间 (X,d) 中有两个既是开集,又是闭集的集合: $\varnothing, X$.

定义 1.2.2 设 (X,d) 为度量空间,$M \subset X, x \in X$ 称为 M 的**聚点**,若任给 $r>0$,
$$M \cap (B(x,r) \backslash \{x\}) \neq \varnothing,$$
即 $M \cap B(x,r)$ 不为空集且总有异于 x 的点. M 的所有聚点之集称为 M 的**导集**,记为 M'. 定义 $\overline{M} = M \cup M'$,称 $\overline{M}$ 为 M 的**闭包**.

若 $X = \mathbb{R}$ 赋予通常意义下的度量,$M = (0,1] \cup \{2\}$. 则 0 为 M 的聚点,2 不是 M 的聚点. $M' = [0,1], \overline{M} = [0,1] \cup \{2\}$. 还需要说明的是,开球 $B(x,r)$ 的闭包不一定是闭球 $\overline{B}(x,r)$(可考虑离散度量空间中以 1 为半径的球),但总有 $\overline{B(x,r)} \subset \overline{B}(x,r)$. 下面这个结果给出了闭包的一个等价定义. 我们在以后关于闭包的讨论中,一般用这个等价定义.

定理 1.2.3 设 (X,d) 为度量空间,$M \subset X$. 则
$$\overline{M} = \{x \in X : \forall r > 0, M \cap B(x,r) \neq \varnothing\}. \tag{1.6}$$

证明 设 $x \in \overline{M}$. 若 $x \in M$,则任给 $r>0$ 有 $x \in M \cap B(x,r)$,所以 $M \cap B(x,r) \neq \varnothing$. 若 $x \in M'$,则任给 $r>0$ 有
$$M \cap (B(x,r) \backslash \{x\}) \neq \varnothing,$$
从而也有 $M \cap B(x,r) \neq \varnothing$.

反之,假设任给 $r>0$ 均有 $M \cap B(x,r) \neq \varnothing$. 若 $x \in M$,则显然有 $x \in \overline{M}$. 若 $x \notin M$,则任给 $r>0$ 有 $M \cap (B(x,r) \backslash \{x\}) \neq \varnothing$,即 x 为 M 的聚点,此时也有 $x \in \overline{M}$. □

定理 1.2.4 设 (X,d) 为度量空间,$M \subset X$. 则 $\overline{M}$ 为闭集,且为包含 M 的最小闭集.

证明 首先证明 $\overline{M}$ 为闭集. 设 $x \in \overline{M}^c$,即 $x \notin \overline{M}$. 由定理 1.2.3,存在 $r>0$ 使得 $M \cap B(x,r) = \varnothing$. 若 $y \in B(x,r/2)$,则由三角不等式有
$$B(y,r/2) \subset B(x,r),$$
从而 $M \cap B(y,r/2) = \varnothing$. 由定理 1.2.3,这说明 $y \notin \overline{M}$. 因此
$$B(x,r/2) \cap \overline{M} = \varnothing,$$
或等价地有 $B(x,r/2) \subset \overline{M}^c$. 因此 $\overline{M}^c$ 为开集,由定义知 $\overline{M}$ 为闭集.

再证 $\overline{M}$ 为包含 M 的最小闭集. 若 $M \subset F$ 且 F 为闭集. 假设 $\overline{M} \backslash F \neq \varnothing$,即存在 $y_0 \in \overline{M}$,但 $y_0 \notin F$,即 $y_0 \in F^c$. 由 F 为闭集知 F^c 为开集,因此存在 $r>0$ 使得 $B(y_0,r) \subset F^c$,或者等价地有 $B(y_0,r) \cap F = \varnothing$. 由假设 $M \subset F$ 知 $B(y_0,r) \cap M = \varnothing$. 这说明 $y_0 \notin \overline{M}$,矛盾! 所以必有 $\overline{M} \subset F$. 这样就证明了 $\overline{M}$ 为包含 M 的最小闭集. □

推论 1.2.1 设 (X,d) 为度量空间,$M \subset X$. 则 $\{M\}$ 为闭集当且仅当 $M = \overline{M}$.

证明 假设 M 为闭集,由定理 1.2.4 知 $\overline{M}$ 为包含 M 的最小闭集,从而 $M = \overline{M}$. 反之,

若 $M=\overline{M}$,则由定理 1.2.4 知 $\overline{M}$ 总为闭集. 故 M 为闭集. □

下面我们讨论度量空间之间映射的连续性,它是高等数学中我们学过的函数连续性的推广.

定义 1.2.3 设 (X_1,d_1),(X_2,d_2) 为度量空间,$T: X_1 \to X_2$ 为映射,$x_0 \in X_1$ 固定. 称 T 在 $x=x_0$ 处**连续**,若任给 $\varepsilon>0$,存在 $\delta>0$,使得任给 $x \in X_1$,若 $d_1(x,x_0)<\delta$,都有 $d_2(Tx,Tx_0)<\varepsilon$. 若 T 处处连续,则称 T 为**连续映射**.

若 $X_1=(a,b)$,$X_2=\mathbb{K}$,则上述连续性的定义与函数的连续性吻合. T 在 $x=x_0$ 处连续当且仅当任给 $\varepsilon>0$,存在 $\delta>0$,使得
$$T(B(x_0,\delta)) \subset B(Tx_0,\varepsilon),$$
其中 $T(B(x_0,\delta))$ 为 $B(x_0,\delta)$ 通过 T 的像集,定义为
$$T(B(x_0,\delta)) = \{Tx: x \in B(x_0,\delta)\}.$$

另外,若 (X_1,d_1) 为离散度量空间,(X_2,d_2) 为任意度量空间,则 T 必为连续映射. 事实上,任取 $x_0 \in X_1$ 及 $\varepsilon>0$,可取 $\delta=1/2$,此时有 $B(x_0,1/2)=\{x_0\}$,所以总有
$$T(B(x_0,\delta)) = \{Tx_0\} \subset B(Tx_0,\varepsilon).$$
因此 T 在 $x=x_0$ 处连续.

设 (X_1,d_1),(X_2,d_2) 为度量空间,映射 $T: X_1 \to X_2$ 称为 **Lipschitz 映射**,若存在常数 $C \geq 0$,使得任给 $x,y \in X_1$,
$$d_2(Tx,Ty) \leq C d_1(x,y)$$
成立. 由定义容易证明 Lipschitz 映射均为连续映射.

设 $T: X \to Y$ 为映射,若 $G \subset Y$,定义 G 通过 T 的逆像为
$$T^{-1}(G) = \{x \in X: Tx \in G\}.$$
需要注意的是上式中的 $T^{-1}(G)$ 仅仅是一个数学记号,不要把它理解为 G 在 T 的逆映射 T^{-1} 下的像集,事实上,如果不假设 T 为一一映射,T 的逆映射 T^{-1} 根本不存在.

下面我们用开集的逆像为开集来刻画映射的连续性,这个结果在理论上十分重要,以后的很多结果都以这个结论为基础.

定理 1.2.5 设 (X_1,d_1),(X_2,d_2) 为度量空间. 则 $T: X_1 \to X_2$ 为连续映射当且仅当任给开集 $G \subset X_2$,$T^{-1}(G)$ 为 X_1 的开集.

证明 假设 $T: X_1 \to X_2$ 为连续映射,$G \subset X_2$ 为开集,不妨假设 $T^{-1}(G) \neq \emptyset$. 若 $x \in T^{-1}(G)$,则 $Tx \in G$. 由 G 为 X_2 的开集可知,存在 $\varepsilon>0$,使得 $B(Tx,\varepsilon) \subset G$. 由 T 在 x 处的连续性知,存在 $\delta>0$ 使得
$$T(B(x,\delta)) \subset B(Tx,\varepsilon).$$
因此有 $T(B(x,\delta)) \subset G$,或者等价地有 $B(x,\delta) \subset T^{-1}(G)$. 我们证明了 $T^{-1}(G)$ 的每个点都是内点,这说明 $T^{-1}(G)$ 是 X_1 的开集.

反之,假设任给 $G\subset X_2$ 为开集, $T^{-1}(G)$ 均为 X_1 的开集. 设 $x\in X_1$ 固定. 则对于 $\varepsilon>0$, 开球 $B(Tx,\varepsilon)$ 为 X_2 的开集,从而 $T^{-1}(B(Tx,\varepsilon))$ 为 X_1 的开集. 显然有 $x\in T^{-1}(B(Tx,\varepsilon))$,所以存在 $\delta>0$ 使得
$$B(x,\delta)\subset T^{-1}(B(Tx,\varepsilon)),$$
或者等价地有 $T(B(x,\delta))\subset B(Tx,\varepsilon)$. 这就证明了 T 在 x 处连续. 由 $x\in X_1$ 的任意性知 T 为连续映射. □

类似地可以用闭集的逆像为闭集来刻画度量空间之间映射的连续性.

定理 1.2.6 设 $(X_1,d_1),(X_2,d_2)$ 为度量空间. 则 $T: X_1\to X_2$ 为连续映射当且仅当任给 $F\subset X_2$ 为闭集, $T^{-1}(F)$ 为 X_1 的闭集.

证明 设 $T: X_1\to X_2$ 为连续映射, $F\subset X_2$ 为闭集. 则 F^c 为 X_2 的开集, $F\cup F^c=X_2$ 且 $F\cap F^c=\varnothing$. 因此有
$$T^{-1}(F)\cup T^{-1}(F^c)=X_1,\quad T^{-1}(F)\cap T^{-1}(F^c)=\varnothing.$$
所以 $T^{-1}(F)=(T^{-1}(F^c))^c$. 由 F^c 为开集,应用定理 1.2.5 知 $T^{-1}(F^c)$ 为开集,从而 $T^{-1}(F)=(T^{-1}(F^c))^c$ 为闭集.

反之,假设任给 $F\subset X_2$ 为闭集, $T^{-1}(F)$ 为 X_1 的闭集. 则任取 $G\subset X_2$ 为开集, G^c 为 X_2 的闭集. $G\cup G^c=X_2$ 且 $G\cap G^c=\varnothing$. 因此有
$$T^{-1}(G)\cup T^{-1}(G^c)=X_1, T^{-1}(G)\cap T^{-1}(G^c)=\varnothing.$$
所以 $T^{-1}(G^c)=(T^{-1}(G))^c$. 由 G^c 为闭集及假设条件可得 $T^{-1}(G^c)$ 为闭集,所以 $T^{-1}(G)$ 为开集. 再应用定理 1.2.5 就可以得到 T 的连续性. □

下面我们介绍度量空间中的子集的稠密性及度量空间的可分性.

定义 1.2.4 设 (X,d) 为度量空间,称 $M\subset X$ 为 X 的**稠密子集**,如果 $\overline{M}=X$. 称 X 为**可分度量空间**,如果 X 有至多可数的稠密子集.

若 $M\subset X$,则总有 $\overline{M}\subset X$. 因此 M 在 X 中稠密当且仅当 $X\subset\overline{M}$,即任给 $x\in X, r>0$,存在 $y\in M$ 使得 $d(x,y)<r$. 换句话说, X 中的元素都可以用 M 中的元素去逼近,且逼近得要多精确有多精确.

$\mathbb{K}^n$ 为可分的,事实上 $\overline{\mathbb{Q}^n}=\mathbb{R}^n$, $\overline{\mathbb{Q}+i\mathbb{Q}^n}=\mathbb{C}^n$. 若 (X,d) 为离散度量空间,则 (X,d) 为可分的当且仅当 X 为至多可数集. 这是因为离散度量空间中的每个子集均是闭集,因此如果 $M\subset X$ 为稠密的,则必有 $M=\overline{M}=X$.

若 $1\leqslant p<+\infty$,则 ℓ^p 为可分度量空间. 我们仅就 $\mathbb{K}=\mathbb{R}$ 情形给出证明, $\mathbb{K}=\mathbb{C}$ 情形的证明类似. 令
$$M=\{\{x_n\}\in\ell^p: x_n\in\mathbb{Q}, \exists N\geqslant 1, \forall n\geqslant N+1, x_n=0\}.$$
下面证 M 在 ℓ^p 中稠密. 设 $x=\{x_n\}\in\ell^p, \varepsilon>0$. 则存在 $N\geqslant 1$ 使得

$$\sum_{n=N+1}^{\infty} |x_n|^p < \frac{\varepsilon^p}{2}.$$

由 $\mathbb{Q}$ 在 $\mathbb{R}$ 中的稠密性可知，存在 $y_i \in \mathbb{Q}$ 使得

$$\sum_{n=1}^{N} |x_n - y_n|^p < \frac{\varepsilon^p}{2}.$$

令 $y = (y_1, y_2, \cdots, y_N, 0, 0, \cdots)$. 则 $y \in M$ 且

$$[d_p(x,y)]^p \leqslant \sum_{n=1}^{N} |x_n - y_n|^p + \sum_{n=N+1}^{\infty} |x_n|^p < \varepsilon^p.$$

这说明 $d_p(x,y) < \varepsilon$，因此 $y \in M \cap B(x,\varepsilon)$，特别地，$M \cap B(x,\varepsilon) \neq \varnothing$. 由定理 1.2.3 可知，$x \in \overline{M}$. 从而 $\overline{M} = \ell^p$. 这就证明了 M 在 ℓ^p 中的稠密性. 为证 M 为可数集，若 $n \geqslant 1$，我们引入

$$M_n = \{\{x_n\} \in \ell^p : \forall k \geqslant 1, x_k \in \mathbb{Q}, \forall k \geqslant n+1, x_k = 0\}.$$

显然 M_n 与 $\mathbb{Q}^n$ 等势. 由于 $\mathbb{Q}^n$ 为可数集，因此 M_n 也为可数集. 由于可数个可数集的并集仍为可数集，所以 $M = \bigcup_{n=1}^{\infty} M_n$ 为可数集. 这样就完成了 ℓ^p 可分性的证明.

度量空间 $(C[a,b], d_\infty)$ 为可分的. 我们仅就 $\mathbb{K} = \mathbb{R}$ 情形给出证明，$\mathbb{K} = \mathbb{C}$ 情形的证明类似. 令 M 为所有有理系数多项式全体构成的集合. 任给 $x \in C[a,b]$, $\varepsilon > 0$，由 Stone-Weierstrass 定理可知，存在实系数多项式 p 使得 $d_\infty(x,p) < \varepsilon/2$. 设

$$p(t) = a_0 + a_1 t + \cdots + a_n t^n,$$

存在有理数 $b_i (i=1,2,\cdots,n)$ 使得若 $q(t) = b_0 + b_1 t + \cdots + b_n t^n$，则 $d_\infty(p,q) < \varepsilon/2$. 我们有 $q \in M$，利用三角不等式可得 $d_\infty(x,q) < \varepsilon$. 因此 $x \in \overline{M}$. 这就证明了 $\overline{M} = C[a,b]$. 若 $n \geqslant 0$，令 M_n 为次数等于 n 的有理系数多项式全体构成的集合，则 M_n 与 $\mathbb{Q}^n \times (\mathbb{Q} \setminus \{0\})$ 等势，从而 M_n 为可数集. 因此 $M = \bigcup_{n=0}^{\infty} M_n$ 为可数集. 这就证明了 $(C[a,b], d_\infty)$ 的可分性. 若 $1 \leqslant p < \infty$，可证度量空间 $(C[a,b], d_p)$ 也为可分的，其中 d_p 是由例 1.1.10 定义的度量.

度量空间 (ℓ^∞, d_∞) 不是可分的. 为了证明此结论，我们引入集合

$$M = \{\{x_n\} \in \ell^\infty : x_n = 0, \text{或者 } x_n = 1\}.$$

M 与 $\{0,1\}^\mathbb{N}$ 等势，所以 M 为不可数集. 注意到若 $x, y \in M$ 且 $x \neq y$，则有 $d_\infty(x,y) = 1$. 假设 N 在 ℓ^∞ 中稠密，则任给 $x \in M$，存在 $t_x \in N$ 使得 $d_\infty(x, t_x) < \frac{1}{4}$. 若 $x, y \in M$ 且 $x \neq y$，则有 $t_x \neq t_y$. 若不然，假设 $t_x = t_y$，则

$$d_\infty(x,y) \leqslant d_\infty(x,t_x) + d_\infty(t_y,y) \leqslant \frac{1}{4} + \frac{1}{4} = \frac{1}{2} < 1.$$

矛盾！因此若 $x, y \in M$ 且 $x \neq y$，则有 $t_x \neq t_y$. 定义映射 $\phi: M \to N, \phi(x) = t_x$. 则由以上的证明知 ϕ 为单射. 由 M 的不可数性知 N 必为不可数集. 因此 ℓ^∞ 的每个稠密子集均是不可数集，所以 ℓ^∞ 不是可分的.

在以后关于自反空间的讨论中，我们将用到如下关于可分性的结果.

定理 1.2.7 设 (X,d) 为可分度量空间,$Y\subset X$.则 $(Y,d|_{Y\times Y})$ 也为可分度量空间.

证明 假设 $\{x_1,x_2,\cdots\}$ 在 X 中稠密.任取 $i,j\geqslant 1$,考虑 X 中以 x_i 为中心以 $\dfrac{1}{j}$ 为半径的开球 $B\left(x_i,\dfrac{1}{j}\right)$.若 $B\left(x_i,\dfrac{1}{j}\right)\cap Y\neq\varnothing$,则取定一个点 $y_{ij}\in B\left(x_i,\dfrac{1}{j}\right)\cap Y$.令 M 为所有这样取定的 y_{ij} 所组成的集合,则有 $M\subset Y$,且显然 M 为至多可数集.

任取 $\varepsilon>0$ 及 $y\in Y$,存在 $j\geqslant 1$ 使得 $\dfrac{2}{j}<\varepsilon$.由 $\{x_1,x_2,\cdots\}$ 在 X 中的稠密性可知,$B\left(y,\dfrac{1}{j}\right)\cap\{x_1,x_2,\cdots\}\neq\varnothing$.即存在 $i\geqslant 1$ 使得 $x_i\in B\left(y,\dfrac{1}{j}\right)$,或等价地 $y\in B\left(x_i,\dfrac{1}{j}\right)$,因此 $y\in B\left(x_i,\dfrac{1}{j}\right)\cap Y$,特别地 $B\left(x_i,\dfrac{1}{j}\right)\cap Y\neq\varnothing$.此时也有 $y_{ij}\in B\left(x_i,\dfrac{1}{j}\right)$.由三角不等式有 $d(y,y_{ij})<\dfrac{1}{j}+\dfrac{1}{j}=\dfrac{2}{j}<\varepsilon$.这就证明了 M 在 Y 中的稠密性. □

1.3 收敛性、完备性及紧性

在高等数学中我们研究过欧氏空间 $\mathbb{R}^n$ 中点列的收敛性,也接触过欧氏空间 $\mathbb{R}^n$ 中柯西列的概念,我们还知道欧氏空间 $\mathbb{R}^n$ 在欧氏度量意义下是完备的.在度量空间中也可以引入类似的概念.需要特别说明的是,完备性是度量空间中一个十分重要的概念,很多度量空间中的结果和结构仅仅在假设空间具有完备性后才能够成立,这也正是完备性在度量空间研究中的重要性之所在.

定义 1.3.1 设 (X,d) 为度量空间,$\{x_n\}$ 为 X 中序列,若存在 $x\in X$ 使得
$$\lim_{n\to\infty}d(x_n,x)=0,$$
则称 $\{x_n\}$ 在 X 中**收敛**,也称 $\{x_n\}$ 为**收敛列**,x 称为 $\{x_n\}$ 的**极限**,记为 $x_n\to x$,或者 $\lim\limits_{n\to\infty}x_n=x$.

需要特别注意的是,$\{x_n\}$ 的极限一定是 X 中的元素.若取 $X=(0,1]$,$\dfrac{1}{n}\in X$,但 $\{x_n\}$ 不在 X 中收敛.另外,由定义我们知道 $\lim\limits_{n\to\infty}x_n=x$ 当且仅当任给 $\varepsilon>0$,存在 $N\geqslant 1$,使得任取 $n\geqslant N$,都有 $d(x_n,x)<\varepsilon$.另外,从某一项之后为常值的序列必收敛,即若存在 $n_0\geqslant 1$,使得任取 $n\geqslant n_0$,都有 $x_n=x_{n_0}$,则 $\lim\limits_{n\to\infty}x_n=x_{n_0}$.

若 M 为度量空间 (X,d) 的非空子集,称 M 为**有界集**,如果 M 包含在 X 的某个开球内,即存在 $x\in X,r>0$,使得 $M\subset B(x,r)$.由三角不等式可证 M 为有界集当且仅当任给 $x\in X$,存在 $r>0$,使得 $M\subset B(x,r)$.

下面给出收敛列的基本性质.

定理 1.3.1 设 (X,d) 为度量空间,$\{x_n\}$ 为 X 中序列.若 $x_n\to x\in X$,则集合 $\{x_n:n\geqslant 1\}$ 为有界集且极限 x 唯一.

证明 取 $\varepsilon=1$,存在 $N\geqslant 1$,使得当 $n\geqslant N$ 时,有 $d(x_n,x)<1$. 令
$$r = \max\{1,d(x_1,x),d(x_2,x),\cdots,d(x_{N-1},x)\}.$$
则任取 $n\geqslant 1$,都有 $x_n\in B(x,r+1)$. 从而 $\{x_n:n\geqslant 1\}$ 为有界集.

为了证明极限 x 的唯一性,设 $x_n\to x$ 且 $x_n\to x'$. 则
$$0\leqslant d(x,x')\leqslant d(x,x_n)+d(x_n,x').$$
令 $n\to\infty$,则有 $0\leqslant d(x,x')\leqslant 0$. 因此 $d(x,x')=0$,即 $x=x'$. □

我们可以利用序列的收敛性来刻画闭包中的点,也可以用序列的收敛性来刻画闭集. 在本书的余下部分里,我们会经常用到这个闭集的刻画. 事实上,这是证明一个集合为闭集最简捷有效的途径.

定理 1.3.2 设 (X,d) 为度量空间,$M\subset X$. 则

(1) $x\in\overline{M}$ 当且仅当存在 M 中序列 $\{x_n\}$,使得 $x_n\to x$;

(2) M 为闭集当且仅当任给 M 中序列 $\{x_n\}$,假设 $x_n\to x\in X$,则必有 $x\in M$.

证明

(1) 设 $x\in\overline{M}$. 由定理 1.2.3 可知,任给 $n\geqslant 1$,存在 $x_n\in M\cap B\left(x,\dfrac{1}{n}\right)$,即 $d(x,x_n)\leqslant \dfrac{1}{n}$. 这说明 $x_n\to x$.

反之,若存在 M 中序列 $\{x_n\}$,使得 $x_n\to x$,则任取 $\varepsilon>0$,存在 $N\geqslant 1$,使得当 $n\geqslant N$ 时有 $d(x_n,x)<\varepsilon$. 因此 $x_N\in M\cap B(x,\varepsilon)$,从而 $M\cap B(x,\varepsilon)\neq\varnothing$. 由定理 1.2.3 知 $x\in\overline{M}$.

(2) 设 M 为闭集,$x_n\in M$,且 $x_n\to x\in X$. 由已经证明的(1)知 $x\in\overline{M}$. 又 M 为闭集,由推论 1.2.1 知 $M=\overline{M}$,从而 $x\in M$.

反之,假设任给 M 中序列 $\{x_n\}$,若 $x_n\to x\in X$,则必有 $x\in M$. 为证 M 为闭集,利用推论 1.2.1 知仅需证 $M=\overline{M}$. $M\subset\overline{M}$ 显然成立. 若 $x\in\overline{M}$,则由已证的第一部分结论知,存在 M 中序列 $\{x_n\}$,使得 $x_n\to x$. 由假设条件知此时必有 $x\in M$. 从而 $M=\overline{M}$,M 为闭集. □

用序列的收敛性还可以刻画映射在某点的连续性.

定理 1.3.3 设 (X_1,d_1),(X_2,d_2) 为度量空间,$T:X_1\to X_2$ 为映射,$x_0\in X_1$. 则 T 在 $x=x_0$ 处连续当且仅当任给 X_1 中收敛到 x_0 的序列 $\{x_n\}$,都有 $Tx_n\to Tx_0$.

证明 设 T 在 $x=x_0$ 处连续,$x_n\in X_1$,$x_n\to x_0$. 任给 $\varepsilon>0$,由 T 在 $x=x_0$ 处的连续性可知,存在 $\delta>0$,使得只要 $x\in X_1$ 满足 $d_1(x,x_0)<\delta$,就有 $d_2(Tx,Tx_0)<\varepsilon$. 由 $x_n\to x_0$,可知存在 $N\geqslant 1$,任取 $n\geqslant N$,有 $d_1(x_n,x_0)<\delta$. 此时必有 $d_2(Tx_n,Tx_0)<\varepsilon$. 这就证明了在 X_2 中有 $Tx_n\to Tx_0$.

反之,若任给 X_1 中收敛到 x_0 的序列 $\{x_n\}$,都有 $Tx_n\to Tx_0$. 假设 T 不在 $x=x_0$ 处连续,则存在 $\varepsilon_0>0$,任给 $\delta>0$,存在 $x\in B(x_0,\delta)$,使得 $d_2(Tx,Tx_0)\geqslant\varepsilon_0$. 取 $\delta=\dfrac{1}{n}$,则存在

$x_n \in X_1, d_1(x_n, x_0) < \frac{1}{n}$,但 $d_2(Tx_n, Tx_0) \geq \varepsilon_0$. 此时有 $x_n \to x_0$,但 Tx_n 在 X_2 中不收敛到 Tx_0,矛盾! 因此 T 在 $x = x_0$ 处连续. □

定理 1.3.4 设 (X,d) 为度量空间,$\{x_n\}, \{y_n\}, x, y \in X$ 且 $x_n \to x, y_n \to y$,则 $d(x_n, y_n) \to d(x,y)$,即度量 d 关于两个变量是连续的.

证明 由三角不等式有
$$|d(x_n, y_n) - d(x,y)| \leq |d(x_n, y_n) - d(x_n, y)| + |d(x_n, y) - d(x,y)|$$
$$\leq d(y_n, y) + d(x_n, x).$$
所以有 $d(x_n, y_n) \to d(x,y)$. □

上述结果最常见的应用是 $\{y_n\}$ 为常序列情形,即存在 $y \in X, y_n = y (n=1,2,\cdots)$. 若 $x_n \to x$,则 $d(x_n, y) \to d(x, y)$.

下面介绍度量空间中的柯西列及度量空间的完备性. 度量空间的完备性是一个十分重要的性质,我们将发现以后的很多结论都需要假设问题所在度量空间具有完备性.

定义 1.3.2 设 (X,d) 为度量空间,$\{x_n\}$ 为 X 中的序列. 称 $\{x_n\}$ 为**柯西列**,如果任给 $\varepsilon > 0$,都存在 $N \geq 1$,使得只要 $m, n \geq N$,就有 $d(x_m, x_n) < \varepsilon$. (X,d) 称为**完备度量空间**,如果 X 中任意柯西列均为收敛列.

例 1.3.1

(1) 由高等数学的知识可知,$\mathbb{R}$ 及 $\mathbb{C}$ 为完备的.

(2) $\mathbb{R}^n$ 及 $\mathbb{C}^n$ 为完备的,这一点我们以后给出证明,它是建立在 $\mathbb{R}$ 及 $\mathbb{C}$ 的完备性基础之上的.

(3) $(0,1)$ 不是完备度量空间,这是由于 $\frac{1}{n} \in (0,1)$ 为柯西列,但 $\left\{\frac{1}{n}\right\}$ 不在 $(0,1)$ 中收敛.

(4) 设 (X,d) 为离散度量空间,$x_n \in X$ 为柯西列. 取 $\varepsilon = \frac{1}{2}$,则存在 $N \geq 1$,使得只要 $m, n \geq N$,就有 $d(x_m, x_n) < \frac{1}{2}$. 由离散度量空间中度量的定义,此时有 $x_m = x_n = x_N$. 从而 $\{x_n\}$ 收敛到 x_N. 因此离散度量空间均是完备度量空间.

(5) 考虑 ℓ^1 的度量子空间 $(M, d_1|_{M \times M})$,
$$M = \{\{x_n\}_{n=1}^{\infty} : \exists N \geq 1, \forall n \geq N, x_n = 0\}.$$
令
$$x^{(n)} = \left(1, \frac{1}{2}, \frac{1}{4}, \cdots, \frac{1}{2^n}, 0, 0, \cdots\right) \in M.$$
任给 $\varepsilon > 0$,存在 $N \geq 1$ 使得 $\frac{1}{2^{N-1}} < \varepsilon$. 此时任给 $m > n \geq N$,有

$$d_1(x^{(m)}, x^{(n)}) = \sum_{k=n+1}^{m} \frac{1}{2^k} < \frac{1}{2^{N-1}} < \varepsilon.$$

这说明 $x^{(n)}$ 为 M 中的柯西列. 假设存在 $x \in M$ 使得 $x^{(n)} \to x$, 不妨设
$$x = (x_1, x_2, x_3, \cdots, x_k, 0, 0, \cdots).$$

若 $n > k$, 则易证 $d_1(x^{(n)}, x) \geq \frac{1}{2^{k+1}}$. 这与 $x^{(n)} \to x$ 矛盾. 因此 $(M, d_1|_{M \times M})$ 不是完备度量空间.

设 (X, d) 为度量空间, $\{x_n\}$ 为 X 中的序列. 要证 $\{x_n\}$ 在 X 中收敛, 需要做两件事情: 首先找到极限 x, 然后证明 $x_n \to x$. 第一件事情往往是最困难的. 若 X 为完备度量空间, 要证 $\{x_n\}$ 在 X 中收敛, 仅需证 $\{x_n\}$ 为柯西列, 而不需要将极限 x 找出来, 这往往要容易得多. 这也是完备性在研究度量空间结构时非常有用的原因之一. 下面我们给出柯西列的基本性质以及柯西列与收敛列的关系.

定理 1.3.5 设 (X, d) 为度量空间, $\{x_n\}$ 为 X 中的序列.

(1) 若 $\{x_n\}$ 为柯西列, 则 $\{x_n : n \geq 1\}$ 为有界集.

(2) 若 $\{x_n\}$ 为收敛列, 则 $\{x_n\}$ 必为柯西列.

(3) 若 $\{x_n\}$ 为柯西列, 且 $\{x_n\}$ 有收敛子列 $\{x_{n_k}\}$, 则 $\{x_n\}$ 也收敛, 且
$$\lim_{n \to \infty} x_n = \lim_{k \to \infty} x_{n_k}.$$

证明

(1) 设 $\{x_n\}$ 为柯西列, 则对于 $\varepsilon = 1$, 存在 $N \geq 1$, 使得任取 $m, n \geq N$, 有 $d(x_m, x_n) < 1$, 特别地有 $d(x_n, x_N) < 1$. 令
$$r = \max\{1, d(x_1, x_N), d(x_2, x_N), \cdots, d(x_{N-1}, x_N)\} + 1.$$

则任取 $n \geq 1$, 易证 $d(x_n, x_N) < r$, 或者等价地有
$$\{x_n : n \geq 1\} \subset B(x_N, r).$$

从而 $\{x_n : n \geq 1\}$ 为有界集.

(2) 若 $\{x_n\}$ 为收敛列, $x_n \to x \in X$, 则任给 $\varepsilon > 0$, 存在 $N \geq 1$, 使得只要 $n \geq N$, 就有 $d(x_n, x) < \frac{\varepsilon}{2}$. 因此若 $m, n \geq N$,
$$d(x_m, x_n) \leq d(x_m, x) + d(x, x_n) < \varepsilon.$$

这就证明了 $\{x_n\}$ 为柯西列.

(3) 设 $x_{n_k} \to x$. 任给 $\varepsilon > 0$, 存在 $K \geq 1$, 使得任取 $k \geq K$, $d(x_{n_k}, x) < \frac{\varepsilon}{2}$. 由 $\{x_n\}$ 为柯西列知, 存在 $N \geq 1$, 只要 $m, n \geq N$, 就有 $d(x_m, x_n) < \frac{\varepsilon}{2}$. 不妨设 $n_K \geq N$, 则任取 $n \geq n_K$, 有
$$d(x_n, x) \leq d(x_n, x_{n_k}) + d(x_{n_k}, x) < \frac{\varepsilon}{2} + \frac{\varepsilon}{2} = \varepsilon,$$

即 $x_n \to x$. □

定理 1.3.6 设 (X,d) 为度量空间，$Y \subset X$，$(Y,d|_{Y \times Y})$ 为 X 的完备子空间，则 Y 必为闭集.

证明 为了证明 Y 为闭集，设 $x_n \in Y$，$x_n \to x \in X$，我们来证明 $x \in Y$. 由于收敛列均为柯西列，所以 $\{x_n\}$ 为 Y 中的柯西列，利用 Y 的完备性可知，存在 $y \in Y$ 使得 $x_n \to y$. 由极限的唯一性有 $x = y$，从而 $x \in Y$. 由定理 1.3.2 知 Y 为 X 的闭集. □

下面这个结果对研究完备度量空间子空间的完备性特别重要.

定理 1.3.7 设 (X,d) 为完备度量空间，$Y \subset X$. 则 $(Y,d|_{Y \times Y})$ 为完备度量空间当且仅当 Y 为闭集.

证明 若 $(Y,d|_{Y \times Y})$ 为完备度量空间，则由定理 1.3.6 知 Y 为闭集. 反之，假设 (X,d) 为完备的，且 Y 为闭集. 为证 $(Y,d|_{Y \times Y})$ 为完备度量空间，我们在 Y 中任取柯西列 $\{x_n\}$. 则 $\{x_n\}$ 也为 X 中的柯西列. 利用 (X,d) 为完备度量空间这个假设，可知存在 $x \in X$，使得 $x_n \to x$. 由 Y 为闭集及定理 1.3.2 知 $x \in Y$. 由于 Y 中任意柯西列均收敛到 Y 中的点，所以 $(Y,d|_{Y \times Y})$ 为完备度量空间. □

同一个集合上可以有不同的度量，而这些不同的度量有时有强弱之分. 设 X 为非空集合，d_1, d_2 为 X 上的度量. 设存在常数 $\alpha > 0$，使得

$$d_1(x,y) \leqslant \alpha d_2(x,y), \quad x,y \in X, \tag{1.7}$$

则称 d_2 强于 d_1，或 d_1 弱于 d_2. 此时，

(1) $x \in X$，若 $\{x_n\}$ 在 (X,d_2) 中收敛到 x，则 $\{x_n\}$ 在 (X,d_1) 中也收敛到 x；

(2) 若 $\{x_n\}$ 在 (X,d_2) 中为柯西列，则 $\{x_n\}$ 在 (X,d_1) 中也为柯西列；

(3) 若 $G \subset X$ 为 (X,d_1) 中的开集，则 G 也为 (X,d_2) 中的开集；

(4) 若 $F \subset X$ 为 (X,d_1) 中的闭集，则 F 也为 (X,d_2) 中的闭集.

前两个命题可以由定义直接得到. 为了说明最后两个命题成立，我们考虑映射

$$\phi : (X,d_2) \to (X,d_1)$$
$$x \mapsto x.$$

由假设条件 (1.7) 知 ϕ 为 Lipschitz 映射，从而 ϕ 为连续映射. 因此可以直接应用定理 1.2.5 及定理 1.2.6 得到最后两个结论.

若存在常数 $\alpha, \beta > 0$，使得

$$\alpha d_1(x,y) \leqslant d_2(x,y) \leqslant \beta d_1(x,y), \quad x,y \in X$$

成立，则称 d_1 与 d_2 为**等价度量**. 此时，虽然我们视 (X,d_1) 与 (X,d_2) 为不同的度量空间，但我们有

(1) G 为 (X,d_1) 的开集当且仅当 G 为 (X,d_2) 的开集；

(2) F 为 (X,d_1) 的闭集当且仅当 F 为 (X,d_2) 的闭集；

(3) $\{x_n\}$ 在 (X,d_1) 中为柯西列当且仅当 $\{x_n\}$ 为 (X,d_2) 中的柯西列；

(4) $\{x_n\}$ 在 (X,d_1) 中收敛到 x 当且仅当 $\{x_n\}$ 在 (X,d_2) 中收敛到 x；

(5) (X,d_1) 为完备的当且仅当 (X,d_2) 为完备的;

(6) M 在 (X,d_1) 中为稠密的当且仅当 M 在 (X,d_2) 中为稠密的;

(7) (X,d_1) 为可分的当且仅当 (X,d_2) 为可分的;

(8) 任给 $M \subset X$,则 M 在 (X,d_1) 及 (X,d_2) 中有相同的内点、相同的内部、相同的聚点和相同的闭包.

下面将证明一些常见空间的完备性. 为此需要承认 $\mathbb{R}$ 及 $\mathbb{C}$ 的完备性,这是高等数学的知识. $\mathbb{Q}$ 作为 $\mathbb{R}$ 的度量子空间不是完备的,这是由于 $\mathbb{Q}$ 在 $\mathbb{R}$ 中不为闭集,从而由定理 1.3.6 就可以得到 $\mathbb{Q}$ 的不完备性.

例 1.3.2 $(\mathbb{K}^n, d_p)$ 为完备度量空间:若 $1 \leqslant p \leqslant \infty$,则 $(\mathbb{K}^n, d_p)$ 为完备度量空间. 我们首先证明取不同的 $1 \leqslant p \leqslant \infty$ 时,d_p 是相互等价的度量,为此仅需证任取 $1 \leqslant p < \infty$,d_p 与 d_∞ 等价,这是由于度量的等价性具有传递性. 事实上,若 $\boldsymbol{x}, \boldsymbol{y} \in \mathbb{K}^n$, $\boldsymbol{x} = (x_1, x_2, \cdots, x_n)$, $\boldsymbol{y} = (y_1, y_2, \cdots, y_n)$. 则

$$d_\infty(\boldsymbol{x}, \boldsymbol{y}) = \max_{1 \leqslant i \leqslant n} |x_i - y_i| \leqslant \left(\sum_{i=1}^n |x_i - y_i|^p \right)^{1/p}$$
$$= d_p(\boldsymbol{x}, \boldsymbol{y}) \leqslant n^{1/p} d_\infty(\boldsymbol{x}, \boldsymbol{y}).$$

从而 d_p 相互等价. 因此为证 $(\mathbb{K}^n, d_p)$ 为完备度量空间,仅需证 $(\mathbb{K}^n, d_\infty)$ 为完备度量空间.

设 $\boldsymbol{x}^{(m)} = (x_1^{(m)}, x_2^{(m)}, \cdots, x_n^{(m)}) \in \mathbb{K}^n$, $\{\boldsymbol{x}^{(m)}\}$ 为 $(\mathbb{K}^n, d_\infty)$ 中的柯西列. 则任取 $\varepsilon > 0$,存在 $N \geqslant 1$,只要 $m, k \geqslant N$,就有 $d_\infty(\boldsymbol{x}^{(m)}, \boldsymbol{x}^{(k)}) < \frac{\varepsilon}{2}$,即

$$\max_{1 \leqslant i \leqslant n} |x_i^{(m)} - x_i^{(k)}| < \frac{\varepsilon}{2}.$$

从而任取 $1 \leqslant i \leqslant n$,有

$$|x_i^{(m)} - x_i^{(k)}| < \frac{\varepsilon}{2}. \tag{1.8}$$

这说明 $\{x_i^{(m)}\}$ 为 $\mathbb{K}$ 中的柯西列. 利用 $\mathbb{K}$ 的完备性,存在 $x_i \in \mathbb{K}$ 使得 $x_i^{(m)} \to x_i$. 令

$$\boldsymbol{x} = (x_1, x_2, \cdots, x_n) \in \mathbb{K}^n.$$

在式 (1.8) 中,固定 $m \geqslant N$,令 $k \to \infty$,有

$$|x_i^{(m)} - x_i| \leqslant \frac{\varepsilon}{2} < \varepsilon.$$

这等价于说只要 $m \geqslant N$,就有 $d_\infty(\boldsymbol{x}^{(m)}, \boldsymbol{x}) < \varepsilon$. 即 $\boldsymbol{x}^{(m)} \to \boldsymbol{x}$. 这样就证明了 $(\mathbb{K}^n, d_\infty)$ 的完备性.

例 1.3.3 (ℓ^∞, d_∞) 为完备度量空间:假设

$$x^{(n)} = \{x_m^{(n)}\} \in \ell^\infty$$

为柯西列,则任给 $\varepsilon > 0$,存在 $N \geqslant 1$,只要 $n, k \geqslant N$,就有

$$d_\infty(x^{(n)}, x^{(k)}) < \frac{\varepsilon}{2}.$$

即任取 $m \geq 1$,有

$$|x_m^{(n)} - x_m^{(k)}| < \frac{\varepsilon}{2}. \tag{1.9}$$

这说明 $\{x_m^{(n)}\}$ 为 K 中的柯西列. 由 K 的完备性知,存在 $x_m \in K$,当 $n \to \infty$ 时,有 $x_m^{(n)} \to x_m$. 在式(1.9)中取 $n \geq N$,令 $k \to \infty$,则有

$$|x_m^{(n)} - x_m| \leq \frac{\varepsilon}{2} < \varepsilon. \tag{1.10}$$

特别地取 $n = N$,有

$$|x_m| < \varepsilon + |x_m^{(N)}|.$$

利用 $x^{(N)} \in \ell^\infty$ 可得 $x = \{x_m\} \in \ell^\infty$. 而式(1.10)意味着只要 $n \geq N$,就有 $d_\infty(x^{(n)}, x) < \varepsilon$. 这就证明了在 ℓ^∞ 中有 $x^{(n)} \to x$. 从而 (ℓ^∞, d_∞) 为完备度量空间.

例 1.3.4 $(C[a,b], d_\infty)$ 为完备度量空间: 设 $x_n \in C[a,b]$ 为柯西列. 则任给 $\varepsilon > 0$,存在 $N \geq 1$,只要 $m, n \geq N$,就有 $d_\infty(x_m, x_n) < \frac{\varepsilon}{2}$. 即

$$|x_m(t) - x_n(t)| < \frac{\varepsilon}{2}, \quad t \in [a,b]. \tag{1.11}$$

这说明 $\{x_n(t)\}$ 为 K 中的柯西列. 利用 K 的完备性,存在 $x(t) \in K$,使 $x_n(t) \to x(t)$. 在式(1.11)中取定 $n \geq N$,令 $m \to \infty$,则有

$$|x_n(t) - x(t)| \leq \frac{\varepsilon}{2} < \varepsilon. \tag{1.12}$$

即 $\{x_n\}$ 一致收敛到 x. 首先证明 x 为连续函数. 设 $t_0 \in [a,b]$ 固定,任给 $\varepsilon_1 > 0$,存在 $n_0 \geq 1$,使得若 $t \in [a,b]$,则

$$|x_{n_0}(t) - x(t)| < \frac{\varepsilon_1}{3}. \tag{1.13}$$

x_{n_0} 在 $t = t_0$ 处连续,则存在 $\delta > 0$,只要 $|t - t_0| < \delta$,就有 $|x_{n_0}(t) - x_{n_0}(t_0)| < \frac{\varepsilon_1}{3}$. 此时应用式(1.13),有

$$|x(t) - x(t_0)| \leq |x(t) - x_{n_0}(t)| + |x_{n_0}(t) - x_{n_0}(t_0)| + |x_{n_0}(t_0) - x(t_0)|$$

$$\leq \frac{\varepsilon_1}{3} + \frac{\varepsilon_1}{3} + \frac{\varepsilon_1}{3} = \varepsilon_1.$$

即 x 在 $t = t_0$ 处连续,因此 $x \in C[a,b]$.

式(1.12)意味着只要 $n \geq 1$,就有 $d_\infty(x_n, x) < \varepsilon$. 从而在 $C[a,b]$ 中有 $x_n \to x$. 这就证明了 $(C[a,b], d_\infty)$ 为完备度量空间.

例 1.3.5 (ℓ^p, d_p) 为完备度量空间: 若 $1 \leq p < \infty$,设

$$x^{(n)} = \{x_m^{(n)}\} \in \ell^p$$

为柯西列,则任给 $\varepsilon > 0$,存在 $N \geq 1$,只要 $n, k \geq N$,就有

$$d_p(x^{(n)}, x^{(k)}) < \frac{\varepsilon}{2}.$$

即
$$\left(\sum_{m=1}^{\infty} |x_m^{(n)} - x_m^{(k)}|^p\right)^{1/p} < \frac{\varepsilon}{2}. \tag{1.14}$$

特别地，$|x_m^{(n)} - x_m^{(k)}| < \frac{\varepsilon}{2}$. 这说明 $\{x_m^{(n)}\}$ 为 $\mathbb{K}$ 中的柯西列. 由 $\mathbb{K}$ 的完备性可知, 存在 $x_m \in \mathbb{K}$, 当 $n \to \infty$ 时, $x_m^{(n)} \to x_m$. 由式 (1.14), 对于 $l \geq 1$, 只要 $n, k \geq N$, 就有

$$\sum_{m=1}^{l} |x_m^{(n)} - x_m^{(k)}|^p < \frac{\varepsilon^p}{2^p}. \tag{1.15}$$

在式 (1.15) 中取定 $n \geq N$, 令 $k \to \infty$, 则有
$$\sum_{m=1}^{l} |x_m^{(n)} - x_m|^p \leq \frac{\varepsilon^p}{2^p}. \tag{1.16}$$

令 $l \to \infty$, 有
$$\sum_{m=1}^{\infty} |x_m^{(n)} - x_m|^p \leq \frac{\varepsilon^p}{2^p}. \tag{1.17}$$

在上式中取 $n = N$, 则由 Minkowski 不等式 (1.5), 有
$$\left(\sum_{m=1}^{\infty} |x_m|^p\right)^{1/p} \leq \left(\sum_{m=1}^{\infty} |x_m - x_m^{(N)}|^p\right)^{1/p} + \left(\sum_{m=1}^{\infty} |x_m^{(N)}|^p\right)^{1/p}$$
$$\leq \frac{\varepsilon}{2} + \left(\sum_{m=1}^{\infty} |x_m^{(N)}|^p\right)^{1/p} < \infty.$$

这说明 $x = \{x_m\} \in \ell^p$. 而式 (1.17) 意味着当 $n \geq N$ 时, 有 $d_p(x^{(n)}, x) < \varepsilon$. 这就证明了在 ℓ^p 中有 $x^{(n)} \to x$.

例 1.3.6 c_0 为完备度量空间: 考虑 ℓ^∞ 的度量子空间 $(c_0, d_\infty |_{c_0 \times c_0})$
$$c_0 = \{\{x_n\} \in \ell^\infty : \lim_{n \to \infty} x_n = 0\}.$$

下面证 c_0 为完备度量空间. 由于 ℓ^∞ 为完备的, 要证 c_0 为完备的, 由定理 1.3.7 仅需证 c_0 为 ℓ^∞ 的闭子集. 设
$$x^{(n)} \in c_0, \quad x^{(n)} \to x \in \ell^\infty,$$
且
$$x^{(n)} = \{x_m^{(n)}\}, \quad x = \{x_m\}.$$

由 $x^{(n)} \to x$ 知, 任给 $\varepsilon > 0$, 存在 $N \geq 1$, 使得 $d_\infty(x^{(N)}, x) < \frac{\varepsilon}{2}$, 即只要 $m \geq 1$, 就有 $|x_m^{(N)} - x_m| < \frac{\varepsilon}{2}$. 而 $x^{(N)} \in c_0$, 即 $\lim_{m \to \infty} x_m^{(N)} = 0$, 因此存在 $m_0 \geq 1$, 任给 $m \geq m_0$, 有 $|x_m^{(N)}| < \frac{\varepsilon}{2}$. 此时有

$$|x_m| \leq |x_m - x_m^{(N)}| + |x_m^{(N)}| \leq \frac{\varepsilon}{2} + \frac{\varepsilon}{2} = \varepsilon.$$

这就证明了 $x \in c_0$. 由定理 1.3.7 可知, c_0 为完备度量空间.

例 1.3.7 连续函数空间 $(C[0,1], d_p)$ 不是完备的,其中 $1 \leqslant p < \infty$,任给 $x, y \in C[0,1]$, $d_p(x,y)$ 由下式定义:

$$d_p(x,y) = \left(\int_0^1 |x(t) - y(t)|^p dt\right)^{1/p}.$$

我们只给出 $p=1$ 情形的证明, $p>1$ 情形的证明是类似的. 对于 $n \geqslant 2$,令 $a_n = \frac{1}{2} + \frac{1}{n}$. 定义

$$x_n(t) = \begin{cases} 0, & t \in \left[0, \frac{1}{2}\right], \\ n\left(t - \frac{1}{2}\right), & t \in \left[\frac{1}{2}, a_n\right], \\ 1, & t \in [a_n, 1]. \end{cases}$$

则 $x_n \in C[0,1]$. 若 $m > n$,简单计算可得

$$d_1(x_m, x_n) = \frac{1}{2}\left(\frac{1}{n} - \frac{1}{m}\right).$$

因此 $\{x_n\}$ 为 $C[0,1]$ 中的柯西列. 假设存在 $x \in C[0,1]$, $x_n \to x$. 则

$$d_1(x_n, x) = \int_0^{1/2} |x(t)| dt + \int_{1/2}^{a_n} |x_n(t) - x(t)| dt + \int_{a_n}^1 |1 - x(t)| dt.$$

令 $n \to \infty$ 有

$$x(t) = \begin{cases} 0, & t \in \left[0, \frac{1}{2}\right], \\ 1, & t \in \left(\frac{1}{2}, 1\right]. \end{cases}$$

x 在 $t = \frac{1}{2}$ 处显然不连续,矛盾! 这就证明了 $(C[0,1], d_p)$ 不是完备度量空间.

如果度量空间 (X, d) 不是完备的,我们会发现总可以将 X 视为某个完备度量空间 $\hat{X}$ 的度量子空间,并且 X 在 $\hat{X}$ 中为稠密的,这样的完备度量空间 $\hat{X}$ 称为 X 的完备化. 为此,需要引入度量空间等距同构的概念.

定义 1.3.3 设 (X_1, d_1) 和 (X_2, d_2) 为度量空间, $T: X_1 \to X_2$ 为映射. 若 T 为一一映射且

$$d_2(Tx, Ty) = d_1(x, y), \quad x, y \in X_1,$$

则称 T 为**等距同构**. 若存在等距同构 $T: X_1 \to X_2$,则称度量空间 (X_1, d_1) 和 (X_2, d_2) 为**等距同构的**.

容易证明若 X, Y 均为离散度量空间,且 X 与 Y 等势,则 X 和 Y 等距同构. 事实上,由于 X 与 Y 等势,所以存在一一映射 $T: X \to Y$,则由离散度量空间中度量的定义知 T 必为等距同构. 若 $a < b$,则 $(C[0,1], d_\infty)$ 与 $(C[a,b], d_\infty)$ 等距同构. 事实上,映射

$$\tau: [0,1] \to [a,b]$$
$$t \mapsto a + t(b-a)$$

为一一映射. 若 $x \in C[0,1]$,令 $(Tx)(t) = x(\tau^{-1}(t))$,则 $Tx \in C[a,b]$,且映射
$$T: C[0,1] \to C[a,b]$$
$$x \mapsto Tx \tag{1.18}$$

为一一映射且为等距同构.

两个等距同构的度量空间除了空间中元素的表述形式不同外,其度量结构完全是一样的. 所以我们视等距同构的度量空间为同一个度量空间. 利用这个思想,我们可以自然地引入度量空间完备化的概念.

定理 1.3.8 设 (X,d) 为度量空间,则存在完备度量空间 $(\hat{X},\hat{d})$ 及 $\hat{X}$ 的子空间 $(M, \hat{d}|_{M \times M})$,$M \subset \hat{X}$,使得 M 在 $\hat{X}$ 中稠密,M 与 (X,d) 等距同构. 上述 $(\hat{X},\hat{d})$ 在等距同构意义下是唯一的,即若存在完备度量空间 (X',d') 及其子空间 $(M',d'|_{M' \times M'})$,$M' \subset X'$,使得 M' 在 X' 中稠密,$(M',d'|_{M' \times M'})$ 与 (X,d) 等距同构,则 $(\hat{X},\hat{d})$ 与 (X',d') 等距同构.

若完备度量空间 $(\hat{X},\hat{d})$ 满足定理 1.3.8,则称 $(\hat{X},\hat{d})$ 为 (X,d) 的**完备化**. 同一度量空间的任意两个完备化必为等距同构的,所以在等距同构意义下每个度量空间只有一个完备化. 上面这个定理的证明较复杂,我们不给出其证明.

当 (X,d) 为完备度量空间时,(X,d) 本身就是其一个完备化. 另外,若 $(Y,d|_{Y \times Y})$,$Y \subset X$ 为 X 的度量子空间,则 $(\bar{Y},d|_{\bar{Y} \times \bar{Y}})$ 是 Y 的一个完备化. 这是定理 1.3.7 的直接推论.

我们在例 1.3.7 中已经证明了 $(C[0,1],d_p)$ 不是完备度量空间,其中 $1 \leq p < \infty$,可以证明其完备化为 p-阶 Lebesgue 可积函数空间 $L^p([0,1])$. 在这里我们不作详细讨论.

下面我们在度量空间中引入紧集的概念,这是一个在分析数学里非常重要的概念,很多数学结果仅仅在假设紧性时方才成立. 紧集是欧氏空间有界闭集的推广,因而也具有许多欧氏空间有界闭集所具有的特殊性质.

定义 1.3.4 设 (X,d) 为度量空间.

(1) 若 X 中的任意序列均有收敛子列,则称 X 为**紧度量空间**.

(2) 若 $M \subset X$,称 M 为 X 的**紧子集**,简称**紧集**,如果 $(M,d|_{M \times M})$ 为紧度量空间,即任给 $x_n \in M$,存在子列 $\{x_{n_k}\}$ 及 $x \in M$,$x_{n_k} \to x$.

(3) 称 $M \subset X$ 为**相对紧集**,如果任给 $x_n \in M$,存在子列 $\{x_{n_k}\}$ 及 $x \in X$,$x_{n_k} \to x$.

(4) 称 $N \subset M$ 为 M 的 ε-**网**,如果 $M \subset \bigcup_{x \in N} B(x,\varepsilon)$. 称 $M \subset X$ 为**完全有界集**,若任给 $\varepsilon > 0$,M 都有有限 ε-网,即存在有限个点 $x_1, x_2, \cdots, x_n \in M$,使得 $M \subset \bigcup_{1 \leq k \leq n} B(x_k,\varepsilon)$.

设 (X,d) 为度量空间,M 为 X 的有限集,则 M 必为紧集. 事实上,若 $x_n \in M$,由于 M 仅有有限个元素,所以必存在 $x \in M$ 及无穷多个下标 n_k,使得 $x_{n_k} = x$,不妨设 $n_k < n_{k+1}$. 则

$\{x_{n_k}\}$ 为 $\{x_n\}$ 的子列,且显然有 $x_{n_k} \to x$.

若 (X,d) 为离散度量空间,则 $M \subset X$ 为紧集当且仅当 M 为有限集. 上面我们已经证明了有限集必为紧集. 反之, 如果 $M \subset X$ 为紧集且为无穷集, 则存在序列 $x_n \in M$ 使得 x_n 两两不等, 因此若 $m \neq n$, 则有 $d(x_m, x_n) = 1$. 由此易知 $\{x_n\}$ 的任意子列都不是柯西列, 从而 $\{x_n\}$ 无收敛子列, 矛盾! 所以 M 必为有限集.

若在 $\mathbb{K}^n$ 上赋予度量 d_2, 则由 Bolzano-Weierstrass 定理, $M \subset \mathbb{K}^n$ 为紧集当且仅当 M 为有界闭集.

由定义可以看出, 若 M 为紧集, 则 M 必为相对紧集. 另外, 易证完全有界集均为有界集. 下面给出紧集的一些基本性质.

定理 1.3.9 度量空间中的紧集必为有界闭集.

证明 设 M 为度量空间 (X,d) 的紧集, $x_n \in M$ 且 $x_n \to x \in X$. 由 M 的紧性可知, 存在 $\{x_n\}$ 的子列 $\{x_{n_k}\}$ 及 $y \in M$, 使得 $x_{n_k} \to y$. 另外, 显然有 $x_{n_k} \to x$. 由序列极限的唯一性有 $x = y$. 从而 $x \in Y$. 由定理 1.3.2 知, M 为闭集.

由定义, M 为有界集当且仅当任取 $x \in X$, 存在 $r > 0$, 使得 $M \subset B(x, r)$. 假设 M 不是有界的, 则存在 $b \in X$, 任给 $n \geq 1$, 存在
$$x_n \in M, \quad d(b, x_n) \geq n.$$
利用 M 的紧性, 可知存在 $\{x_n\}$ 的子列 $\{x_{n_k}\}$ 及 $x \in M$, 使得 $x_{n_k} \to x$. 于是有
$$d(x_{n_k}, b) \geq n_k, \quad k \geq 1.$$
令 $k \to \infty$, 则利用定理 1.3.4 有 $d(x, b) \geq \infty$, 矛盾! 因此 M 必为有界集. □

上一定理的逆命题不成立. 若 $n \geq 1$, 考虑 ℓ^2 中元素 e_n, 其第 n 项为 1, 其余项均为 0. 若 $M = \{e_n : n \geq 1\}$, 则 M 包含在 ℓ^2 中以 0 为中心 2 为半径的开球内, 因此 M 为有界集. 另外, 任取 $x, y \in M, x \neq y$, 则 $d_2(x, y) = \sqrt{2}$. 若 $x_n \in M, x_n \to x \in \ell^2$, 则 $\{x_n\}$ 为柯西列, 即存在 $N \geq 1$, 任给 $m, n \geq N, d_2(x_m, x_n) < 1$, 因此 $x_m = x_n = x_N$, 此时有 $x_n \to x_N$. 由序列极限的唯一性可得 $x = x_N \in M$. 由定理 1.3.2 知, M 为闭集. 考虑 M 中的序列 $\{e_n\}$, 其任何两项之间的距离为 $\sqrt{2}$, 故 $\{e_n\}$ 无收敛子列. 从而 M 不为紧集.

下面这个结果给出了紧度量空间的子集成为紧子集的一个充分条件, 这是一个非常有用的结论. 事实上, 证明一个集合为闭集是一件相对容易的事情.

定理 1.3.10 设 (X,d) 为紧度量空间, 则 $Y \subset X$ 为紧集当且仅当 Y 为闭集.

证明 若 Y 为紧集, 则由定理 1.3.9 知 Y 为有界闭集. 反之, 假设 X 为紧集, $Y \subset X$ 为闭集. 设 $x_n \in Y$, 则 $x_n \in X$. 利用 X 的紧性, 可知存在 $\{x_n\}$ 的子列 $\{x_{n_k}\}$ 及 $x \in X, x_{n_k} \to x$. 但 Y 为 X 的闭集, 因此由定理 1.3.2 知 $x \in Y$. 这就证明了 Y 为 X 的紧子集. □

相对紧性与紧性有着十分密切的联系. 相对紧集有下述简单刻画.

定理 1.3.11 设 (X,d) 为度量空间, $M \subset X$ 为相对紧集当且仅当 $\overline{M}$ 为紧集.

证明 设 M 为相对紧集，$x_n \in \overline{M}$. 若 $n \geqslant 1$，由闭包的等价定义可知，存在 $y_n \in M$，使得 $d(x_n, y_n) < \dfrac{1}{n}$. 由于 M 为相对紧集，所以存在 $\{y_n\}$ 的子列 $\{y_{n_k}\}$，$y \in X$，使得 $y_{n_k} \to y$. 由 $y_{n_k} \in M$ 及定理 1.3.2 知 $y \in \overline{M}$. 由于 $d(x_{n_k}, y_{n_k}) < \dfrac{1}{n_k}$，所以 $x_{n_k} \to y$. 这就说明 $\overline{M}$ 为紧集.

反之，若 $\overline{M}$ 为紧集，$x_n \in M$. 利用 $\overline{M}$ 的紧性可知，存在 $\{x_n\}$ 的子列 $\{x_{n_k}\}$ 及 $x \in \overline{M}$，使得 $x_{n_k} \to x$. 从而 M 为相对紧集. □

我们可以用柯西列来刻画集合的完全有界性.

定理 1.3.12 设 (X, d) 为度量空间，$M \subset X$ 为完全有界集当且仅当 M 中任意序列均有子列为柯西列.

证明 设 M 为完全有界集，$x_n \in M$. 对于 $\varepsilon = \dfrac{1}{2}$，$M$ 有有限的 $\dfrac{1}{2}$-网，而 $\{x_n\}$ 有无穷多项，因此至少有一个半径为 $\dfrac{1}{2}$ 的开球包含无穷多项 x_n，记为 $\{x_{1,i}\}$. 此时有 $d(x_{1,i}, x_{1,j}) < 1$.

取 $\varepsilon = \dfrac{1}{4}$，由于 M 为完全有界集，所以 M 有有限的 $\dfrac{1}{4}$-网，而 $\{x_{1,i}\}$ 有无穷多项，因此至少有一个半径为 $\dfrac{1}{4}$ 的开球包含无穷多项 $x_{1,i}$，记为 $\{x_{2,i}\}$. 此时有 $d(x_{2,i}, x_{2,j}) < \dfrac{1}{2}$.

设 $x_{k,i}$ 已经找到，使得 $\{x_{k,i}\}$ 为 $\{x_{k-1,i}\}$ 的子列，且任给 $i, j \geqslant 1$ 有
$$d(x_{k,i}, x_{k,j}) < \dfrac{1}{2^{k-1}}.$$
M 有有限的 $\dfrac{1}{2^{k+1}}$-网，而 $\{x_{k,i}\}$ 有无穷多项，所以至少有一个半径为 $\dfrac{1}{2^{k+1}}$ 的开球包含无穷多项 $x_{k,i}$，设为 $\{x_{k+1,i}\}$. 此时有 $d(x_{k+1,i}, x_{k+1,j}) < \dfrac{1}{2^k}$.

考虑 $y_n = x_{n,n}$，$\{y_n\}$ 为 $\{x_n\}$ 的子列，且由上述构造过程知 $d(y_{n+m}, y_n) < \dfrac{1}{2^{n-1}}$. 因此 $\{y_n\}$ 为柯西列. 我们证明了 M 中任意序列均有子列为柯西列.

现在假设 M 不是完全有界集，则存在 $\varepsilon_0 > 0$，使得 M 没有有限的 ε_0-网. 任取 $x_1 \in M$，则 $M \not\subseteq B(x_1, \varepsilon_0)$. 因此存在 $x_2 \in M \setminus B(x_1, \varepsilon_0)$. 此时有 $d(x_1, x_2) \geqslant \varepsilon_0$. 由于 M 没有有限的 ε_0-网，所以 $M \not\subseteq B(x_1, \varepsilon_0) \cup B(x_2, \varepsilon_0)$. 因此存在
$$x_3 \in M \setminus (B(x_1, \varepsilon_0) \cup B(x_2, \varepsilon_0)).$$
此时有 $d(x_3, x_1) \geqslant \varepsilon_0$，$d(x_3, x_2) \geqslant \varepsilon_0$. 如此下去，可得到 $\{x_n\}$，$x_n \in M$，使得任取 $m \neq n$，都有 $d(x_m, x_n) \geqslant \varepsilon_0$. 显然 $\{x_n\}$ 无子列为柯西列. □

在已知空间的完备性条件下，下面这个结果在建立该空间子集的紧性或相对紧性时是十分有用的.

推论 1.3.1　设 (X,d) 为度量空间,$M \subset X$.
(1) 若 M 为相对紧集,则 M 为完全有界集.
(2) 若 (X,d) 为完备度量空间,则 M 为完全有界集当且仅当 M 为相对紧集.
(3) M 为紧集当且仅当 M 为完备的且为完全有界集.

证明
(1) 设 M 为相对紧集. 则任取 $\{x_n\}, x_n \in M$,存在 $\{x_n\}$ 的子列 $\{x_{n_k}\}$ 及 $x \in X$,使得 $x_{n_k} \to x$. 由于收敛列均为柯西列,所以 $\{x_{n_k}\}$ 为柯西列. 由上一定理知 M 为完全有界集.

(2) 设 X 为完备度量空间,仅需证若 M 为完全有界集,则 M 为相对紧. 设 M 为完全有界集,$\{x_n\}$ 为 M 中一列元素. 由上一定理知 $\{x_n\}$ 有子列 $\{x_{n_k}\}$ 为柯西列,由假设 X 为完备的,所以 $\{x_{n_k}\}$ 必在 X 中收敛到某点 $x \in X$. 这说明 M 中任意序列均有收敛子列,因此 M 为相对紧集.

(3) 若 M 为紧集,则 M 为相对紧集,由已经证明的第一个结论,M 必为完全有界集. 为了证明 M 完备,假设 $\{x_n\}$ 为 M 中的柯西列,利用 M 的紧性,存在 $\{x_n\}$ 的子列 $\{x_{n_k}\}$ 及 $x \in M$,使得 $x_{n_k} \to x$. 利用定理 1.3.5 可得 $x_n \to x$. 因此 M 为完备的.

若 M 为完备的且为完全有界集,则由定理 1.3.6 可知,M 为闭集. 由已经证明的结论 (2),可知 M 为相对紧集. 再利用定理 1.3.11 就可以得到 M 的紧性. □

下面我们研究连续映射与集合紧性的联系.

定理 1.3.13　设 $(X,d_1),(Y,d_2)$ 为度量空间,$T: X \to Y$ 为连续映射. 那么,
(1) 若 $M \subset X$ 为紧集,则 $T(M) = \{Tx: x \in M\}$ 为 Y 的紧集;
(2) 若 (X,d_1) 为紧度量空间,且 T 为一一映射,则 $T^{-1}: Y \to X$ 为连续映射.

证明
(1) 设 $y_n \in T(M)$,则存在 $x_n \in M$,使得 $y_n = Tx_n$. 由 M 为紧集知,存在 $\{x_n\}$ 的子列 $\{x_{n_k}\}$ 及 $x \in M$,使得 $x_{n_k} \to x$. T 为连续映射,由定理 1.3.3 可知,$Tx_{n_k} \to Tx$,即 $y_{n_k} \to Tx \in T(M)$. 从而 $T(M)$ 为 Y 的紧集.

(2) 若 (X,d_1) 为紧度量空间,且 T 为一一映射,则逆映射 $T^{-1}: Y \to X$ 有意义. 又 T 为连续映射,由已经证明的结论 (1),可知 $Y = T(X)$ 为紧度量空间. 任给 $F \subset X$ 为闭集,由定理 1.3.10 知 F 为 X 的紧子集. 由于 T 为一一映射,所以 F 通过 T^{-1} 取逆像刚好等于 F 在 T 下的像 $T(F)$. 由已经证明的结论 (1),可知 $T(F)$ 为 Y 的紧集,从而由定理 1.3.9 知 $T(F)$ 为 Y 的闭集. 因此 F 通过 T^{-1} 取逆像为 Y 的闭集. 利用定理 1.2.6,我们知道 T^{-1} 为连续映射. □

推论 1.3.2　设 (X,d) 为非空紧度量空间,$T: X \to \mathbb{R}$ 为连续映射. 则 T 可以在 X 上取到最大值和最小值,即存在 $x_0, x_1 \in X$,使得
$$T(x_0) \leqslant T(x) \leqslant T(x_1), \quad x \in X.$$

证明　由定理 1.3.13 可知,$T(X) \subset \mathbb{R}$ 为非空紧集. 因此,仅需证 $\mathbb{R}$ 的非空紧子集 N 必

有最大元和最小元. 设 $a = \inf\limits_{x \in N} x$, 存在 $x_n \in N, x_n \to a$. 由 N 的紧性, 可知存在 $\{x_n\}$ 的子列 $\{x_{n_k}\}$ 及 $x \in N$, 使得 $x_{n_k} \to x$. 显然有 $x_{n_k} \to a$. 由序列极限的唯一性有 $a = x \in N$. 所以 N 有最小元. 类似方法可证 N 有最大元. □

设 (X, d) 为度量空间, $x_0 \in X$ 固定, $M \subset X$ 为 X 的非空子集. 令
$$\rho(x_0, M) = \inf_{y \in M} d(x_0, y)$$
为从 x_0 到 M 的距离. 我们希望找到 $y_0 \in M$, 使得
$$\rho(x_0, M) = d(x_0, y_0),$$
此时称 y_0 为 x_0 在 M 中的**最佳逼近元**. 这样的最佳逼近元 y_0 一般是不存在的. 但当 M 为非空紧集时, 这样的最佳逼近元 y_0 一定存在. 事实上, 任取 $n \geqslant 1$, 存在 $y_n \in M$,
$$d(x_0, y_n) \leqslant \rho(x_0, M) + \frac{1}{n}.$$
利用 M 的紧性, 可知存在 $\{y_n\}$ 的子列 $\{y_{n_k}\}$ 及 $y_0 \in M$, 使得 $y_{n_k} \to y_0$. 我们有
$$\rho(x_0, M) \leqslant d(x_0, y_{n_k}) \leqslant \rho(x_0, M) + \frac{1}{n_k}.$$
令 $k \to \infty$, 再利用定理 1.3.4 可得
$$\rho(x_0, M) \leqslant d(x_0, y_0) \leqslant \rho(x_0, M),$$
即 $\rho(x_0, M) = d(x_0, y_0)$.

1.4 Banach 不动点定理及其应用

在这一节里, 我们将建立非空完备度量空间上的 Banach 不动点定理, 这是一个在数学特别是分析数学里十分重要的结果, 很多数学中的存在性定理的证明必须用到这个结果. 事实上, 很多数学中的存在性问题可以自然地转化成为某一个映射的不动点问题. Banach 不动点定理在常微分方程初值解的局部存在性、线性方程解的存在性以及隐函数存在性定理中有直接的应用. 需要特殊说明的是, Banach 不动点定理给出了一类特殊映射 $T: X \to X$ 不动点的存在性和唯一性, 并且给出求解该映射不动点的方法, 即迭代法: 任取 $x_0 \in X$, 若 $x_n = T^n x_0, n = 1, 2, \cdots$, 则序列 $\{x_n\}$ 一定在 X 中收敛, 其收敛的极限就是该映射唯一的不动点.

设 X 为非空集合, $T: X \to X$ 为映射, $x_0 \in X$. 称 x_0 为 T 的**不动点**, 如果 $Tx_0 = x_0$. 常见求不动点的方法是**迭代法**: 任意固定初始点 $x_0 \in X$, 令 $x_1 = Tx_0, x_2 = Tx_1 = T^2 x_0, \cdots$, $x_n = Tx_{n-1} = T^n x_0$. 我们希望在 T 满足一定假设条件下, 序列 $\{x_n\}$ 在 X 中为收敛的, 并希望其极限是 T 的不动点. 我们通常假设 T 为压缩映射.

设 (X, d) 为度量空间, $T: X \to X$ 为映射. 若存在常数 $0 \leqslant \alpha < 1$, 任给 $x, y \in X$,
$$d(Tx, Ty) \leqslant \alpha d(x, y) \tag{1.19}$$
成立, 则称 T 为**压缩映射**.

需要特殊说明的是压缩映射定义中的常数 α 是严格小于 1 的. 另外, 即使任给 $x,y \in X$ 都有 $d(Tx,Ty) < d(x,y)$ 成立, 也不能保证 T 一定是压缩映射, 例如, 可以考虑 $X=(1,\infty)$, $T: X \to X$ 定义为 $Tx = x + \dfrac{1}{x}$. 则易证任给 $x,y \in X$, 均有 $d(Tx,Ty) < d(x,y)$, 但 T 不为压缩映射.

下面给出的不动点定理是一个非常重要的结果, 它在数学的很多领域都有应用. 事实上, 数学上很多存在性定理的证明都要用到这个结果.

定理 1.4.1 (Banach 不动点定理) 设 (X,d) 为非空完备度量空间, $T: X \to X$ 为压缩映射. 则 T 必有唯一的不动点.

证明 任意固定 $x_0 \in X$. 令
$$x_1 = Tx_0, x_2 = Tx_1 = T^2 x_0, \cdots, x_n = Tx_{n-1} = T^n x_0,$$
则 $x_n \in X$. 若 $m \geqslant 1$, 则有
$$d(T^{m+1} x_0, T^m x_0) \leqslant \alpha d(T^m x_0, T^{m-1} x_0) \leqslant \cdots \leqslant \alpha^m d(Tx_0, x_0),$$
即
$$d(x_{m+1}, x_m) \leqslant \alpha^m d(x_1, x_0).$$
若 $m > n$, 则
$$\begin{aligned}
d(x_m, x_n) &\leqslant d(x_m, x_{m-1}) + d(x_{m-1}, x_{m-2}) + \cdots + d(x_{n+1}, x_n) \\
&\leqslant \alpha^{m-1} d(x_1, x_0) + \alpha^{m-2} d(x_1, x_0) + \cdots + \alpha^n d(x_1, x_0) \\
&\leqslant \alpha^n (1 + \alpha + \alpha^2 + \cdots + \alpha^{m-n-1}) d(x_1, x_0) \\
&\leqslant \frac{\alpha^n}{1-\alpha} d(x_1, x_0).
\end{aligned} \tag{1.20}$$

由于 $0 \leqslant \alpha < 1$, 所以 $\lim\limits_{n \to \infty} \alpha^n = 0$. 这说明 $\{x_n\}$ 为 X 中的柯西列. 由假设 X 为完备的, 故存在 $x \in X$, $x_n \to x$. 任给 $m \geqslant 2$, 由三角不等式得
$$\begin{aligned}
d(x, Tx) &\leqslant d(x, x_m) + d(x_m, Tx) = d(x, x_m) + d(T(x_{m-1}), Tx) \\
&\leqslant d(x, x_m) + \alpha d(x_{m-1}, x).
\end{aligned}$$
令 $m \to \infty$, 则有 $d(Tx, x) = 0$, 或者等价地 $Tx = x$. 这就证明了 T 有不动点. 若 $y \in X$ 也为 T 的不动点, 即 $Ty = y$, 则有
$$d(x, y) = d(Tx, Ty) \leqslant \alpha d(x, y),$$
因此有 $(1-\alpha) d(x, y) \leqslant 0$. 所以 $x = y$. 这就证明了 T 的不动点的唯一性. □

注 1.4.1

(1) 由上一定理的证明过程我们知道, T 唯一的不动点与初始点 x_0 的选取无关. 即任取 $x_0 \in X$, $\{T^n x_0\}$ 总收敛到 T 唯一的不动点.

(2) 在式 (1.20) 中令 $m \to \infty$, 应用定理 1.3.4 有
$$d(x_n, x) \leqslant \frac{\alpha^n}{1-\alpha} d(x_1, x_0).$$

这是一个**先验估计**,即只要计算完迭代过程的第一步 $x_1 = Tx_0$,就可以估计出迭代过程到第 n 步得到的 x_n 与最终 T 的不动点的距离.

(3) 如果我们将迭代过程的初始点取为 x_{n-1},则上面的先验估计变为

$$d(x_n, x) \leqslant \frac{\alpha}{1-\alpha} d(x_n, x_{n-1}).$$

这说明可以用迭代过程的第 $n-1$ 步得到的结果 x_{n-1} 与迭代过程的第 n 步得到的结果 x_n 的距离来估计 x_n 与最终 T 的不动点的距离.

下面这个结果可以视为上述 Banach 不动点定理的推广,但它是建立在 Banach 不动点定理基础上的. 我们将在以后举例说明确实有很多映射是满足下述定理条件,而不一定满足 Banach 不动点定理条件的,因此下面这个结果是 Banach 不动点定理的实质性推广.

定理 1.4.2 设 (X,d) 为非空完备度量空间,$T: X \to X$ 为映射,设存在 $m \geqslant 1$,T^m 为压缩映射. 则 T 必有唯一的不动点.

证明 令 $S = T^m$,则 S 为压缩映射. 由 Banach 不动点定理知 S 有唯一的不动点 $x_0 \in X$. 由注 1.4.1 知当 $n \to \infty$ 时,$\{S^n(Tx_0)\}$ 收敛到 x_0. 但

$$S^n(Tx_0) = T^{mn+1} x_0 = T(S^n x_0) = Tx_0.$$

这说明 $Tx_0 = x_0$,从而 T 有不动点. 又 T 的不动点必是 S 的不动点,由 S 的不动点的唯一性就可以得到 T 的不动点的唯一性. □

在这一节的剩下部分里,给出 Banach 不动点定理的几个应用.

例 1.4.1(求解线性方程组) 考虑下列映射

$$T: \mathbb{K}^n \to \mathbb{K}^n$$

$$\boldsymbol{x} \mapsto \boldsymbol{Cx} + \boldsymbol{b}, \tag{1.21}$$

其中 $\boldsymbol{C}$ 为 n 阶方阵,$\boldsymbol{b} \in \mathbb{K}^n$ 为固定的向量

$$\boldsymbol{C} = \begin{pmatrix} a_{11} & a_{12} & \cdots & a_{1n} \\ a_{21} & a_{22} & \cdots & a_{2n} \\ \vdots & \vdots & & \vdots \\ a_{n1} & a_{n2} & \cdots & a_{nn} \end{pmatrix}, \quad \boldsymbol{b} = \begin{pmatrix} b_1 \\ b_2 \\ \vdots \\ b_n \end{pmatrix}.$$

设

$$\boldsymbol{x} = \begin{pmatrix} x_1 \\ x_2 \\ \vdots \\ x_n \end{pmatrix} \in \mathbb{K}^n, \quad \boldsymbol{y} = \begin{pmatrix} y_1 \\ y_2 \\ \vdots \\ y_n \end{pmatrix} \in \mathbb{K}^n,$$

赋予 $\mathbb{K}^n$ 如下度量

$$d_\infty(\boldsymbol{x}, \boldsymbol{y}) = \max_{1 \leqslant i \leqslant n} |x_i - y_i|.$$

则 $(\mathbb{K}^n, d_\infty)$ 为完备度量空间. 于是有

$$d_\infty(T\boldsymbol{x}, T\boldsymbol{y}) = \max_{1 \leqslant j \leqslant n} |\sum_{i=1}^{n} a_{ji}(x_i - y_i)| \leqslant \max_{1 \leqslant j \leqslant n} \sum_{i=1}^{n} |a_{ji}| |x_i - y_i|$$

$$\leqslant (\max_{1 \leqslant j \leqslant n} \sum_{i=1}^{n} |a_{ji}|) \max_{1 \leqslant i \leqslant n} |x_i - y_i| = (\max_{1 \leqslant j \leqslant n} \sum_{i=1}^{n} |a_{ji}|) d_\infty(\boldsymbol{x}, \boldsymbol{y}).$$

因此，应用 Banach 不动点定理有下述结果.

定理 1.4.3 设 C 为 n 阶方阵，$\boldsymbol{b} \in \mathbb{K}^n$ 为固定向量. 若

$$\sum_{i=1}^{n} |a_{ji}| < 1, \quad (1 \leqslant j \leqslant n),$$

则式(1.21)中定义的映射 T 有唯一的不动点.

设 $\boldsymbol{A} = (a_{ij})_{n \times n}$ 为 n 阶方阵. 若 $\det \boldsymbol{A} \neq 0$，则任给 $\boldsymbol{b} \in \mathbb{K}^n$，线性方程组 $\boldsymbol{A}\boldsymbol{x} = \boldsymbol{b}$ 在 $\mathbb{K}^n$ 中有唯一的解. 假设 $\boldsymbol{A}$ 有分解 $\boldsymbol{A} = \boldsymbol{B} + \boldsymbol{G}$，其中 $\boldsymbol{B}$ 为可逆的. 则

$$\boldsymbol{A}\boldsymbol{x} = \boldsymbol{b} \Leftrightarrow \boldsymbol{B}\boldsymbol{x} = -\boldsymbol{G}\boldsymbol{x} + \boldsymbol{b} \Leftrightarrow \boldsymbol{x} = -\boldsymbol{B}^{-1}\boldsymbol{G}\boldsymbol{x} + \boldsymbol{B}^{-1}\boldsymbol{b}.$$

这样我们就把求解线性方程组 $\boldsymbol{A}\boldsymbol{x} = \boldsymbol{b}$ 的问题转化成了 $\mathbb{K}^n$ 上映射的不动点问题. 假设任取 $i = 1, 2, \cdots, n$ 都有 $a_{ii} \neq 0$，则可取

$$\boldsymbol{B} = \begin{pmatrix} a_{11} & & & 0 \\ & a_{22} & & \\ & & \ddots & \\ 0 & & & a_{nn} \end{pmatrix},$$

则此时有

$$\boldsymbol{B}^{-1} = \begin{pmatrix} a_{11}^{-1} & & & 0 \\ & a_{22}^{-1} & & \\ & & \ddots & \\ 0 & & & a_{nn}^{-1} \end{pmatrix}.$$

简单计算可得

$$\boldsymbol{B}^{-1}\boldsymbol{G} = \begin{pmatrix} 0 & a_{11}^{-1}a_{12} & a_{11}^{-1}a_{13} & \cdots & a_{11}^{-1}a_{1n} \\ a_{22}^{-1}a_{21} & 0 & a_{22}^{-1}a_{23} & \cdots & a_{22}^{-1}a_{2n} \\ \vdots & \vdots & \vdots & & \vdots \\ a_{nn}^{-1}a_{n1} & a_{nn}^{-1}a_{n2} & a_{nn}^{-1}a_{n3} & \cdots & 0 \end{pmatrix}.$$

应用定理 1.4.3，若

$$\sum_{j \neq i} |a_{ii}^{-1} a_{ij}| < 1, \quad 1 \leqslant i \leqslant n,$$

或者等价地

$$\sum_{j \neq i} |a_{ij}| < |a_{ii}|, \quad 1 \leqslant i \leqslant n, \tag{1.22}$$

则 $\mathbb{K}^n$ 上的映射

$$Tx = -B^{-1}Gx + B^{-1}b \tag{1.23}$$

有唯一的不动点,此不动点即为线性方程组 $Ax=b$ 唯一的解. 条件(1.22)称为**行和判据**. 我们事实上证明了如下结果.

定理 1.4.4 设 A 为 n 阶方阵,A 对角线上的元素均非零,又设 A 满足行和判据(1.22).则 A 为可逆矩阵.

当 A 满足定理 1.4.4 所设条件时,我们已经知道线性方程组 $Ax=b$ 解的存在性及唯一性,但上述研究可以给出这个线性方程组解的一种数值求法:若 n 阶方阵 A 满足性质(1.22)且 T 如式(1.23)所定义,则任意固定 $x \in \mathbb{K}^n$,通过 T 的 m 次迭代得到的序列 $x_m = T^m x$ 必在 $\mathbb{K}^n$ 中收敛到方程组 $Ax=b$ 唯一的解.

例 1.4.2(微分方程局部解的存在性) 设 $t_0, x_0 \in \mathbb{R}, a, b > 0$. 考虑矩形
$$R = \{(t,x) \in \mathbb{R}^2 : |t - t_0| \leq a, |x - x_0| \leq b\}.$$
设 f 是 R 上的连续函数,且存在 $k \geq 0$,使得任给 $(u,x), (u,y) \in R$ 有
$$|f(u,x) - f(u,y)| \leq k|x - y|. \tag{1.24}$$
此条件称为关于 f 的 **Lipschitz 条件**. 考虑初值问题
$$(P): \begin{cases} x'(t) = f(t, x(t)), \\ x(t_0) = x_0. \end{cases}$$
我们希望在以 t_0 为中心的某个闭区间 $[t_0 - \beta, t_0 + \beta]$ 上求解这个初值问题,其中 $0 < \beta \leq a$. 即求解 $x \in C^1[t_0 - \beta, t_0 + \beta]$,使得当 $t \in [t_0 - \beta, t_0 + \beta]$ 时,$x(t) \in [x_0 - b, x_0 + b]$ 且 x 满足方程 (P).

定理 1.4.5 设 t_0, x_0, a, b, f, k 的意义同例 1.4.2,且
$$c = \max_{(t,x) \in R} |f(t,x)|,$$
$$0 < \beta < \min\left\{a, \frac{b}{c}, \frac{1}{k}\right\}.$$
则存在唯一的 $x \in C^1[t_0 - \beta, t_0 + \beta]$,使得当 $t \in [t_0 - \beta, t_0 + \beta]$ 时,有 $x(t) \in [x_0 - b, x_0 + b]$ 且 x 满足方程 (P).

证明 设 $J = [t_0 - \beta, t_0 + \beta]$,$C(J)$ 为闭区间 J 上的连续函数空间,其上赋予度量
$$d_\infty(x, y) = \max_{t \in J} |x(t) - y(t)|.$$
则 $(C(J), d_\infty)$ 为完备度量空间. 考虑 $C(J)$ 中以常函数 x_0 为中心的闭球
$$C = \{x \in C(J) : d_\infty(x, x_0) \leq c\beta\}.$$
闭球总是闭集,所以 C 是 $C(J)$ 的闭集. 又 $(C(J), d_\infty)$ 为完备度量空间,因此由定理 1.3.7 知 C 为完备度量空间.

任给 $x \in C$,定义 J 上的函数 Tx 为
$$(Tx)(t) = x_0 + \int_{t_0}^{t} f(\tau, x(\tau)) \mathrm{d}\tau, \quad t \in J.$$

若 $t \in J$，则上式积分中的积分变量 $\tau \in J$，由 β 和集合 C 的定义有 $|\tau - t_0| \leqslant \beta \leqslant a$ 且 $|x(\tau) - x_0| \leqslant c\beta \leqslant b$. 所以 $(\tau, x(\tau)) \in R$. 从而定义 Tx 中积分中的被积函数有意义.

J 上的函数 $\tau \to (\tau, x(\tau))$ 为连续函数，又 f 为连续函数，因此 J 上的函数 $\tau \to f(\tau, x(\tau))$ 为连续函数. 因此 $\int_{t_0}^{t} f(\tau, x(\tau)) d\tau$ 为 t 的连续函数. 这样我们就证明了 $Tx \in C(J)$.

任给 $x \in C, t \in J$，有
$$|(Tx)(t) - x_0| = \left|\int_{t_0}^{t} f(\tau, x(\tau)) \, d\tau\right| \leqslant c|t - t_0| \leqslant \beta c.$$
因此 $Tx \in C. T$ 为从 C 到 C 的映射.

若 $u, v \in C, t \in J$，则由式 (1.24)，有
$$|(Tu)(t) - (Tv)(t)| = \left|\int_{t_0}^{t} (f(\tau, u(\tau)) - f(\tau, v(\tau))) d\tau\right|$$
$$\leqslant |t - t_0| \sup_{\tau \in J} |f(\tau, u(\tau)) - f(\tau, v(\tau))|$$
$$\leqslant k\beta \sup_{\tau \in J} |u(\tau) - v(\tau)| \leqslant k\beta d_\infty(u, v),$$
所以有
$$d_\infty(Tu, Tv) \leqslant k\beta d_\infty(u, v).$$

由于 $k\beta < 1$，因此 T 为压缩映射. 由 Banach 不动点定理知 T 有唯一的不动点 $x \in C$. 由 T 的定义得
$$x(t) = x_0 + \int_{t_0}^{t} f(\tau, x(\tau)) d\tau, \quad t \in J.$$

由于函数 $\tau \to f(\tau, x(\tau))$ 在 J 上连续，因此其变上限积分为 C^1 函数，所以 $x \in C^1[J]$. 显然有 $x(t_0) = x_0$ 成立. 上式两边同求导可得 $x'(t) = f(t, x(t))$. 这说明 T 的不动点 x 为初值问题 (P) 的解. 这就证明了初值问题 (P) 的解的存在性.

反之，假设 $x \in C[J]$ 是初值问题 (P) 的解，即 $x \in C^1(J)$，有
$$x'(t) = f(t, x(t)), \quad t \in J,$$
且 $x(t_0) = x_0$. 上式两边同时求积分有
$$x(t) = \int_{t_0}^{t} x'(\tau) d\tau + x(t_0) = \int_{t_0}^{t} f(\tau, x(\tau)) d\tau + x_0.$$

则由 β 及 c 的定义容易验证 $x \in C$. 而上式说明 $x \in C$ 为 T 的不动点. 由于 T 在 C 上的不动点是唯一的，因此初值问题 (P) 的解 $x \in C^1(J)$ 也是唯一的. □

例 1.4.3（第二类 Fredholm 积分方程） 设 $a < b, K \in C([a,b]^2), \mu$ 为常数，$v \in C[a,b]$ 为固定元. 考虑积分方程
$$x(t) = \mu \int_a^b K(t, \tau) x(\tau) d\tau + v(t), \quad t \in [a, b], \tag{1.25}$$
我们希望在连续函数空间 $C[a,b]$ 中求解这个积分方程. 为此考虑连续函数空间 $C[a,b]$，在其上赋予度量

$$d_\infty(x,y) = \max_{a \leqslant t \leqslant b} |x(t) - y(t)|,$$

则$(C[a,b], d_\infty)$为完备度量空间. 我们希望将上述积分方程求解问题转化成一个$C[a,b]$上映射的不动点问题.

由于$K \in C([a,b]^2)$, $[a,b]^2$为有界闭集, 所以

$$C = \max_{a \leqslant t,s \leqslant b} |K(t,s)| < \infty.$$

若$x \in C[a,b]$, 令

$$(Tx)(t) = v(t) + \mu \int_a^b K(t,\tau) x(\tau) \mathrm{d}\tau, \quad t \in [a,b].$$

由函数K及x的连续性知Tx为连续函数, 即$Tx \in C[a,b]$. 易见$x \in C[a,b]$为T的不动点当且仅当x满足积分方程(1.25).

对于$x,y \in C[a,b]$, 有

$$d_\infty(Tx, Ty) = \max_{a \leqslant t \leqslant b} \left| \mu \int_a^b K(t,\tau)(x(\tau) - y(\tau)) \mathrm{d}\tau \right|$$

$$\leqslant |\mu| C(b-a) \max_{a \leqslant t \leqslant b} |x(t) - y(t)|$$

$$= |\mu| C(b-a) d_\infty(x,y).$$

因此当$|\mu|C(b-a) < 1$时, T为压缩映射. 由Banach不动点定理知此时T有唯一的不动点, 即任给$v \in C[a,b]$, 积分方程(1.25)在$C[a,b]$中有唯一的解.

例1.4.4(Volterra积分方程) 设$a < b$, $K \in C(\Delta)$, 其中

$$\Delta = \{(t,s) \in [a,b]^2 : a \leqslant t \leqslant b, a \leqslant s \leqslant t\},$$

μ为常数, $v \in C[a,b]$为固定元. 考虑积分方程

$$x(t) = \mu \int_a^t K(t,\tau) x(\tau) \mathrm{d}\tau + v(t), \quad t \in [a,b], \tag{1.26}$$

我们希望在连续函数空间$C[a,b]$中求解这个积分方程. 为此考虑$C[a,b]$, 在其上赋予度量d_∞, 则$(C[a,b], d_\infty)$为完备度量空间. 我们希望将这个积分方程求解问题转化成一个$C[a,b]$上映射的不动点问题.

由于Δ为$\mathbb{R}^2$的有界闭集, $K \in C(\Delta)$, 所以

$$C = \max_{(t,s) \in \Delta} |K(t,s)| < \infty.$$

若$x \in C[a,b]$, 令

$$(Tx)(t) = v(t) + \mu \int_a^t K(t,\tau) x(\tau) \mathrm{d}\tau, \quad t \in [a,b].$$

由函数K及x的连续性知Tx为连续函数, 即$Tx \in C[a,b]$. 易见$x \in C[a,b]$为T的不动点当且仅当x满足积分方程(1.26).

任给$x, y \in C[a,b]$, $t \in [a,b]$, $m \geqslant 1$, 下证

$$|(T^m x)(t) - (T^m y)(t)| \leqslant \frac{(|\mu| C(t-a))^m}{m!} d_\infty(x,y). \tag{1.27}$$

由于
$$|(Tx)(t)-(Ty)(t)|=|\mu|\left|\int_a^t K(t,s)(x(s)-y(s))\mathrm{d}s\right|$$
$$\leqslant |\mu|\int_a^t |K(t,s)||x(s)-y(s)|\mathrm{d}s$$
$$\leqslant |\mu| C(t-a)d_\infty(x,y),$$

这说明当 $m=1$ 时式(1.27)成立. 假设当 $m=k$ 时式(1.27)成立,则当 $a\leqslant t\leqslant b$ 时
$$|(T^k x)(t)-(T^k y)(t)|\leqslant \frac{(|\mu| C(t-a))^k}{k!}d_\infty(x,y).$$

利用此归纳假设,有
$$|(T^{k+1}x)(t)-(T^{k+1}y)(t)|=|\mu|\left|\int_a^t K(t,s)((T^k x)(s)-(T^k y)(s))\mathrm{d}s\right|$$
$$\leqslant |\mu|\int_a^t |K(t,s)||(T^k x)(s)-(T^k y)(s)|\mathrm{d}s$$
$$\leqslant \frac{(|\mu| C)^{k+1}}{k!}\int_a^t (s-a)^k \mathrm{d}s\, d_\infty(x,y)$$
$$=\frac{(|\mu| C(t-a))^{k+1}}{(k+1)!}d_\infty(x,y).$$

因此式(1.27)对所有的 $m\geqslant 1$ 都成立. 所以总有
$$d_\infty(T^m x, T^m y)\leqslant \frac{(|\mu| C(b-a))^m}{m!}d_\infty(x,y).$$

注意到
$$\lim_{m\to\infty}\frac{(|\mu| C(b-a))^m}{m!}=0,$$

故存在 $m_0\geqslant 1$,使得 T^{m_0} 为压缩映射. 由定理 1.4.2 知 T 有唯一的不动点,或者等价地说,任给 $v\in C[a,b]$,积分方程(1.26)在 $C[a,b]$ 中有唯一的解.

例 1.4.5(隐函数存在定理) 设 $a<b$ 固定,
$$L=\{(t,y)\in\mathbb{R}^2 : a\leqslant t\leqslant b, y\in\mathbb{R}\}$$
为 $\mathbb{R}^2$ 的带状区域. 设 f 为 L 上的连续函数,且偏导函数 f'_y 在 L 上处处存在. 假设存在常数 $0<m<M<\infty$ 使得
$$m\leqslant f'_y(t,y)\leqslant M,\quad (t,y)\in L.$$
则存在唯一的 $y\in C[a,b]$,使得
$$f(t,y(t))=0,\quad a\leqslant t\leqslant b. \tag{1.28}$$

为了证明这个隐函数存在定理,考虑连续函数空间 $C[a,b]$,在其上赋予度量 d_∞,则 $(C[a,b],d_\infty)$ 为完备度量空间. 若 $y\in C[a,b]$,令
$$(Ty)(t)=y(t)-\frac{1}{M}f(t,y(t)),\quad a\leqslant t\leqslant b.$$

则 $Ty \in C[a,b]$. 易见 $y \in C[a,b]$ 满足式 (1.28) 当且仅当 y 为 T 的不动点. 任给 $y_1, y_2 \in C[a,b]$ 及 $t \in [a,b]$, 由微分中值定理, 有

$$|(Ty_1)(t)-(Ty_2)(t)| = |y_1(t)-y_2(t)-\frac{1}{M}(f(t,y_1(t))-f(t,y_2(t)))|$$

$$= |y_1(t)-y_2(t)| \left(1-\frac{1}{M}f'_y(t,y_1(t)+\theta(y_2(t)-y_1(t)))\right),$$

其中 $0 \leqslant \theta \leqslant 1$. 由于 $0 < m \leqslant f'_y(t,y) \leqslant M$, 所以

$$0 \leqslant 1-\frac{1}{M}f'_y(t,y_1(t)+\theta(y_2(t)-y_1(t))) \leqslant 1-\frac{m}{M}.$$

因此有

$$d_\infty(Ty_1, Ty_2) \leqslant \left(1-\frac{m}{M}\right)d_\infty(y_1, y_2).$$

这就证明了 T 为 $C[a,b]$ 上的压缩映射. 由 Banach 不动点定理, T 有唯一的不动点 $y \in C[a,b]$, 或者等价地说, 存在唯一的 $y \in C[a,b]$ 满足式 (1.28).

习 题 1

1. 求证: $d_1(x,y) = \sqrt{|x-y|}$ 定义了 $\mathbf{R}$ 上的度量. $d_2(x,y) = (x-y)^2$ 能定义 $\mathbf{R}$ 上的度量吗？证明你的结论.

2. 设 (X,d) 为度量空间, $x,y,z,w \in X$. 求证
$$|d(x,y)-d(z,w)| \leqslant d(x,z)+d(y,w).$$

3. 设 X 为由 0 和 1 构成的三元序组之集, 即
$$X = \{(a_1,a_2,a_3): a_i = 0 \text{ 或者 } a_i = 1\}.$$
若 $x,y \in X$, 定义 $d(x,y)$ 为 x 和 y 不同分量的个数. 求证: d 为 X 上的度量. 是否可在 n 元序组之集 $\{(a_1,a_2,\cdots,a_n): a_i = 0 \text{ 或者 } a_i = 1\}$ 上定义类似的度量？

4. 设 (X,d) 为度量空间, 令 $d_1(x,y) = \min\{1, d(x,y)\}$, $d_2(x,y) = \dfrac{d(x,y)}{1+d(x,y)}$. 求证: d_1 和 d_2 都是 X 上的度量.

5. 设 (X,d) 为度量空间, $M \subset X$ 为非空子集. 若 $x \in X$, 令
$$\rho(x,M) = \inf_{y \in M} d(x,y).$$
求证:

(1) 任给 $x,y \in X$ 有
$$|\rho(x,M)-\rho(y,M)| \leqslant d(x,y);$$

(2) $x \in \overline{M}$ 当且仅当 $\rho(x,M) = 0$;

(3) 若 M 为闭集, 则 $x \notin M$ 当且仅当 $\rho(x,M) > 0$.

6. 设 (X,d) 为度量空间, 求证: $M \subset X$ 为开集当且仅当 M 可以表示成 X 中某些开球的

并集.

7. 设 M 为度量空间 (X,d) 的子集, 求证: $x \in X$ 为 M 的聚点当且仅当任取 $\varepsilon > 0$, 开球 $B(x,r)$ 中总有无穷多个 M 中的点.

8. 求下述集合的闭包:
(1) $\mathbb{R}$ 中的整数集 $\mathbb{Z}$;
(2) $\mathbb{R}$ 中的有理数集 $\mathbb{Q}$;
(3) 复平面 $\mathbb{C}$ 的单位开圆盘 $D = \{z \in \mathbb{C} : |z| < 1\}$.

9. 设 (X,d) 为度量空间, A, B 为 X 的子集. 求证:
(1) $\overline{A \cup B} = \overline{A} \cup \overline{B}$;
(2) $\overline{A \cap B} \subset \overline{A} \cap \overline{B}$;
(3) $(A \cap B)^\circ = A^\circ \cap B^\circ$;
(4) $A^\circ \cup B^\circ \subset (A \cup B)^\circ$.

举例说明第二个和第四个包含关系可以是严格的.

10. 举例说明: 无穷多个开集的交集未必还是开集, 无穷多个闭集的并集也未必还是闭集.

11. 在 $C[0,1]$ 上赋予度量 d_∞, 考虑集合 $M = \{x \in C[0,1] : x(0) = 1\}$. 求证: M 为闭集. 若在 $C[0,1]$ 上赋予度量 d_1, M 还是闭集吗? 证明你的结论.

12. 设 $M = \{\{x_n\} \in \ell^1 : 任取 k \geq 0, 都有 x_{2k+1} = 0\}$. 求证: M 在 ℓ^1 中为闭集.

13. 设 (X,d) 为度量空间, $M \subset X$. 称 $\partial M = \overline{M} \setminus M^\circ$ 为 M 的**边界**. 求证:
(1) ∂M 总为闭集;
(2) $x \in \partial M$ 当且仅当任给 $\varepsilon > 0$, $B(x,\varepsilon) \cap M \neq \varnothing$, $B(x,r) \cap M^c \neq \varnothing$;
(3) $\partial M = \partial(M^c)$.

求下述集合的边界:
(1) $\mathbb{R}$ 中的开区间 $(0,1)$;
(2) $\mathbb{R}$ 中的半开半闭区间 $(0,1]$;
(3) $\mathbb{R}$ 中的有理数集 $\mathbb{Q}$;
(4) 复平面 $\mathbb{C}$ 的单位开圆盘 $D = \{z \in \mathbb{C} : |z| < 1\}$.

14. 若 x_n, y_n 为度量空间 (X,d) 的柯西列, 求证: $d(x_n, y_n)$ 为 $\mathbb{R}$ 中的柯西列.

15. 若 $x, y \in \mathbb{R}$, 设 $d(x,y) = |\arctan(x) - \arctan(y)|$. 求证:
(1) d 为 $\mathbb{R}$ 上的度量;
(2) $(\mathbb{R}, d)$ 不为完备度量空间.

16. 任取 $x, y \in \mathbb{Z}$, 令 $d(m,n) = \left| \dfrac{1}{m} - \dfrac{1}{n} \right|$. 求证: d 为 $\mathbb{Z}$ 上的度量, $(\mathbb{Z}, d)$ 不为完备度量空间.

17. 设 $C^1[0,1]$ 为闭区间 $[0,1]$ 上连续可导实函数的全体, 若 $x, y \in C^1[0,1]$, 令

$$d(x,y) = \max_{0\leqslant t\leqslant 1} |x(t)-y(t)| + \max_{0\leqslant t\leqslant 1} |x'(t)-y'(t)|.$$

求证：

(1) d 为 $C^1[0,1]$ 上的度量；

(2) $(C^1[0,1],d)$ 为完备度量空间；

(3) 有理系数多项式之集在 $C^1[0,1]$ 中稠密，进而证明 $C^1[0,1]$ 为可分度量空间.

18. 设 (X,d) 为度量空间，令 $\delta(x,y) = \dfrac{d(x,y)}{1+d(x,y)}$. 求证：$(X,d)$ 为完备度量空间当且仅当 (X,δ) 为完备度量空间.

19. 设 $a<b$，在 $C[a,b]$ 和 $C[0,1]$ 上都赋予度量 d_∞. 求证：$C[a,b]$ 与 $C[0,1]$ 等距同构.

20. 设 X 为度量空间，$M\subset X$. 求证：M 在 X 中稠密当且仅当任给 $\varepsilon>0$，有 $X = \bigcup_{x\in M} B(x,\varepsilon)$.

21. 求证：c_0, s 均为可分度量空间.

22. 在 $C[a,b]$ 上赋予度量 d_∞，设 $Y=\{x\in C[a,b]: x(a)=x(b)\}$. 求证：$Y$ 为 $C[a,b]$ 的完备度量子空间.

23. 设 X 为完备度量空间，非空子集 $F\subset X$ 的**直径**定义为
$$\mathrm{diam}(F) = \sup_{x,y\in F} d(x,y).$$
设 $F_n\subset X$ 为非空闭集，且任取 $n\geqslant 1, F_{n+1}\subset F_n$，又设 $\lim_{n\to\infty}\mathrm{diam}(F_n)=0$. 求证：$\bigcap_{n=1}^{\infty} F_n$ 为单点集. 举例说明条件 $\lim_{n\to\infty}\mathrm{diam}(F_n)=0$ 是必要的.

24. 设 (X,d) 为度量空间，求证：$M\subset X$ 为有界集当且仅当任取 $x\in X$，存在 $r>0$，使得 $M\subset B(x,r)$.

25. 设 $B[a,b]$ 为定义在 $[a,b]$ 上的所有有界函数. 若 $x,y\in B[a,b]$，定义
$$d_\infty(x,y) = \sup_{t\in[a,b]} |x(t)-y(t)|.$$

求证：

(1) d_∞ 为 $B[a,b]$ 上的度量；

(2) $C[a,b]$ 赋予度量 d_∞ 为 $B[a,b]$ 的闭集；

(3) $B[a,b]$ 为不可分度量空间；

(4) $B[a,b]$ 为完备度量空间.

26. 设 (X,d_X) 和 (Y,d_Y) 为度量空间，$C\geqslant 0, \alpha>0$，映射 $T:X\to Y$ 满足：任取 $x_1,x_2\in X$，都有 $d_Y(Tx_1,Tx_2)\leqslant Cd_X(x_1,x_2)^\alpha$. 求证：$T$ 为连续映射.

27. 设 X,Y 为度量空间，$T:X\to Y$ 为映射. 求证：T 为连续映射当且仅当任取 $M\subset X$，都有 $T(\overline{M})\subset \overline{T(M)}$.

28. 设 $1\leqslant p<\infty$. 求证：ℓ^p 的子集 $M=\left\{\{x_n\}:|x_n|\leqslant \dfrac{1}{n}\right\}$ 为紧集.

29. 设 (X,d) 为度量空间,求证:

(1) 有限个紧集的并集还为紧集;

(2) 具有下述性质的集合 M 为紧集:任取 $(G_i)_{i\in I}$ 为一族开集,使得 $M \subset \bigcup_{i\in I} G_i$,总存在有限个下标 $i_1,i_2,\cdots,i_n$,使得 $M \subset \bigcup_{j=1}^{n} G_{i_j}$.

30. 设 (X,d) 为度量空间,$M \subset X$ 为非空子集.求证:

(1) M 为有界集当且仅当 $\mathrm{diam}(M) < \infty$;

(2) 若 M 为紧集,则存在 $x_0,y_0 \in M$,使得 $\mathrm{diam}(M) = d(x_0,y_0)$;

(3) 举例说明当 M 为有界闭集时(2)中的结论不成立.

31. 设 (X,d) 为度量空间,$M,N \subset X$ 为非空子集. 定义 M 和 N 的距离为

$$\rho(M,N) = \inf_{x \in M, y \in N} d(x,y).$$

求证:

(1) 若 $\mathcal{P}(X)$ 为 X 的所有非空子集所构成的集合,ρ 一般不是 $\mathcal{P}(X)$ 上的度量;

(2) 若 M 为紧集,N 为闭集,则 $M \cap N = \emptyset$ 当且仅当 $\rho(M,N) > 0$;

(3) 举例说明当 M 为有界闭集时(2)中的结论不成立;

(4) 若 M,N 均为紧集,存在 $x_0 \in M, y_0 \in N$,使得 $\rho(M,N) = d(x_0,y_0)$.

32. 设 $1 \leqslant p < \infty, M \subset \ell^p$. 求证:$M$ 为相对紧集当且仅当 M 为有界集,且任取 $\varepsilon > 0$,存在 $N \geqslant 1$,使得任给 $\{x_n\} \in M$,都有 $\sum_{n=N}^{\infty} |x_n|^p < \varepsilon$.

33. 设 $M \subset \ell^\infty$. 求证:M 为相对紧集当且仅当 M 为有界集,且任取 $\varepsilon > 0$,存在 $N \geqslant 1$,使得任给 $\{x_n\} \in M$,都有 $\sup_{n \geqslant N} |x_n| < \varepsilon$.

34. 设 $M \subset s$. 求证:M 为相对紧集当且仅当对任取的 $n \geqslant 1$,存在 $\gamma_n \geqslant 0$,使得任给 $x = \{x_n\} \in M$,都有 $|x_n| \leqslant \gamma_n$.

35. 设 X 为非空紧度量空间,映射 $T: X \to X$ 满足:任取 $x,y \in X, x \neq y$,都有 $d(Tx,Ty) < d(x,y)$. 求证:T 有唯一的不动点.

36. 设 $v \in C[0,1]$ 固定,求证:存在唯一的 $x \in C[0,1]$,使得

$$x(t) = \frac{1}{3}\cos(x(t)) + v(t), \quad 0 \leqslant t \leqslant 1.$$

37. 举例说明 Banach 不动点定理中度量空间 X 的完备性假设是必要条件.

38. 设 $c > 0$ 固定,取定 $x_0 > \sqrt{c}$,对于 $n \geqslant 0$,令

$$x_{n+1} = \frac{1}{2}\left(x_n + \frac{c}{x_n}\right), \quad n = 0,1,2,\cdots,$$

求证 $x_n \to \sqrt{c}$. 取 $c=2, x_0=2$,求 x_1, x_2, x_3, x_4,并给出 $|x_n - \sqrt{2}|$ 的一个上界.

第 2 章 赋范空间

本章将要讨论的赋范空间是一类特殊的度量空间. 它首先是线性空间,即该空间中任意两点可以做加法或与数相乘,运算的结果仍为该空间的点,并且该空间中每个点可以定义长度,这个长度称为该点的范数,范数可以视为欧氏空间中向量长度概念的推广. 利用此范数可以自然地定义该空间上的一个度量. 由于赋范空间既有代数结构,又有拓扑结构,因此其空间结构较度量空间要丰富得多,其在实际中的应用也更加重要. 本章将讨论线性空间、线性空间的维数、Hamel 基、赋范空间、有限维赋范空间的刻画、赋范空间之间有界线性算子、赋范空间的对偶空间以及一些具体赋范空间对偶空间的表示等.

2.1 线性空间和维数

线性空间在很多数学分支起着重要作用,是数学中十分基本的概念. 事实上,在各种实际问题或理论研究中考虑的集合 X,其元素可以是通常欧氏空间的向量,或是数列和函数,这些元素以某种自然的方式相加或与数相乘,运算的结果仍为 X 中的元素,并且加法和数乘自然地存在着一定的内在联系,这两种运算对应的 X 中结构称为 X 的代数结构. 这些具体的例子促使我们抽象出线性空间的概念.

定义 2.1.1 设 X 为非空集合,其上定义了两种运算:加法和数乘,即任给 $x,y \in X$ 及 $\lambda \in \mathbb{K}$,可以定义 $x+y, \lambda x \in X$. 若

(1) $\forall x, y \in X, x+y = y+x$ (交换律),

(2) $\forall x, y, z \in X, (x+y)+z = x+(y+z)$ (结合律),

(3) $\exists 0 \in X, \forall x \in X, x+0 = 0+x$,

(4) $\forall x \in X, \exists -x \in X, x+(-x) = 0$,

(5) $\forall x \in X, \forall \alpha, \beta \in \mathbb{K}, \alpha(\beta x) = (\alpha\beta)x$,

(6) $\forall x \in X, 1x = x$,

(7) $\forall x, y \in X, \alpha \in \mathbb{K}, \alpha(x+y) = \alpha x + \alpha y$,

(8) $\forall x \in X, \alpha, \beta \in \mathbb{K}, (\alpha+\beta)x = \alpha x + \beta x$,

则称 X 为 $\mathbb{K}$ 上的**线性空间**(也称为**矢量空间**或**向量空间**),X 中的元素称为**向量**,点 0 称为 X的零元. 当 $\mathbb{K} = \mathbb{R}$ 时,称 X 为**实线性空间**,当 $\mathbb{K} = \mathbb{C}$ 时,则称 X 为**复线性空间**.

例 2.1.1 设 $n \geqslant 1$. 任给 $x, y \in \mathbb{K}^n$,对于
$$x = (x_1, x_2, \cdots, x_n), \quad y = (y_1, y_2, \cdots, y_n)$$

及 $\lambda \in \mathbb{K}$,定义
$$x+y=(x_1+y_1,x_2+y_2,\cdots,x_n+y_n),$$
$$\lambda x=(\lambda x_1,\lambda x_2,\cdots,\lambda x_n).$$
则易证 $\mathbb{K}^n$ 为 $\mathbb{K}$ 上的线性空间.

例 2.1.2 设 Ω 为非空集合,令 $F(\Omega)$ 为所有定义在 Ω 上取值于 $\mathbb{K}$ 中函数的全体. 任给 $f,g\in F(\Omega)$ 及 $\lambda\in\mathbb{K}$,定义
$$(f+g)(t)=f(t)+g(t),\quad t\in\Omega,$$
$$(\lambda f)(t)=\lambda f(t),\quad t\in\Omega.$$
则 $F(\Omega)$ 为 $\mathbb{K}$ 上的线性空间.

设 s 为所有数列所构成的集合,则 s 中每个元素可以视为一个定义在 $\mathbb{N}$ 上取值于 $\mathbb{K}$ 中的函数,所以 $s=F(\mathbb{N})$. 因此 s 为 $\mathbb{K}$ 上的线性空间.

设 X 为 $\mathbb{K}$ 上的线性空间,$Y\subset X$. 若任取 $x,y\in Y,\alpha,\beta\in\mathbb{K}$,都有 $\alpha x+\beta y\in Y$,即 Y 在加法和数乘运算下为封闭的,则称 Y 为 X 的**线性子空间**. 容易验证 Y 为 X 的 线性子空间当且仅当任取 $x,y\in Y,\alpha\in\mathbb{K}$,都有 $x+y,\alpha x\in Y$. 也容易验证如果 Y 为 X 的线性子空间,则 Y 本身也是线性空间,即将 X 中的加法和数乘限制在 Y 中,则 Y 也满足定义 2.1.1 中的 8 条公理.

设 $a<b$,则连续函数空间 $C[a,b]$ 为 $F([a,b])$ 的子集. 若 $f,g\in C[a,b]$ 及 $\alpha\in\mathbb{K}$,由连续函数的性质显然有
$$f+g,\quad \alpha f\in C[a,b].$$
所以 $C[a,b]$ 为 $F([a,b])$ 的线性子空间,因此 $C[a,b]$ 本身就是线性空间.

ℓ^∞ 为 s 的子集. 若 $x,y\in\ell^\infty,\alpha\in\mathbb{K},x=\{x_n\},y=\{y_n\}$,则存在 $C\geqslant 0$,使得任取 $n\geqslant 1$,有
$$|x_n|\leqslant C,\quad |y_n|\leqslant C,$$
因此,任取 $n\geqslant 1$,有
$$|x_n+y_n|\leqslant 2C,\quad |\alpha x_n|\leqslant |\alpha|C.$$
即 $x+y,\alpha x\in\ell^\infty$. 这说明 ℓ^∞ 为 s 的线性子空间,所以 ℓ^∞ 本身就是线性空间. 应用 Minkowski 不等式(1.5)可证当 $1\leqslant p<\infty$ 时,ℓ^p 也是 s 的线性子空间. 从而 ℓ^p 为线性空间.

若 X 为线性空间,则 $\{0\}$ 及 X 均是 X 的线性子空间,这两个线性子空间称为 X 的**平凡线性子空间**. 从定义可以看出,如果 X_i 为 X 的线性子空间,其中 $i\in I$,I 为指标集,则 $\bigcap_{i\in I}X_i$ 仍为 X 的线性子空间. 需要注意的是 X 的线性子空间的并集未必一定仍是 X 的线性子空间.

若 X 为线性空间,$x_1,x_2,\cdots,x_n$ 为 X 中有限个元素,称形如
$$\alpha_1 x_1+\alpha_2 x_2+\cdots+\alpha_n x_n$$
的元素为 $x_1,x_2,\cdots,x_n$ 的**线性组合**,其中 $\alpha_1,\alpha_2,\cdots,\alpha_n\in\mathbb{K}$. 为了方便起见,有时将

$\alpha_1 x_1 + \alpha_2 x_2 + \cdots + \alpha_n x_n$ 简写为 $\sum_{i=1}^{n} \alpha_i x_i$. 若 Y 为 X 的线性子空间,对于
$$x_1, x_2, \cdots, x_n \in Y, \quad \alpha_1, \alpha_2, \cdots, \alpha_n \in \mathbb{K},$$
则由线性子空间的定义有
$$\alpha_1 x_1 + \alpha_2 x_2 + \cdots + \alpha_n x_n \in Y.$$

若 $M \subset X$ 为非空子集,令 $\mathrm{span}(M)$ 为 M 中元素线性组合的全体,即
$$\mathrm{span}(M) = \Big\{ \sum_{i=1}^{n} \alpha_i x_i : n \geqslant 1, \alpha_i \in \mathbb{K}, x_i \in M \Big\}. \tag{2.1}$$

下面证明 $\mathrm{span}(M)$ 为包含 M 的 X 的最小线性子空间. 首先来证明 $\mathrm{span}(M)$ 为 X 的线性子空间. 若 $x, y \in \mathrm{span}(M), \lambda, \mu \in \mathbb{K}$,则存在
$$x_1, x_2, \cdots, x_n, \quad y_1, y_2, \cdots, y_m \in M$$
及
$$\alpha_1, \alpha_2, \cdots, \alpha_n, \quad \beta_1, \beta_2, \cdots, \beta_m \in \mathbb{K},$$
使得
$$x = \sum_{i=1}^{n} \alpha_i x_i, \quad y = \sum_{j=1}^{m} \beta_j y_j.$$
则
$$\lambda x + \mu y = \lambda \alpha_1 x_1 + \lambda \alpha_2 x_2 + \cdots + \lambda \alpha_n x_n + \mu \beta_1 y_1 + \mu \beta_2 y_2 + \cdots + \mu \beta_m y_m \in \mathrm{span}(M).$$

因此 $\mathrm{span}(M)$ 为 X 的线性子空间. 又显然有 $M \subset \mathrm{span}(M)$,故 $\mathrm{span}(M)$ 为包含 M 的 X 的线性子空间.

假设 Y 为 X 的线性子空间且 $M \subset Y$,则易见 $\mathrm{span}(M) \subset \mathrm{span}(Y)$. 但由于 Y 为 X 的线性子空间,所以 $\mathrm{span}(Y) = Y$. 因此有 $\mathrm{span}(M) \subset Y$. 这就证明了 $\mathrm{span}(M)$ 为包含 M 的 X 的最小线性子空间. 有时也称 $\mathrm{span}(M)$ 为 X 的**由 M 生成的线性子空间**.

定义 2.1.2 设 X 为线性空间,称 X 中有限个元素 $x_1, x_2, \cdots, x_n$ 为**线性无关**的,如果有 $\alpha_1, \alpha_2, \cdots, \alpha_n \in \mathbb{K}$,使得
$$\alpha_1 x_1 + \alpha_2 x_2 + \cdots + \alpha_n x_n = 0,$$
则必有
$$\alpha_1 = \alpha_2 = \cdots = \alpha_n = 0.$$
若 $x_1, x_2, \cdots, x_n$ 不是线性无关的,即存在不全为 0 的 $\alpha_1, \alpha_2, \cdots, \alpha_n \in \mathbb{K}$,使得
$$\alpha_1 x_1 + \alpha_2 x_2 + \cdots + \alpha_n x_n = 0,$$
则称 $x_1, x_2, \cdots, x_n$ **线性相关**. 若 $M \subset X$ 为非空子集,M 的任意有限个元素都是线性无关的,则称 M **线性无关**,反之则称 M **线性相关**.

例 2.1.3 设 $a_1, a_2, a_3, \cdots \in \mathbb{R}$ 为一列两两不等的实数,考虑
$$f_i(t) = \mathrm{e}^{a_i t}, \quad t \in [0, 1].$$

则 $f_i \in C[0,1]$. 下面证明 $\{f_i : i \geqslant 1\}$ 在线性空间 $C[0,1]$ 中线性无关. 设
$$i_1 < i_2 < \cdots < i_n, \quad \beta_1, \beta_2, \cdots, \beta_n \in \mathbb{K},$$
使得
$$\beta_1 f_{i_1} + \beta_2 f_{i_2} + \cdots + \beta_n f_{i_n} = 0.$$
即
$$\beta_1 e^{\alpha_{i_1} t} + \beta_2 e^{\alpha_{i_2} t} + \cdots + \beta_n e^{\alpha_{i_n} t} = 0, \quad t \in [0,1]. \tag{2.2}$$
不妨设 $\alpha_{i_1} < \alpha_{i_2} < \cdots < \alpha_{i_n}$. 在上式两边同时求导则有
$$\alpha_{i_1} \beta_1 e^{\alpha_{i_1} t} + \alpha_{i_2} \beta_2 e^{\alpha_{i_2} t} + \cdots + \alpha_{i_n} \beta_n e^{\alpha_{i_n} t} = 0, \quad t \in [0,1].$$
式(2.2)两边同时乘以 α_{i_1},再与上式相减可得
$$(\alpha_{i_2} - \alpha_{i_1})\beta_2 e^{\alpha_{i_2} t} + \cdots + (\alpha_{i_n} - \alpha_{i_1})\beta_n e^{\alpha_{i_n} t} = 0, \quad t \in [0,1].$$
重复上述过程最后可以得到
$$(\alpha_{i_n} - \alpha_{i_1})(\alpha_{i_n} - \alpha_{i_2}) \cdots (\alpha_{i_n} - \alpha_{i_{n-1}})\beta_n e^{\alpha_{i_n} t} = 0, \quad t \in [0,1].$$
由于 α_i 两两不等,所以 $\beta_n = 0$. 类似可证
$$\beta_{n-1} = \beta_{n-2} = \cdots = \beta_1 = 0,$$
即 $f_{i_1}, f_{i_2}, \cdots, f_{i_n}$ 线性无关,从而 $\{f_i : i \geqslant 1\}$ 线性无关. 用类似方法可证 $\{\cos(nt) : n \geqslant 1\}$ 在 $C[0, 2\pi]$ 中线性无关.

设 X 为线性空间,如果存在 $n \geqslant 1$ 使得 X 有 n 个线性无关的元素
$$x_1, x_2, \cdots, x_n,$$
但 X 中任意 $n+1$ 个元素均线性相关,则称 X 为**有限维空间**,n 称为 X 的**维数**,记为 $\dim(X) = n$. 此时任取 $x \in X$,存在唯一的系数 $\alpha_1, \alpha_2, \cdots, \alpha_n \in \mathbb{K}$,使得
$$x = \alpha_1 x_1 + \alpha_2 x_2 + \cdots + \alpha_n x_n.$$
事实上,由假设 $x, x_1, x_2, \cdots, x_n$ 为线性相关的,所以存在不全为 0 的纯量
$$\alpha, \alpha_1, \alpha_2, \cdots, \alpha_n \in \mathbb{K}$$
使得
$$\alpha x + \alpha_1 x_1 + \alpha_2 x_2 + \cdots + \alpha_n x_n = 0.$$
若 $\alpha = 0$,则
$$\alpha_1 x_1 + \alpha_2 x_2 + \cdots + \alpha_n x_n = 0,$$
且 $\alpha_1, \alpha_2, \cdots, \alpha_n$ 不全为 0. 这与 $x_1, x_2, \cdots, x_n$ 线性无关这个假设矛盾,所以 $\alpha \neq 0$. 此时有
$$x = \frac{\alpha_1}{\alpha} x_1 + \frac{\alpha_2}{\alpha} x_2 + \cdots + \frac{\alpha_n}{\alpha} x_n.$$
若存在 $\beta_1, \beta_2, \cdots, \beta_n \in \mathbb{K}$,
$$x = \beta_1 x_1 + \beta_2 x_2 + \cdots + \beta_n x_n.$$
则
$$\left(\frac{\alpha_1}{\alpha} - \beta_1\right) x_1 + \left(\frac{\alpha_2}{\alpha} - \beta_2\right) x_2 + \cdots + \left(\frac{\alpha_n}{\alpha} - \beta_n\right) x_n = 0.$$

由 $x_1, x_2, \cdots, x_n$ 的线性无关性, 有
$$\frac{\alpha_1}{\alpha} = \beta_1, \frac{\alpha_2}{\alpha} = \beta_2, \cdots, \frac{\alpha_n}{\alpha} = \beta_n.$$
因此 X 中任意元素可以唯一地表示成 $x_1, x_2, \cdots, x_n$ 的线性组合.

若 X 不是有限维空间, 则称 X 为**无穷维空间**, 记 X 的维数 $\dim(X) = \infty$. 此时, 存在 X 中可数多个元素 $x_i \subset X$, 使得 $\{x_i : i \geqslant 1\}$ 为线性无关的.

易见 $\dim(\mathbb{K}^n) = n, \dim(\ell^p) = \dim(C[a,b]) = \dim(s) = \infty$.

定义 2.1.3 设 X 为线性空间, M 为 X 线性无关子集, 称 M 是 X 的 **Hamel 基**, 如果 $\mathrm{span}(M) = X$.

若 M 为 X 的 Hamel 基, 则任取 $x \in X$, 存在 M 中唯一两两不等的元素
$$x_1, x_2, \cdots, x_n \in M$$
及全部不为 0 的
$$\alpha_1, \alpha_2, \cdots, \alpha_n \in \mathbb{K}$$
使得
$$x = \alpha_1 x_1 + \alpha_2 x_2 + \cdots + \alpha_n x_n.$$
由于 $X \subset \mathrm{span}(M)$, 再利用 $\mathrm{span}(M)$ 的定义 (2.1), 容易看出上述线性组合总是存在的. 假设还存在 M 中两两不等的元素
$$y_1, y_2, \cdots, y_m \in M$$
及全部不为 0 的
$$\beta_1, \beta_2, \cdots, \beta_m \in \mathbb{K}$$
使得
$$x = \beta_1 y_1 + \beta_2 y_2 + \cdots + \beta_m y_m.$$
假设
$$\{x_1, x_2, \cdots, x_n\} \neq \{y_1, y_2, \cdots, y_m\}.$$
不妨设存在 $y_m \notin \{x_1, x_2, \cdots, x_n\}$. 则由
$$\alpha_1 x_1 + \alpha_2 x_2 + \cdots + \alpha_n x_n = \beta_1 y_1 + \beta_2 y_2 + \cdots + \beta_m y_m$$
知
$$y_m = \frac{1}{\beta_m}(\alpha_1 x_1 + \alpha_2 x_2 + \cdots + \alpha_n x_n - \beta_1 y_1 - \beta_2 y_2 - \cdots - \beta_{m-1} y_{m-1}).$$
因此
$$y_m \in \mathrm{span}\{x_1, x_2, \cdots, x_n, y_1, y_2, \cdots, y_{m-1}\}.$$
但
$$y_m \notin \{x_1, x_2, \cdots, x_n, y_1, y_2, \cdots, y_{m-1}\},$$
这与 $\{x_1, x_2, \cdots, x_n, y_1, y_2, \cdots, y_{m-1}, y_m\}$ 的线性无关性矛盾.

例 2.1.4 在 $\mathbb{K}^n$ 中, 若 $e_i \in \mathbb{K}^n$ 为第 i 个分量为 1, 其余的分量都为 0 的向量, 则

$$e_1, e_2, \cdots, e_n$$
构成 $\mathbb{K}^n$ 的 Hamel 基. 事实上, $e_1, e_2, \cdots, e_n$ 显然为线性无关的, 如果 $x = (x_1, x_2, \cdots, x_n)$, 则
$$x = x_1 e_1 + x_2 e_2 + \cdots + x_n e_n.$$
故 $\mathbb{K}^n = \text{span}\{e_1, e_2, \cdots, e_n\}$. 从而 $\{e_1, e_2, \cdots, e_n\}$ 为 $\mathbb{K}^n$ 的 Hamel 基.

例 2.1.5 若 $1 \leqslant p < \infty$, 考虑 ℓ^p 的子集 M:
$$M = \{\{x_n\} : \exists N, \forall n \geqslant N, x_n = 0\}.$$
则易证 M 为 ℓ^p 的线性子空间. 从而 M 本身是线性空间. 若 $n \geqslant 1$, 令 $e_n \in \ell^p$ 为第 n 项为 1, 余下的各项都为 0 的数列, 则可以验证集合 $\{e_n : n \geqslant 1\}$ 为 M 的 Hamel 基. 需要特别指出的是, $\{e_n : n \geqslant 1\}$ 虽然在 ℓ^p 中为线性无关的, 但它不构成 ℓ^p 的 Hamel 基, 需要在 M 的基础上加入许多别的元素才能得到 ℓ^p 的 Hamel 基.

下面这个结果给出了线性空间中 Hamel 基的存在性. 其证明要用到附录中介绍的 Zorn 引理.

定理 2.1.1 设 X 为线性空间, $X \neq \{0\}$, M_0 为 X 的线性无关子集. 则一定存在 X 的 Hamel 基 N, 使得 $M_0 \subset N$. 由于非零单点集 $\{x\}$ 均是线性无关的, 所以任意非零线性空间均有 Hamel 基.

证明 考虑集合
$$\mathcal{E} = \{M \subset X : M \text{ 线性无关}, M_0 \subset M\}.$$
由于 $M_0 \in \mathcal{E}$, 所以 $\mathcal{E} \neq \emptyset$.

若 $M, N \in \mathcal{E}$, 定义
$$M \leqslant N \Leftrightarrow M \subset N.$$
则易证序关系 "$\leqslant$" 为 $\mathcal{E}$ 上的半序. 设 $\mathcal{E}_1$ 为 $\mathcal{E}$ 的非空全序子集, 令
$$M = \bigcup_{N \in \mathcal{E}_1} N.$$
下面证明 $M \in \mathcal{E}$. 为此设 $x_1, x_2, \cdots, x_n \in M$ 为两两不等的元素, 则存在
$$N_1, N_2, \cdots, N_n \in \mathcal{E}_1,$$
使得 $x_i \in N_i$. 由于 $\mathcal{E}_1$ 为全序的, 故 $N_1, N_2, \cdots, N_n$ 可以比较大小, 不妨设
$$N_1 \leqslant N_2 \leqslant \cdots \leqslant N_n,$$
即 $N_1 \subset N_2 \subset \cdots \subset N_n$. 此时任给 $1 \leqslant i \leqslant n$ 有 $x_i \in N_n$. 由于 $N_n \in \mathcal{E}$, 所以 $\{x_1, x_2, \cdots, x_n\}$ 线性无关. 这就证明了 M 线性无关. 又显然有 $M_0 \subset M$, 故 $M \in \mathcal{E}$. 由 M 的定义知, 任取 $N \in \mathcal{E}_1$ 有 $N \subset M$, 即 $N \leqslant M$. 这说明 M 为 $\mathcal{E}_1$ 的上界. 这样就证明了 $\mathcal{E}$ 中任意非空全序子集均有上界, 由 Zorn 引理 (见附录) 可知 $\mathcal{E}$ 必有极大元 M_1. 特别地, M_1 是线性无关的, 且 $M_0 \subset M_1$.

假设 $\text{span}(M_1) \subsetneqq X$. 取 $x_0 \in \text{span}(M_1)^c$, 则 $x_0 \neq 0$. 令 $M_2 = M_1 \cup \{x_0\}$, 则 M_2 线性无关且 $M_0 \subset M_2$, 即 $M_2 \in \mathcal{E}$. 但我们有 $M_1 \leqslant M_2$, $M_1 \neq M_2$. 这与 M_1 为极大元矛盾! 因此必有 $\text{span}(M_1) = X$. 即 M_1 为 X 的 Hamel 基. □

2.2 赋范空间和 Banach 空间

这一节将要研究的赋范空间是一类特殊的度量空间,它首先是线性空间,并且该空间中的每个向量可以定义长度,这个长度称为该向量的范数,它是欧氏空间中向量长度概念的自然推广. 由于赋范空间兼有代数结构和拓扑结构,所以其空间结构较度量空间要丰富得多,在数学的其他分支的应用也更加重要. 在泛函分析中研究最多的对象就是赋范空间、赋范空间的结构以及赋范空间之间的有界线性算子的性质. 完备的赋范空间称为 Banach 空间,这是泛函分析中一个十分重要的概念,很多结果只有在问题所在的空间为 Banach 空间时才成立.

定义 2.2.1 设 X 为线性空间,定义在 X 上的实函数

$$X \to \mathbb{R}$$
$$x \mapsto \|x\|$$

称为 X 上的**范数**,如果

(1) $\forall x \in X, \|x\| \geqslant 0$(非负性);

(2) 若 $x \in X$,则 $\|x\| = 0 \Leftrightarrow x = 0$(非退化性);

(3) $\forall x \in X, \forall \alpha \in \mathbb{K}, \|\alpha x\| = |\alpha| \|x\|$(齐次性);

(4) $\forall x, y \in X, \|x+y\| \leqslant \|x\| + \|y\|$(三角不等式).

此时称 $\|x\|$ 为 x 的**范数**,序对 $(X, \|\cdot\|)$ 称为**赋范空间**. 为了方便叙述,有时也简记为 X.

设 $(X, \|\cdot\|)$ 为赋范空间,令

$$d(x, y) = \|x - y\|, \quad x, y \in X. \tag{2.3}$$

容易验证 d 为 X 上的度量,此度量称为**由范数 $\|\cdot\|$ 诱导出来的度量**. d 有一般度量所不具备的性质,例如

$$d(x+a, y+a) = d(x, y), \quad x, y, a \in X, \tag{2.4}$$
$$d(\alpha x, \alpha y) = |\alpha| d(x, y), \quad x, y \in X, \alpha \in \mathbb{K}. \tag{2.5}$$

式(2.4)称为**平移不变性**,而式(2.5)则称为**齐次性**. 若 $x \in X, r > 0$,则

$$B(x, r) = \{y \in X: \|x - y\| < r\},$$
$$\overline{B}(x, r) = \{y \in X: \|x - y\| \leqslant r\},$$
$$S(x, r) = \{y \in X: \|x - y\| = r\}.$$

另外,若 $A \subset X, x \in X$,定义

$$x + A = \{x + y: y \in A\}$$

为 A 的 x 平移. 容易验证若 $a, x \in X, r > 0$,则

$$a + B(x, r) = B(a + x, r).$$

若 $(X, \|\cdot\|)$ 为赋范空间,由三角不等式

$$\|x\| - \|y\| \leqslant \|x-y\|, \quad \|y\| - \|x\| \leqslant \|x-y\|,$$

从而

$$|\|x\| - \|y\|| \leqslant \|x-y\| = d(x,y).$$

这说明取范数这个映射

$$X \to \mathbb{R}$$
$$x \mapsto \|x\|$$

为 Lipschitz 映射,从而为连续映射. 特别地,若在 X 中有 $x_n \to x$,则

$$\lim_{n \to \infty} \|x_n\| = \|x\|.$$

若 Y 为 X 的线性子空间,则 X 上的范数 $\|\cdot\|$ 限制在 Y 上成为 Y 上的范数,在这种意义下,Y 也是赋范空间,称为 X 的**赋范子空间**,简称子空间.

设 $(X, \|\cdot\|)$ 为赋范空间,如果其范数诱导出的度量 (2.3) 使得 X 成为完备度量空间,则称 $(X, \|\cdot\|)$ 为 **Banach 空间**.

若 $1 \leqslant p < \infty$, $(x_1, x_2, \cdots, x_n) \in \mathbb{K}^n$,设

$$\|(x_1, x_2, \cdots, x_n)\|_p = \Big(\sum_{i=1}^n |x_i|^p\Big)^{1/p},$$

$$\|(x_1, x_2, \cdots, x_n)\|_\infty = \max_{1 \leqslant i \leqslant n} |x_i|.$$

则 $\|\cdot\|_\infty$ 为 $\mathbb{K}^n$ 上的范数,其诱导出来的度量为例 1.1.3 中定义的 d_∞. 利用 Minkowski 不等式 (1.5) 可以验证 $\|\cdot\|_p$ 也是 $\mathbb{K}^n$ 上的范数,其诱导的 $\mathbb{K}^n$ 上的度量为例 1.1.2 中定义的 d_p. 因此 $(\mathbb{K}^n, \|\cdot\|_p)$ 和 $(\mathbb{K}^n, \|\cdot\|_\infty)$ 都是 Banach 空间.

若 $1 \leqslant p < \infty$, $x \in \ell^p$, $x = \{x_n\}$,令

$$\|x\|_p = \Big(\sum_{n=1}^\infty |x_n|^p\Big)^{1/p}.$$

则利用 Minkowski 不等式 (1.5) 可以验证 $\|\cdot\|_p$ 为 ℓ^p 上的范数,其诱导出的度量为例 1.1.9 中引入的度量 d_p. 因此 $(\ell^p, \|\cdot\|_p)$ 为 Banach 空间.

若 $x \in \ell^\infty$, $x = \{x_n\}$,定义

$$\|x\|_\infty = \sup_{n \geqslant 1} |x_n|.$$

则 $\|\cdot\|_\infty$ 为 ℓ^∞ 上的范数,其诱导出的 ℓ^∞ 上的度量为例 1.1.8 中定义的度量 d_∞. 因此 $(\ell^\infty, \|\cdot\|_\infty)$ 为 Banach 空间.

设 $x \in C[a,b]$,定义

$$\|x\|_\infty = \max_{a \leqslant t \leqslant b} |x(t)|.$$

则 $\|\cdot\|_\infty$ 为 $C[a,b]$ 上的范数,其诱导出的 $C[a,b]$ 上的度量为例 1.1.4 中定义的度量 d_∞. 因此 $(C[a,b], \|\cdot\|_\infty)$ 为 Banach 空间.

若 $1 \leqslant p < \infty$,在连续函数空间 $C[a,b]$ 上还可以定义

$$\|x\|_p = \Big(\int_a^b |x(t)|^p \mathrm{d}t\Big)^{1/p}.$$

应用关于函数的 Hölder 不等式可以验证 $\|\cdot\|_p$ 为 $C[a,b]$ 上的范数，其诱导出的度量为例 1.1.10 中定义的度量 d_p，从而 $(C[a,b], \|\cdot\|_p)$ 不是 Banach 空间.

所有数列构成的集合 s 显然是线性空间，则由第 1 章的内容知
$$d(x,y) = \sum_{n=1}^{\infty} \frac{1}{2^n} \frac{|x_n - y_n|}{1 + |x_n - y_n|}$$
定义了 s 上的度量. 此度量不能够由某个 s 上的范数诱导出来，事实上此度量虽然满足平移不变性 (2.4)，但不满足齐次性 (2.5).

若 X 是赋范空间，Y 为 X 的线性子空间，如果 Y 为 Banach 空间，则由定理 1.3.7 可知，Y 在 X 中为闭集. 另外，由定理 1.3.7 可知，若 X 为 Banach 空间，则 Y 为 Banach 空间的充分必要条件是 Y 为 X 的闭子集.

下面引入赋范空间之间线性算子的概念.

定义 2.2.2 设 $(X, \|\cdot\|_X)$ 及 $(Y, \|\cdot\|_Y)$ 为赋范空间，称映射 $T: X \to Y$ 为**线性算子**，如果
$$T(\alpha x + \beta y) = \alpha Tx + \beta Ty, \quad x,y \in X, \alpha, \beta \in \mathbb{K}.$$
又若 T 为一一映射，且
$$\|Tx\|_Y = \|x\|_X, \quad x \in X,$$
则称 T 为从 X 到 Y（在赋范空间意义下）的**等距同构**. 此时称 X 与 Y（在赋范空间意义下）**等距同构**.

容易验证式 (1.18) 中定义的映射是线性算子，且为 $(C[0,1], \|\cdot\|_\infty)$ 到 $(C[a,b], \|\cdot\|_\infty)$（赋范空间意义下）的等距同构. 因此 $(C[0,1], \|\cdot\|_\infty)$ 与 $(C[a,b], \|\cdot\|_\infty)$ 等距同构.

如果两个赋范空间等距同构，则其在赋范空间意义下的结构和性质完全是一致的. 所以我们视两个等距同构的赋范空间为一个空间. 对于赋范空间有下述完备化定理.

定理 2.2.1 设 X 为赋范空间，则存在 Banach 空间 $\hat{X}$ 及其线性子空间 Y，使得 Y 与 X 等距同构，Y 在 $\hat{X}$ 中为稠密的. $\hat{X}$ 在等距同构意义下还是唯一的，即若 $\hat{X}_1$ 为 Banach 空间，Y_1 为 $\hat{X}_1$ 的稠密线性子空间且 Y_1 与 X 等距同构，则 $\hat{X}$ 与 $\hat{X}_1$ 等距同构.

这个定理的证明很复杂，我们承认这个结果. 满足这个定理的 Banach 空间 $\hat{X}$ 称为 X 的**完备化**. 当 X 为赋范空间时，其上的范数在 X 上自然地诱导出一个度量 d，由定理 1.3.8，(X, d) 总有度量空间意义下的完备化. 上一定理表明这个度量空间意义下的完备化所对应的度量可以由 X 上的某个范数诱导出来.

线性空间中有限个元素可以做线性组合，但无穷多个元素的和是没有意义的. 在赋范空间中，我们可以给出无穷和的意义. 设 X 为赋范空间，$\{x_n\}$ 为 X 中的一列元素. 对 $n \geq 1$，令

$$s_n = \sum_{i=1}^{n} x_i \in X,$$

若存在 $s \in X$,使得 $s_n \to s$,则称级数 $\sum_{i \geqslant 1} x_i$ **收敛**,记为 $s = \sum_{i=1}^{\infty} x_i$. 另外,Hamel 基是关于线性空间的概念,而对于 Banach 空间我们有 Schauder 基的概念.

定义 2.2.3 设 X 为 Banach 空间,$\{e_n\}$ 为 X 中的一列元素. 若任给 $x \in X$,存在唯一的系数 $\{a_n\}$,$a_n \in \mathbb{K}$,$n = 1, 2, \cdots$ 使得 $x = \sum_{n=1}^{\infty} a_n e_n$,则称 $\{e_n\}$ 为 X 的 **Schauder 基**.

若 $1 \leqslant p < \infty$,对于 $n \geqslant 1$,考虑 $e_n \in \ell^p$,其第 n 项为 1,其余项均为 0. 则 $\{e_n\}$ 构成 ℓ^p 的 Schauder 基. 事实上,若 $x \in \ell^p$,$x = \{x_n\}$,令 $s_n = \sum_{i=1}^{n} x_i e_i$,则
$$s_n = (x_1, x_2, \cdots, x_n, 0, \cdots).$$
因此当 $n \to \infty$ 时,
$$\|x - s_n\|_p = \Big(\sum_{i=n+1}^{\infty} |x_i|^p\Big)^{1/p} \to 0.$$
这说明级数 $\sum_{i \geqslant 1} x_i e_i$ 在 ℓ^p 中收敛,且 $x = \sum_{i=1}^{\infty} x_i e_i$. 另外,若存在 $\{a_i\}$,使得级数 $\sum_{i \geqslant 1} a_i e_i$ 也在 ℓ^p 中收敛,且 $x = \sum_{i=1}^{\infty} a_i e_i$. 固定 $i \geqslant 1$,任给 $n \geqslant i$,有
$$|a_i - x_i| \leqslant \Big\|\sum_{j=1}^{n}(a_j - x_j)e_j\Big\|_p = \Big\|\sum_{j=1}^{n} a_j e_j - \sum_{j=1}^{n} x_j e_j\Big\|_p \to 0.$$
这是由于当 $n \to \infty$ 时,有
$$\sum_{j=1}^{n} a_j e_j \to x, \quad \sum_{j=1}^{n} x_j e_j \to x.$$
因此 $a_i = x_i$. 这就证明了 $\{e_n\}$ 为 ℓ^p 的 Schauder 基.

若 Banach 空间 X 具有 Schauder 基 $\{e_n\}$,则 X 必为可分的. 事实上,在 $\mathbb{K} = \mathbb{R}$ 的情形,令
$$M = \Big\{\sum_{i=1}^{n} x_i e_i \in X : n \geqslant 1, x_i \in \mathbb{Q}\Big\},$$
及
$$M_n = \Big\{\sum_{i=1}^{n} x_i e_i \in X : x_i \in \mathbb{Q}\Big\},$$
其中 $n \geqslant 1$. M_n 显然与 $\mathbb{Q}^n$ 等势,所以每个 M_n 为可数集,从而
$$M = \bigcup_{n=1}^{\infty} M_n$$
也为可数集. 下面证明 M 在 X 中稠密. 任给 $x \in X$,由 Schauder 基的定义,存在 $x_i \in \mathbb{R}$,使

得 $x = \sum_{i=1}^{\infty} x_i e_i$,即

$$\sum_{i=1}^{n} x_i e_i \to x.$$

任取 $\varepsilon > 0$,存在 $N \geqslant 1$,使得

$$\left\| x - \sum_{i=1}^{N} x_i e_i \right\| < \frac{\varepsilon}{2}.$$

由于 $\mathbb{Q}$ 在 $\mathbb{R}$ 中稠密,存在 $a_1, a_2, \cdots, a_N \in \mathbb{Q}$,使得

$$\left\| \sum_{i=1}^{N} x_i e_i - \sum_{i=1}^{N} a_i e_i \right\| < \frac{\varepsilon}{2}.$$

于是有 $\sum_{i=1}^{N} a_i e_i \in M$ 且

$$\left\| x - \sum_{i=1}^{N} a_i e_i \right\| \leqslant \left\| x - \sum_{i=1}^{N} x_i e_i \right\| + \left\| \sum_{i=1}^{N} x_i e_i - \sum_{i=1}^{N} a_i e_i \right\| < \frac{\varepsilon}{2} + \frac{\varepsilon}{2} \leqslant \varepsilon.$$

这就证明了 M 在 X 中的稠密性. 从而 X 为可分的. 类似可以给出 $\mathbb{K} = \mathbb{C}$ 情形 X 可分性的证明.

若 $\{e_n\}$ 为 Banach 空间 X 的 Schauder 基,则 $\{e_n : n = 1, 2, \cdots\}$ 为线性无关的,特别地,$\dim(X) = \infty$. 若不然,假设存在 $n \geqslant 1$,使得 $e_1, e_2, \cdots, e_n$ 为线性相关的,则存在不全为 0 的 $a_1, a_2, \cdots, a_n \in \mathbb{K}$,使得

$$a_1 e_1 + a_2 e_2 + \cdots + a_n e_n = 0.$$

但显然有

$$0 e_1 + 0 e_2 + \cdots + 0 e_n = 0.$$

因此 $0 \in X$ 有两个关于 $e_1, e_2, \cdots, e_n$ 线性组合的不同表示,这与 Schauder 基定义中系数的唯一性矛盾.

虽然 Banach 空间 X 的 Schauder 基 $\{e_n\}$ 均为线性无关的,但一般来讲它不构成 X 的 Hamel 基. 为此可以考虑上面所举 ℓ^p 中的 $\{e_n\}$ 这个例子.

既然每个具有 Schauder 基的 Banach 空间均是无穷维可分 Banach 空间,人们自然会问是否每个无穷维可分 Banach 空间均具有 Schauder 基?这是泛函分析的奠基人 S. Banach 在 20 世纪 40 年代提出的著名问题. 事实上,常见的无穷维可分 Banach 空间均有 Schauder 基. S. Banach 的问题直到 1973 年才由 P. Enflo 通过构造反例否定地解决.

2.3 有限维赋范空间

在这一节里我们研究有限维赋范空间,即空间维数为有限的赋范空间. 有限维赋范空间具有一般赋范空间所不具备的特殊性质:其单位闭球为该空间的紧子集,并且这一点可以用来刻画赋范空间为有限维这个性质. 我们将发现有限维赋范空间可以通过线性算子与

某个 $\mathbb{K}^n$ 联系在一起,因此有限维赋范空间本质上与 $\mathbb{K}^n$ 具有相同的空间结构. 许多在 $\mathbb{K}^n$ 中成立的结果在有限维赋范空间也成立,从这种意义上来讲,有限维赋范空间是结构最好的赋范空间. 为了研究有限维赋范空间,我们需要引入等价范数的概念.

定义 2.3.1 设 X 为线性空间,$\|\cdot\|_1$ 及 $\|\cdot\|_2$ 为 X 上的范数. 若存在常数 $\alpha,\beta>0$,使得任给 $x\in X$,有
$$\alpha\|x\|_1 \leqslant \|x\|_2 \leqslant \beta\|x\|_1,$$
则称 $\|\cdot\|_1$ 和 $\|\cdot\|_2$ 为**等价范数**.

若 $\|\cdot\|_1$ 及 $\|\cdot\|_2$ 为等价范数,则其诱导出的度量为等价度量,所以赋范空间 $(X,\|\cdot\|_1)$ 和 $(X,\|\cdot\|_2)$ 有相同的收敛列,相同的柯西列. 因此,若其中一个赋范空间为 Banach 空间,则另外一个也为 Banach 空间.

为了讨论有限维赋范空间的结构,我们首先证明一个重要引理. 我们将在以后多次用到这个引理.

引理 2.3.1 设 X 为赋范空间,$x_1,x_2,\cdots,x_n$ 为 X 中 n 个线性无关的元素. 则存在常数 $C>0$,使得任给 $a_1,a_2,\cdots,a_n\in \mathbb{K}$,有
$$C(|a_1|+|a_2|+\cdots+|a_n|) \leqslant \|a_1x_1+a_2x_2+\cdots+a_nx_n\|.$$

证明 我们首先证明存在常数 $C>0$,使得任给 $a_1,a_2,\cdots,a_n\in\mathbb{K}$ 满足
$$|a_1|+|a_2|+\cdots+|a_n|=1,$$
都有
$$C \leqslant \|a_1x_1+a_2x_2+\cdots+a_nx_n\|. \tag{2.6}$$
若不然,任给 $m\in\mathbb{N}$,存在 $a_1^{(m)},a_2^{(m)},\cdots,a_n^{(m)}\in\mathbb{K}$ 满足
$$|a_1^{(m)}|+|a_2^{(m)}|+\cdots+|a_n^{(m)}|=1, \tag{2.7}$$
但
$$\|a_1^{(m)}x_1+a_2^{(m)}x_2+\cdots+a_n^{(m)}x_n\| < \frac{1}{m}. \tag{2.8}$$
由式(2.7)知 $\{a_1^{(m)}\}$ 为 $\mathbb{K}$ 中的有界列,由 Bolzano-Weierstrass 定理 $\{a_1^{(m)}\}$ 必有收敛子列,设为 $\{a_1^{(1,m)}\}$. 由式(2.7)知 $\{a_2^{(1,m)}\}$ 为 $\mathbb{K}$ 中的有界列,由 Bolzano-Weierstrass 定理,$\{a_2^{(1,m)}\}$ 必有收敛子列,设为 $\{a_2^{(2,m)}\}$. 如此下去,对任意的 $1\leqslant i\leqslant n$,都可以找到 $\{a_i^{((i-1),m)}\}$ 的收敛子列 $\{a_i^{(i,m)}\}$. 此时易见任给 $1\leqslant i\leqslant n$,$\{a_i^{(m)}\}$ 的子列 $\{a_i^{(n,m)}\}$ 均为收敛子列. 设当 $m\to\infty$ 时,有
$$a_i^{(n,m)} \to a_i \in \mathbb{K}.$$
由式(2.7),有
$$|a_1^{(n,m)}|+|a_2^{(n,m)}|+\cdots+|a_n^{(n,m)}|=1.$$
在上式中令 $m\to\infty$,则有
$$|a_1|+|a_2|+\cdots+|a_n|=1. \tag{2.9}$$
设 $x=a_1x_1+a_2x_2+\cdots+a_nx_n\in X$,则

$$\| x - (a_1^{(m,m)} x_1 + a_2^{(m,m)} x_2 + \cdots + a_n^{(m,m)} x_n) \|$$
$$= \| (a_1 - a_1^{(m,m)}) x_1 + (a_2 - a_2^{(m,m)}) x_2 + \cdots + (a_n - a_n^{(m,m)}) x_n \|$$
$$\leqslant |a_1 - a_1^{(m,m)}| \| x_1 \| + |a_2 - a_2^{(m,m)}| \| x_2 \| + \cdots + |a_n - a_n^{(m,m)}| \| x_n \|.$$

这说明当 $m \to \infty$ 时,有
$$a_1^{(m,m)} x_1 + a_2^{(m,m)} x_2 + \cdots + a_n^{(m,m)} x_n \to x.$$

由式(2.8)知当 $m \to \infty$ 时,有
$$a_1^{(m,m)} x_1 + a_2^{(m,m)} x_2 + \cdots + a_n^{(m,m)} x_n \to 0.$$

从而 $x=0$. 由假设 $x_1, x_2, \cdots, x_n$ 为线性无关的,因此有
$$a_1 = a_2 = \cdots = a_n = 0.$$

这与式(2.9)矛盾!因此式(2.6)成立.

为证引理结论,不妨设 $a_1, a_2, \cdots, a_n \in \mathbb{K}$ 不全为 0,令
$$t = \sum_{i=1}^{n} |a_i| > 0.$$

若 $a_i' = \dfrac{a_i}{t}$,则
$$|a_1'| + |a_2'| + \cdots + |a_n'| = 1.$$

由已经证明的结论,有
$$C \leqslant \| a_1' x_1 + a_2' x_2 + \cdots + a_n' x_n \|.$$

利用范数的齐次性可得
$$C(|a_1| + |a_2| + \cdots + |a_n|) \leqslant \| a_1 x_1 + a_2 x_2 + \cdots + a_n x_n \|. \qquad \square$$

定理 2.3.1 设 X 为有限维线性空间.则 X 上任意两个范数均为等价范数,且 X 赋予任意范数均为 Banach 空间.

证明 设 $\dim(X) = n$,$\{e_1, e_2, \cdots, e_n\}$ 为 X 的 Hamel 基.任取 $x \in X$,存在唯一的 $a_i \in \mathbb{K}$,使 $x = a_1 e_1 + a_2 e_2 + \cdots + a_n e_n$. 令
$$\| a_1 e_1 + a_2 e_2 + \cdots + a_n e_n \|_1 = |a_1| + |a_2| + \cdots + |a_n|.$$

易证 $\| \cdot \|_1$ 为 X 上的范数.由引理 2.3.1,存在 $C > 0$,任给 $a_1, a_2, \cdots, a_n \in \mathbb{K}$,有
$$C(|a_1| + |a_2| + \cdots + |a_n|) \leqslant \| a_1 e_1 + a_2 e_2 + \cdots + a_n e_n \|.$$

又由三角不等式,得
$$\| a_1 e_1 + a_2 e_2 + \cdots + a_n e_n \| \leqslant (\max_{1 \leqslant i \leqslant n} \| e_i \|)(|a_1| + |a_2| + \cdots + |a_n|).$$

这说明 $\| \cdot \|$ 和 $\| \cdot \|_1$ 为等价范数.由于范数的等价性具有传递性,所以 X 上的任意两个范数均相互等价.

若 $\| \cdot \|$ 为 X 上任一范数.由于它与 $\| \cdot \|_1$ 等价,要证 $(X, \| \cdot \|)$ 为 Banach 空间,仅需证 $(X, \| \cdot \|_1)$ 为 Banach 空间.设
$$x^{(m)} = a_1^{(m)} e_1 + a_2^{(m)} e_2 + \cdots + a_n^{(m)} e_n$$

为 $(X, \|\cdot\|_1)$ 中的柯西列. 任给 $\varepsilon > 0$, 存在 $N \geq 1$, 只要 $m, k \geq N$, 就有
$$|a_1^{(m)} - a_1^{(k)}| + |a_2^{(m)} - a_2^{(k)}| + \cdots + |a_n^{(m)} - a_n^{(k)}| = \|x^{(m)} - x^{(k)}\|_1 < \varepsilon.$$
从而若 $1 \leq i \leq n$, 任给 $m, k \geq N$, 有
$$|a_i^{(m)} - a_i^{(k)}| < \varepsilon.$$
即 $\{a_i^{(m)}\}$ 为 $\mathbb{K}$ 中柯西列, 设 $a_i^{(m)} \to a_i \in \mathbb{K}$. 令
$$x = a_1 e_1 + a_2 e_2 + \cdots + a_n e_n \in X.$$
则
$$\|x^{(m)} - x\|_1 = |a_1^{(m)} - a_1| + |a_2^{(m)} - a_2| + \cdots + |a_n^{(m)} - a_n| \to 0.$$
这就证明了 $(X, \|\cdot\|_1)$ 的完备性. $\square$

由定理 1.3.7, 度量空间的任意完备子空间均为闭集, 所以我们有如下推论.

推论 2.3.1 设 X 为赋范空间, Y 为 X 的有限维线性子空间, 则 Y 必为 Banach 空间, 因此 Y 总为 X 的闭线性子空间.

由定理 1.3.9, 度量空间中的紧集都是有界闭集, 但有界闭集未必一定是紧集. 但在有限维赋范空间中, 这两个概念是完全一样的.

定理 2.3.2 设 X 为有限维赋范空间, 则 $M \subset X$ 为紧集当且仅当 M 为有界闭集.

证明 由定理 1.3.9, 紧集总为有界闭集. 因此仅需证有限维赋范空间中的有界闭集为紧集. 设 X 为赋范空间, $\dim(X) = n < \infty$. $M \subset X$ 为有界闭集. 存在 $\beta > 0$, 任给 $x \in M$, $\|x\| \leq \beta$. 设 $\{e_1, e_2, \cdots, e_n\}$ 为 X 的 Hamel 基. 若 $x_m \in M$, 则存在 $a_1^{(m)}, a_2^{(m)}, \cdots, a_n^{(m)} \in \mathbb{K}$, 有
$$x_m = a_1^{(m)} e_1 + a_2^{(m)} e_2 + \cdots + a_n^{(m)} e_n.$$
由引理 2.3.1, 存在常数 $C > 0$, 成立
$$C(|a_1^{(m)}| + |a_2^{(m)}| + \cdots + |a_n^{(m)}|) \leq \|x_m\| \leq \beta. \tag{2.10}$$
因此 $\{a_1^{(m)}\}$ 为 $\mathbb{K}$ 中的有界列, 由 Bolzano-Weierstrass 定理, $\{a_1^{(m)}\}$ 必有收敛子列, 设为 $\{a_1^{(1,m)}\}$. 由式 (2.10) 知 $\{a_2^{(1,m)}\}$ 为 $\mathbb{K}$ 中的有界列, 由 Bolzano-Weierstrass 定理, $\{a_2^{(1,m)}\}$ 必有收敛子列, 设为 $\{a_2^{(2,m)}\}$. 如此下去, 对任意的 $1 \leq i \leq n$, 都可以找到 $\{a_i^{((i-1),m)}\}$ 的收敛子列 $\{a_i^{(i,m)}\}$. 易见任给 $1 \leq i \leq n$, $\{a_i^{(m)}\}$ 的子列 $\{a_i^{(m,m)}\}$ 均为收敛子列. 设当 $m \to \infty$ 时, 有
$$a_i^{(m,m)} \to a_i \in \mathbb{K}.$$
设 $x = a_1 e_1 + a_2 e_2 + \cdots + a_n e_n \in X$, 则
$$\|x - (a_1^{(m,m)} e_1 + a_2^{(m,m)} e_2 + \cdots + a_n^{(m,m)} e_n)\|$$
$$= \|(a_1 - a_1^{(m,m)}) e_1 + (a_2 - a_2^{(m,m)}) e_2 + \cdots + (a_n - a_n^{(m,m)}) e_n\|$$
$$\leq |a_1 - a_1^{(m,m)}| \|e_1\| + |a_2 - a_2^{(m,m)}| \|e_2\| + \cdots + |a_n - a_n^{(m,m)}| \|e_n\|.$$
因此 $\{x_m\}$ 有子列收敛到 x, 由于 M 为闭集, $x_m \in M$, $m = 1, 2, \cdots$, 所以 $x \in M$. 我们证明了 M 中任意序列均有子列收敛到 M 中的点, 所以 M 为紧集. $\square$

由上一定理, 若 X 为有限维赋范空间, 则 X 的单位球为紧集. 我们将发现单位闭球

的紧性可以用来刻画有限维赋范空间,这就是著名的 Riesz 定理. 为了建立 Riesz 定理,我们需要首先建立一个引理. 我们将在以后多次用到这个引理.

引理 2.3.2 设 $(X, \|\cdot\|)$ 为赋范空间,Y 为 X 的闭线性子空间且 $Y \subsetneq X$. 则任给 $0 < \varepsilon < 1$,存在 $x \in X$,$\|x\| = 1$,任给 $y \in Y$,有 $\|x - y\| \geq \varepsilon$.

证明 固定 $v \in Y^c$,令
$$a = \inf_{y \in Y} \|v - y\|.$$
则 $a > 0$. 若不然,$a = 0$,则存在 $y_n \in Y$,$\|v - y_n\| \to 0$,即 $y_n \to v$. $y_n \in Y$ 且 Y 为闭集,由定理 1.3.2 知 $v \in Y$,矛盾! 因此有 $a > 0$. 若 $0 < \varepsilon < 1$,则 $\dfrac{a}{\varepsilon} > a$. 由 a 的定义,存在 $y_0 \in Y$,有
$$a \leq \|v - y_0\| \leq \frac{a}{\varepsilon}.$$
取 $y = \dfrac{v - y_0}{\|v - y_0\|}$,则 $\|y\| = 1$. 任给 $z \in Y$,有
$$\|y - z\| = \left\| \frac{v - y_0}{\|v - y_0\|} - z \right\| = \left\| \frac{v - (y_0 + \|v - y_0\| z)}{\|v - y_0\|} \right\|$$
$$\geq \frac{a}{\|v - y_0\|} \geq \frac{a}{a/\varepsilon} = \varepsilon.$$
在上式中,我们用到了 $y_0 + \|v - y_0\| z \in Y$ 这个事实. □

定理 2.3.3 (F. Riesz) 设 X 为赋范空间,则 X 为有限维空间当且仅当 X 的单位闭球
$$\overline{B}(0,1) = \{x \in X : \|x\| \leq 1\}$$
为 X 的紧集.

证明 若 X 为有限维空间,闭球 M 总为有界闭集,由定理 2.3.2,M 为 X 的紧集. 若 X 为无穷维空间,我们将构造 $x_n \in X$,$\|x_n\| = 1$,且当 $m \neq n$ 时,有
$$\|x_m - x_n\| \geq \frac{1}{2}. \tag{2.11}$$
任取 $x_1 \in X$,$\|x_1\| = 1$. 考虑
$$Y_1 = \mathbb{K} x_1 = \{\lambda x_1 : \lambda \in \mathbb{K}\}.$$
则 $\dim(Y_1) = 1$. 由定理 2.3.1,Y_1 为 X 的闭线性子空间. 由于 $\dim(X) = \infty$,所以 $Y_1 \subsetneq X$. 利用引理 2.3.2,存在 $x_2 \in X$,$\|x_2\| = 1$,任取 $\lambda \in \mathbb{K}$,成立
$$\|x_2 - \lambda x_1\| \geq \frac{1}{2}.$$
特别地,有
$$\|x_2 - x_1\| \geq \frac{1}{2}.$$
假设 $x_1, x_2, \cdots, x_k \in X$ 已经选定,使得任给 $1 \leq i \leq k$,$\|x_i\| = 1$,且当 $i \neq j$ 时,$\|x_i - x_j\| \geq \dfrac{1}{2}$. 考虑

$$Y_k = \text{span}\{x_1, x_2, \cdots, x_k\},$$

则 Y_k 为 X 的线性子空间，$\dim(Y_k) \leqslant k$. 由定理 2.3.1，Y_k 为 X 的闭线性子空间. 由于 $\dim(X) = \infty$，所以 $Y_k \subsetneqq X$. 利用引理 2.3.2，存在 $x_{k+1} \in X$，$\|x_{k+1}\| = 1$，任取 $y \in Y_k$，成立

$$\|x_{k+1} - y\| \geqslant \frac{1}{2}.$$

特别地，若 $1 \leqslant i \leqslant k$，有

$$\|x_{k+1} - x_i\| \geqslant \frac{1}{2}.$$

因此存在序列 $\{x_n\} \in X$，$\|x_n\| = 1$，使得式 (2.11) 成立. 显然 $\{x_n\} \in \overline{B}(0,1)$，由式 (2.11) 知 $\{x_n\}$ 无收敛子列. 因此 $\overline{B}(0,1)$ 不为 X 的紧集. □

注意到上述证明过程中得到的序列 $\{x_n\}$ 在 X 的单位闭球面上，所以我们也可以用单位球面的紧性来刻画有限维赋范空间.

推论 2.3.2 设 X 为赋范空间，则 X 为有限维空间当且仅当 X 的单位球面

$$S(0,1) = \{x \in X : \|x\| = 1\}$$

为 X 的紧集.

若 M 为赋范空间 X 的紧集，$x \in X$，$\lambda \in \mathbb{K}$，则易证 $x + M$，λM 仍为 X 的紧集. 利用这一结果和定理 2.3.3 可证赋范空间 X 为有限维空间当且仅当存在 $x_0 \in X$，$r > 0$，使得 X 的闭球 $\overline{B}(x_0, r)$ 为紧集.

若 (X, d) 为度量空间，$x_0 \in X$ 固定，$M \subset X$ 为非空子集，令

$$\rho(x_0, M) = \inf_{y \in M} d(x_0, y)$$

为从 x_0 到 M 的距离. 一般来讲，不一定存在 $y_0 \in M$，使得

$$\rho(x_0, M) = d(x_0, y_0).$$

即 x_0 在 M 中的最佳逼近点不一定存在. 我们在第 1 章里证明了若 M 为非空紧集，则这样的最佳逼近点 y_0 总存在. 下面将证明若 X 为赋范空间，M 为 X 的有限维线性子空间时，这样的最佳逼近点 y_0 同样存在.

例 2.3.1 设 X 为赋范空间，$M \subset X$ 为有限维线性子空间，$x_0 \in X$ 固定. 设 $\{e_1, e_2, \cdots, e_n\}$ 为 M 的 Hamel 基，令

$$\rho(x_0, M) = \inf_{(a_1, a_2, \cdots, a_n) \in \mathbb{K}^n} \|x_0 - (a_1 e_1 + a_2 e_2 + \cdots + a_n e_n)\|.$$

在 $\mathbb{K}^n$ 上赋予范数

$$\|(a_1, a_2, \cdots, a_n)\|_1 = |a_1| + |a_2| + \cdots + |a_n|.$$

考虑定义在 $\mathbb{K}^n$ 上的函数

$$f(a_1, a_2, \cdots, a_n) = \|x_0 - (a_1 e_1 + a_2 e_2 + \cdots + a_n e_n)\|.$$

若 $\boldsymbol{a}, \boldsymbol{b} \in \mathbb{K}^n$，$\boldsymbol{a} = (a_1, a_2, \cdots, a_n)$，$\boldsymbol{b} = (b_1, b_2, \cdots, b_n)$. 由三角不等式有

$$|f(\boldsymbol{a})-f(\boldsymbol{b})|\leqslant\|(a_1-b_1)e_1+(a_2-b_2)e_2+\cdots+(a_n-b_n)e_n\|$$
$$\leqslant|a_1-b_1|\,\|e_1\|+|a_2-b_2|\,\|e_2\|+\cdots+|a_n-b_n|\,\|e_n\|$$
$$\leqslant(\max_{1\leqslant i\leqslant n}\|e_i\|)\,\|\boldsymbol{a}-\boldsymbol{b}\|_1.$$

这说明 f 为 $(\mathbb{K}^n,\|\cdot\|_1)$ 上的连续函数. 由引理 2.3.1, 存在常数 $C>0$, 使
$$C(|a_1|+|a_2|+\cdots+|a_n|)\leqslant\|a_1e_1+a_2e_2+\cdots+a_ne_n\|.$$

因此利用三角不等式
$$f(a_1,a_2,\cdots,a_n)\geqslant\|a_1e_1+a_2e_2+\cdots+a_ne_n\|-\|x_0\|$$
$$\geqslant C(|a_1|+|a_2|+\cdots+|a_n|)-\|x_0\|$$
$$=C\|(a_1,a_2,\cdots,a_n)\|_1-\|x_0\|.$$

存在 $r>0$, 任给 $(a_1,a_2,\cdots,a_n)\in\mathbb{K}^n$, $\|(a_1,a_2,\cdots,a_n)\|_1\geqslant r$, 有
$$f(a_1,a_2,\cdots,a_n)\geqslant f(0,0,\cdots,0).$$

由此易见
$$\rho(x_0,M)=\rho(x_0,K),$$
其中 $K=\{a_1e_1+\cdots+a_ne_n:|a_1|+\cdots+|a_n|\leqslant r\}$. 由 M 为有限维空间及定理 2.3.3, K 为 M 的紧集, 因此由之前已证结果, 存在 $y_0\in K$, 使
$$\|x_0-y_0\|=\rho(x_0,K)=\rho(x_0,M).$$
即 y_0 为 x_0 在 M 中的最佳逼近元.

在本节的最后部分里, 我们来讨论赋范空间的商空间. 设 X 为线性空间, M 为 X 的线性子空间. 若 $x\in X$, 考虑 M 的 x 平移
$$x+M=\{x+z:z\in M\}.$$
若 $y\in X$, 则或者 $(x+M)\cap(y+M)=\varnothing$, 或者 $x+M=y+M$. 事实上, 若 $(x+M)\cap(y+M)\neq\varnothing$, 则存在 $z_1,z_2\in M$, 使得 $x+z_1=y+z_2$. 由于 M 为线性子空间, 所以此时有 $x+M=y+M$. 容易证明 $x+M=y+M$ 当且仅当 $x-y\in M$, 或等价地, $x\in y+M$.

由于 $0\in M$, 所以 $X=\bigcup_{x\in X}(x+M)$, 于是通过取 M 的平移, 可以讲 X 分解为很多形如 $x+M$ 这样集合不交的并集. 每个形如 $x+M$ 的集合称为一个等价类, 记为 $\hat{x}$. 若 $y\in x+M$, 则称 y 为等价类 $x+M$ 的**代表元**, 此时有 $\hat{x}=\hat{y}$. 由上面的讨论, $\hat{x}=\hat{y}$ 当且仅当 $x-y\in M$. 所有这样的等价类所构成的集合记为 X/M, 称为 X 关于 M 的**商空间**.

考虑 $X=\mathbb{R}^2$ 为平面, M 为过原点的直线 $d:x+y=0$, 则 M 为 X 的线性子空间. 此时每条平面上平行于 d 的直线就是 X/M 中的一个元素.

任取 $\hat{x},\hat{y}\in X/M, \lambda\in K$, 设 $x\in\hat{x}, y\in\hat{y}$, 定义
$$\hat{x}+\hat{y}=\widehat{x+y},\quad \lambda\hat{x}=\widehat{\lambda x}.$$
上述定义的加法与代表元 x,y 的选取无关. 事实上, 若 $x_1\in\hat{x}, y_1\in\hat{y}$, 则 $x-x_1, y-y_1\in M$, 所以 $(x+y)-(x_1+y_1)\in M$, 因此 $\widehat{x+y}=\widehat{x_1+y_1}$. 类似可证上面定义的数乘也与代表元

x 的选取无关. 容易验证在上述加法和数乘意义下 X/M 为线性空间. $0\in X$ 所在的等价类 $\hat{0}=M$ 是 X/M 的零元. 考虑映射

$$\phi: X \to X/M$$
$$x \mapsto \hat{x},$$

即 $x\in X$ 通过 ϕ 的像为以 x 为代表元的等价类. 易证 ϕ 为线性算子,ϕ 还为满射. ϕ 称为**商映射**.

若 X,Y 为线性空间,$T: X\to Y$ 为线性算子. T 的零空间 $N(T)$ 为 X 的线性子空间. 设 $\hat{x}\in X/N(T)$,x 为 $\hat{x}$ 的代表元,定义 $\hat{T}(\hat{x})=Tx$. 我们来验证这样的定义与代表元 x 的选取无关:设 x_1 也为 $\hat{x}$ 的代表元,即 $x_1\in\hat{x}$,则 $x-x_1\in N(T)$,此时有 $T(x-x_1)=0$,或等价地,$Tx=Tx_1$. 易证

$$\hat{T}: X/N(T) \to Y$$

为线性算子. 一个十分有用的结论是 $\hat{T}$ 为单射. 事实上,为证 $\hat{T}$ 为单射,仅需证其零空间只有零元素,设 $\hat{T}(\hat{x})=0$,则若 x 为 $\hat{x}$ 的代表元,$\hat{T}(\hat{x})=Tx=0$. 这说明 $x\in N(T)$,此时 x 所在的等价类为 $X/N(T)$ 中的零元,即 $\hat{x}=\hat{0}$. 另外一个易证且常用的结果是 T 和 $\hat{T}$ 具有一样的像空间:

$$\{Tx: x\in X\} = \{\hat{T}\hat{x}: \hat{x}\in X/N(T)\}.$$

设 X 为赋范空间,M 为 X 的闭线性子空间. 任取 $\hat{x}\in X/M$,设 x 为 $\hat{x}$ 的代表元,则 $\hat{x}=x+M$. 由 M 为闭集易证 $x+M$ 也为闭集. 这说明 X/M 中的每个元都是 X 的闭集. 若 $\hat{x}\in X/M$,我们定义 X/M 上的**商范数**为

$$\|\hat{x}\| = \inf_{y\in\hat{x}} \|y\|.$$

下面我们来验证上面定义的 $\|\cdot\|$ 为 X/M 上的范数. $\|\hat{x}\|\geqslant 0$ 是显然成立的. 若 $\|\hat{x}\|=0$,则存在 $x_n\in\hat{x}$,使得 $\|x_n\|<\dfrac{1}{n}$. 此时有 $x_n\to 0$. 由于 X/M 中的每个元 $\hat{x}$ 都是 X 的闭集,所以 $0\in\hat{x}$,而这意味着 $\hat{x}=\hat{0}$,即 $\hat{x}$ 为 X/M 中的零元. 若 $\hat{x}\in X/M, \lambda\in\mathbb{K}$,则易见 $y\in\hat{x}$ 当且仅当 $\lambda y\in\lambda\hat{x}$. 因此

$$\|\lambda\hat{x}\| = \inf_{y\in\hat{x}} \|\lambda y\| = |\lambda| \inf_{y\in\hat{x}} \|y\| = |\lambda|\cdot\|\hat{x}\|.$$

为证三角不等式,设 $\varepsilon>0, \hat{x},\hat{y}\in X/M$. 则存在 $x\in\hat{x}, y\in\hat{y}$,使得

$$\|x\| < \|\hat{x}\|+\varepsilon, \quad \|y\| < \|\hat{y}\|+\varepsilon.$$

因此

$$\|x+y\| \leqslant \|x\|+\|y\| \leqslant \|\hat{x}\|+\|\hat{y}\|+2\varepsilon.$$

所以 $\|\hat{x}+\hat{y}\|\leqslant\|\hat{x}\|+\|\hat{y}\|+2\varepsilon$. 令 $\varepsilon\to 0$ 就是需证的三角不等式.

为了讨论商空间 X/M 的完备性,我们给出赋范空间为完备的一个判据,这个判据在证

明一些实际中遇到的赋范空间的完备性时是十分有用的.

引理 2.3.3 设 X 为赋范空间. 则 X 为 Banach 空间当且仅当任取
$$x_n \in X, \quad \|x_n\| < \frac{1}{2^n},$$
级数 $\sum_{n \geqslant 1} x_n$ 都在 X 中收敛.

证明 设 X 为 Banach 空间. $x_n \in X, \|x_n\| < \frac{1}{2^n}$, 令 $s_n = \sum_{k=1}^{n} x_k$. 则若 $m, n \geqslant 1$, 有
$$\|s_{m+n} - s_m\| = \left\|\sum_{k=m+1}^{m+n} x_k\right\| \leqslant \sum_{k=m+1}^{m+n} \|x_k\| \leqslant \sum_{k=m+1}^{m+n} \frac{1}{2^k} < \frac{1}{2^m}.$$
因此 $\{s_n\}$ 为 X 中的柯西列, 由 X 的完备性知 $\{s_n\}$ 在 X 中收敛, 即级数 $\sum_{n \geqslant 1} x_n$ 收敛.

反之, 假设任取 $x_n \in X, \|x_n\| < \frac{1}{2^n}$, 级数 $\sum_{n \geqslant 1} x_n$ 都在 X 中收敛. 现假设 $\{y_n\}$ 为 X 中的柯西列, 则存在 $n_k \geqslant 1$, 使得任给 $m, n \geqslant n_k$, 都有 $\|y_m - y_n\| < \frac{1}{2^k}$. 不妨设 n_k 随 k 严格单调递增. 此时有
$$\|y_{n_{k+1}} - y_{n_k}\| < \frac{1}{2^k}, \quad k \geqslant 1.$$
若 $z_k = y_{n_{k+1}} - y_{n_k}$, 则 $\|z_k\| < \frac{1}{2^k}$. 由假设条件级数 $\sum_{n \geqslant 1} z_n$ 在 X 中收敛, 即若 $s_k = \sum_{h=1}^{k} z_{n_h}$, 则 $\{s_k\}$ 在 X 中收敛. 而易见 $s_k = y_{n_k} - y_{n_1}$ 这说明柯西列 $\{y_n\}$ 有子列 $\{y_{n_k}\}$ 在 X 中收敛. 由定理 1.3.5 知 $\{y_n\}$ 也在 X 中收敛. 这就证明了 X 为 Banach 空间. □

定理 2.3.4 设 X 为 Banach 空间, M 为 X 的闭线性子空间, 则商空间 X/M 也为 Banach 空间.

证明 设 $\hat{x}_n \in X/M, \|\hat{x}_n\| < \frac{1}{2^n}$. 则由商范数的定义, 存在 $x_n \in \hat{x}_n$, 使得 $\|x_n\| < \frac{1}{2^n}$. 由于 X 为 Banach 空间, 应用上一引理, 级数 $\sum_{n \geqslant 1} x_n$ 在 X 中收敛, 设 $s = \sum_{n=1}^{\infty} x_n, s_k = \sum_{n=1}^{k} x_n$, 则 $s_k \to s$. 下证 $\sum_{n=1}^{k} \hat{x}_n \to \hat{s}$. 当 $k \to \infty$ 时, 有
$$\left\|\sum_{n=1}^{k} \hat{x}_n - \hat{s}\right\| \leqslant \left\|\sum_{n=1}^{k} x_n - s\right\| \leqslant \left\|\sum_{n=1}^{k} x_n - s\right\| \to 0.$$
因此 $\sum_{n=1}^{k} \hat{x}_n \to \hat{s}$. 这说明级数 $\sum_{n \geqslant 1} \hat{x}_n$ 在 X/M 中收敛. 由上一引理知商空间 X/M 为 Banach 空间. □

2.4 有界线性算子

赋范空间之间将有界集映为有界集的线性算子称为有界线性算子. 赋范空间之间有界线性算子是泛函分析中十分重要的概念和研究内容, 因为这样的算子既保持了赋范空间的代数结构, 又保持了赋范空间的拓扑结构. 两个赋范空间之间有界线性算子的结构取决于这两个赋范空间的空间结构, 反过来两个赋范空间之间所有有界线性算子所构成的算子赋范空间的结构也可以自然地反映出原空间的空间结构.

定义 2.4.1 设 X, Y 为 $\mathbb{K}$ 上的线性空间, $D(T) \subset X$ 为 X 的线性子空间, 映射 $T: D(T) \to Y$ 称为**线性算子**, 若任取 $x, y \in D(T), \alpha, \beta \in \mathbb{K}$, 有
$$T(\alpha x + \beta y) = \alpha Tx + \beta Ty.$$
$D(T)$ 称为 T 的**定义域**, 记
$$R(T) = \{Tx : x \in D(T)\},$$
称为 T 的**值域**, 记
$$N(T) = \{x \in D(T) : Tx = 0\},$$
称为 T 的**零空间**.

$T: D(T) \to Y$ 为线性算子当且仅当任取 $x, y \in D(T), \alpha \in \mathbb{K}$, 有
$$T(x + y) = Tx + Ty, \quad T(\alpha x) = \alpha Tx.$$
若 $T: D(T) \to Y$ 为线性算子, 则易证 $R(T)$ 为 Y 的线性子空间, $N(T)$ 为 $D(T)$ 的线性子空间, $0 \in N(T)$. T 为单射当且仅当 $N(T) = \{0\}$. 另外, 若 $\dim(D(T)) = n < \infty$, 则 $\dim(R(T)) \leq n$. 事实上, 设
$$y_1, y_2, \cdots, y_n, y_{n+1} \in R(T),$$
则存在
$$x_1, x_2, \cdots, x_n, x_{n+1} \in D(T),$$
$$Tx_1 = y_1, Tx_2 = y_2, \cdots, Tx_{n+1} = y_{n+1}.$$
由于 $\dim(D(T)) = n$, 所以 $x_1, x_2, \cdots, x_n, x_{n+1}$ 线性相关, 存在不全为零的
$$a_1, a_2, \cdots, a_n, a_{n+1} \in \mathbb{K},$$
使得
$$a_1 x_1 + a_2 x_2 + \cdots + a_n x_n + a_{n+1} x_{n+1} = 0.$$
由于 T 为线性算子, 上式两边同时作用算子 T 可得
$$a_1 y_1 + a_2 y_2 + \cdots + a_n y_n + a_{n+1} y_{n+1} = 0.$$
因此 $y_1, y_2, \cdots, y_n, y_{n+1}$ 线性相关. 我们证明了 $R(T)$ 中任意 $n+1$ 个元素均为线性相关的, 从而 $\dim(R(T)) \leq n$.

例 2.4.1 恒等算子 I_X: 设 X 为线性空间, $X = Y$, 则

$$D(I_X) = X, \quad I_X x = x$$

为恒等算子. 则 I_X 为线性算子. 此时 I_X 为单射, 也为满射.

例 2.4.2 零算子 0_X: 设 X 为线性空间, $X=Y$, 则
$$D(0_X) = X, \quad 0_X x = 0$$
是恒为 0 的算子. 则 0_X 为线性算子. 此时 $N(0_X)=X, R(0_X)=\{0\}$.

例 2.4.3 求导算子 $\dfrac{\mathrm{d}}{\mathrm{d}t}$: 设 $X=Y=C[a,b]$, 则
$$D\left(\frac{\mathrm{d}}{\mathrm{d}t}\right)=C^1[a,b], \quad \frac{\mathrm{d}}{\mathrm{d}t}(x)=x'$$
为求导算子. 则 $\dfrac{\mathrm{d}}{\mathrm{d}t}$ 为线性算子. 此时, $N\left(\dfrac{\mathrm{d}}{\mathrm{d}t}\right)$ 为所有常函数组成的 $C^1[a,b]$ 的线性子空间, $R\left(\dfrac{\mathrm{d}}{\mathrm{d}t}\right)=C[a,b]$.

例 2.4.4 积分算子: 设 $X=Y=C[a,b]$, 则
$$D(T) = C[a,b], \quad (Tx)(t) = \int_a^t x(\tau)\mathrm{d}\tau, \quad a \leqslant t \leqslant b$$
为积分算子. 则 T 为线性算子. 此时 $N(T)=\{0\}$, 从而 T 为单射, 且
$$R(T) = \{x \in C^1[a,b]: x(a) = 0\}.$$

例 2.4.5 内积算子: 设 $\boldsymbol{a}=(a_1, a_2, \cdots, a_n) \in \mathbb{K}^n$ 固定, $X=\mathbb{K}^n, Y=\mathbb{K}$, 且
$$D(T_a) = \mathbb{K}^n, \quad T_a\boldsymbol{x} = \langle \boldsymbol{x}, \boldsymbol{a}\rangle = \sum_{i=1}^n x_i \bar{a}_i,$$
其中 $\boldsymbol{x}=(x_1, x_2, \cdots, x_n)$. 则 T_a 为线性算子.

我们之后要考虑的线性算子一般都满足 $D(T)=X$, 即 T 是定义在整个空间 X 上. 设 $T: X \to Y$ 为线性算子, 又设 T 为一一映射, 易证 T 的逆映射 $T^{-1}: Y \to X$ 仍为线性算子.

下面我们研究赋范空间之间的有界线性算子. 设 X, Y 为赋范空间, 如果不至于产生混淆, 我们将用同一记号 $\|\cdot\|$ 来表示 X 和 Y 中的范数.

定义 2.4.2 设 X, Y 为赋范空间, $T: X \to Y$ 为线性算子. 如果存在常数 $C \geqslant 0$, 使得
$$\|Tx\| \leqslant C \|x\|, \quad x \in X$$
则称 T 为**有界线性算子**.

从定义容易看出 T 为有界线性算子当且仅当 T 将 X 的有界集映为 Y 的有界集. 若 T 为有界线性算子, 则存在 $C \geqslant 0$, 使得
$$\|Tx\| \leqslant C \|x\|, \quad x \in X. \tag{2.12}$$
因此
$$\frac{\|Tx\|}{\|x\|} \leqslant C, \quad x \neq 0, \tag{2.13}$$

我们定义
$$\|T\| = \sup_{x \in X, x \neq 0} \frac{\|Tx\|}{\|x\|}. \tag{2.14}$$

$\|T\|$ 称为**算子 T 的范数**. 由式(2.13)知 $\|T\| \leqslant C$. 由 $\|T\|$ 的定义,任取 $x \in X$,有
$$\|Tx\| \leqslant \|T\|\|x\|. \tag{2.15}$$

因此 $\|T\|$ 是使不等式(2.12)成立的最小常数 C. 下面给出有界线性算子范数的两个等价定义.

定理 2.4.1 设 X, Y 为赋范空间,$T: X \to Y$ 为有界线性算子. 则
$$\|T\| = \sup_{x \in X, \|x\| \leqslant 1} \|Tx\| = \sup_{x \in X, \|x\|=1} \|Tx\|.$$

证明 令
$$r = \sup_{x \in X, \|x\| \leqslant 1} \|Tx\|.$$

任取 $x \in X, \|x\| \leqslant 1$,由式(2.15),得
$$\|Tx\| \leqslant \|T\|\|x\| \leqslant \|T\|.$$

因此 $r \leqslant \|T\|$.

任取 $x \in X, x \neq 0$,考虑 $y = \dfrac{x}{\|x\|} \in X$,则有 $\|y\| = 1$,因此 $\|Ty\| \leqslant r$. 但 $\|Ty\| = \dfrac{\|Tx\|}{\|x\|}$. 所以 $\|Tx\| \leqslant r\|x\|$,故有 $\|T\| \leqslant r$. 从而
$$\|T\| = \sup_{x \in X, \|x\| \leqslant 1} \|Tx\|.$$

从上式的证明过程,我们也有
$$\|T\| = \sup_{x \in X, \|x\|=1} \|Tx\|. \qquad \square$$

设 X, Y 为赋范空间,记 $B(X, Y)$ 为所有从 X 到 Y 有界线性算子的全体. 若 $T, S \in B(X, Y), a \in \mathbb{K}$,定义
$$(S+T)x = Sx + Tx, (aT)x = aTx, \quad x \in X.$$

容易验证 $S+T$ 和 aT 还是有界线性算子,即 $S+T, aT \in B(X, Y)$. 另外,不难验证上面定义的 $B(X, Y)$ 中的加法和数乘使得 $B(X, Y)$ 成为线性空间. 称 $B(X, Y)$ 为**有界线性算子空间**. 若 $X = Y$,则将 $B(X, Y)$ 简记为 $B(X)$.

定理 2.4.2 设 X, Y 为赋范空间,则式(2.14)定义了 $B(X, Y)$ 上的范数.

证明 任取 $T \in B(X, Y)$,由定义总有 $\|T\| \geqslant 0$. 若 $\|T\| = 0$,则
$$\sup_{x \in X, x \neq 0} \frac{\|Tx\|}{\|x\|} = 0.$$

从而只要 $x \in X, x \neq 0$,就有 $Tx = 0$. 又显然有 $T0 = 0$,故 T 为零算子. 若 $T \in B(X, Y)$, $a \in \mathbb{K}$,则
$$\|aT\| = \sup_{x \in X, x \neq 0} \frac{\|aTx\|}{\|x\|} = |a| \sup_{x \in X, x \neq 0} \frac{\|Tx\|}{\|x\|} = |a| \|T\|.$$

若 $S, T \in B(X, Y)$，任给 $x \in X$，利用式(2.15)，有
$$\|(S+T)x\| \leqslant \|Sx\| + \|Tx\| \leqslant \|S\|\|x\| + \|T\|\|x\|$$
$$= (\|S\| + \|T\|)\|x\|.$$

因此 $\|S+T\| \leqslant \|S\| + \|T\|$. 这就证明了式(2.14)定义了 $B(X, Y)$ 上的范数. $\square$

由上一定理，有界线性算子空间 $B(X, Y)$ 赋予范数(2.14)为赋范空间. 若 Z 也为赋范空间，$S \in B(X, Y)$，$T \in B(Y, Z)$，若 $x \in X$，利用式(2.15)，有
$$\|(TS)x\| = \|T(Sx)\| \leqslant \|T\|\|Sx\| \leqslant \|T\|\|S\|\|x\|.$$
因此，$TS \in B(X, Z)$，$\|TS\| \leqslant \|T\|\|S\|$. 特别地，若 $T \in B(X)$，$n \geqslant 1$，则 $\|T^n\| \leqslant \|T\|^n$.

例 2.4.6 设 $X = Y = C[a, b]$，其上赋予范数 $\|\cdot\|_\infty$：
$$\|x\|_\infty = \max_{a \leqslant t \leqslant b} |x(t)|.$$
若 $x \in C[a, b]$，令
$$(Tx)(t) = \int_a^t x(\tau) \, \mathrm{d}\tau, \quad t \in [a, b].$$
则 T 是线性算子，于是有
$$\|Tx\|_\infty = \max_{a \leqslant t \leqslant b} \left| \int_a^t x(\tau) \mathrm{d}\tau \right| \leqslant \max_{a \leqslant t \leqslant b} \int_a^t |x(\tau)| \, \mathrm{d}\tau \leqslant (b-a)\|x\|_\infty.$$
这说明 T 是有界线性算子，且 $\|T\| \leqslant b-a$. 取 x 为恒为 1 的函数，则 $\|x\|_\infty = 1$，$(Tx)(t) = t-a$. 因此 $\|Tx\| = b-a$. 所以 $\|T\| \geqslant b-a$. 从而 $\|T\| = b-a$.

例 2.4.7 设 $X = C^1[0, 1]$，$Y = C[0, 1]$，其上都赋予范数 $\|\cdot\|_\infty$. 若 $x \in C^1[0, 1]$，令 $Tx = x'$. 则 T 是从 $C^1[0, 1]$ 到 $C[0, 1]$ 的线性算子. 考虑 $x_n(t) = t^n$，则 $x_n \in C^1[0, 1]$，$(Tx_n)(t) = nt^{n-1}$. 所以 $\|x_n\|_\infty = 1$，$\|Tx_n\|_\infty = n$. 这说明 T 不为有界线性算子.

例 2.4.8 设 $X = Y = \ell^\infty$，$a = \{a_n\} \in \ell^\infty$ 固定. 若 $x \in \ell^\infty$，$x = (x_1, x_2, \cdots)$，令 $T_a x = (a_1 x_1, a_2 x_2, \cdots)$. 容易验证 $Tx \in \ell^\infty$ 且
$$\|T_a x\|_\infty \leqslant \|a\|_\infty \|x\|_\infty.$$
故 T_a 是 ℓ^∞ 上的有界线性算子且 $\|T_a\| \leqslant \|a\|_\infty$. 任取 $\varepsilon > 0$，存在 $N \geqslant 1$，有
$$|a_N| \geqslant \|a\|_\infty - \varepsilon.$$
考虑 $e_N \in \ell^\infty$ 为第 N 项为 1，其余项均为 0 的数列，则有 $\|e_N\|_\infty = 1$，成立
$$|T_a(e_N)| = |a_N| \geqslant \|a\|_\infty - \varepsilon.$$
这就证明了 $\|T_a\| \geqslant \|a\|_\infty$. 从而 $\|T_a\| = \|a\|_\infty$.

定理 2.4.3 设 X 为有限维赋范空间，Y 为任意赋范空间，$T: X \to Y$ 为线性算子. 则 T 必为有界线性算子.

证明 设 $\dim(X) = n$. $\{e_1, e_2, \cdots, e_n\}$ 为 X 的 Hamel 基. 定义 X 上的范数 $\|\cdot\|_1$ 为
$$\|a_1 e_1 + a_2 e_2 + \cdots + a_n e_n\|_1 = |a_1| + |a_2| + \cdots + |a_n|.$$

由引理 2.3.1,存在 $C>0$,若 $a_1,a_2,\cdots,a_n\in\mathbb{K}$,有
$$C\|a_1e_1+a_2e_2+\cdots+a_ne_n\|_1 \leqslant \|a_1e_1+a_2e_2+\cdots+a_ne_n\|.$$
因此
$$\begin{aligned}\|T(a_1e_1+a_2e_2+\cdots+a_ne_n)\| &= \|a_1Te_1+a_2Te_2+\cdots+a_nTe_n\| \\ &\leqslant |a_1|\|Te_1\|+|a_2|\|Te_2\|+\cdots+|a_n|\|Te_n\| \\ &\leqslant (\max_{1\leqslant i\leqslant n}\|Te_i\|)\|a_1e_1+a_2e_2+\cdots+a_ne_n\|_1 \\ &\leqslant \frac{1}{C}(\max_{1\leqslant i\leqslant n}\|Te_i\|)\|a_1e_1+a_2e_2+\cdots+a_ne_n\|.\end{aligned}$$
这就证明了 T 为有界线性算子. □

对于赋范空间之间的线性算子,有界性与连续性是等价的.

定理 2.4.4 设 X,Y 为赋范空间,$T: X\to Y$ 为线性算子. 则下述命题相互等价:
(1) T 在 $x=0$ 处连续;
(2) T 在某点连续;
(3) T 为连续映射;
(4) T 为有界线性算子.

证明 (1)$\Rightarrow$(2) 设 T 在 $x=0$ 处连续,$x_0\in X$ 固定,下证 T 在 x_0 处连续. 由 T 在 $x=0$ 处的连续性及 $T0=0$,任给 $\varepsilon>0$,存在 $\delta>0$,只要 $x\in X,\|x\|<\delta$,就有 $\|Tx\|<\varepsilon$. 若 $x\in X,\|x-x_0\|<\delta$,利用 T 的线性性质,有
$$\|Tx-Tx_0\| = \|T(x-x_0)\| < \varepsilon.$$
这就说明 T 在 x_0 处连续.

(2)$\Rightarrow$(3) 设 T 在某点 $x_0\in X$ 处连续. $x_1\in X$,下证 T 在 x_1 处也连续. 由 T 在 x_0 处的连续性,任给 $\varepsilon>0$,存在 $\delta>0$,只要 $x\in X,\|x-x_0\|<\delta$,就有
$$\|Tx-Tx_0\| < \varepsilon.$$
现在假设 $x\in X,\|x-x_1\|<\delta$,则 $\|(x-x_1+x_0)-x_0\|<\delta$,因此
$$\|T(x-x_1+x_0)-Tx_0\| < \varepsilon.$$
利用 T 的线性性质,这等价于说 $\|Tx-Tx_1\|<\varepsilon$. 即 T 在 x_1 处连续.

(3)$\Rightarrow$(4) 设 T 为连续映射,利用其在 0 处的连续性,对于 $\varepsilon=1$,存在 $\delta>0$,只要 $x\in X$,$\|x\|<\delta$,就有 $\|Tx\|<1$. 现在假设 $x\in X,x\neq 0$,令 $x'=\dfrac{\delta x}{2\|x\|}$,则有 $\|x'\|<\delta$. 所以 $\|Tx'\|<1$. 利用 T 的线性性质即可得到
$$\|Tx\| \leqslant \frac{2}{\delta}\|x\|.$$
上式当 $x=0$ 时显然成立. 因此 T 为有界线性算子.

(4)$\Rightarrow$(1) 设 T 为有界线性算子,任取 $\varepsilon>0$,取 $\delta=\dfrac{\varepsilon}{\|T\|+1}$. 当 $x\in X,\|x\|<\delta$ 时,

成立

$$\|Tx\| \leqslant \|T\| \|x\| < \|T\| \frac{\varepsilon}{\|T\|+1} < \varepsilon.$$

这就证明了 T 在 $x=0$ 处的连续性. □

推论 2.4.1 设 X, Y 为赋范空间,$T: X \to Y$ 为有界线性算子. 则 T 的零空间 $N(T)$ 为 X 的闭线性子空间.

证明 若 T 为有界线性算子,则由上一定理知 T 为连续映射. 单点集 $\{0\}$ 为 Y 的闭集,由定理 1.2.6,$\{0\}$ 通过 T 的逆像为 X 的闭集,即 $N(T)$ 为 X 的闭集. □

定理 2.4.5 设 X 为赋范空间,Y 为 Banach 空间. 则有界线性算子空间 $B(X,Y)$ 为 Banach 空间.

证明 设 $\{T_n\}$ 为 $B(X,Y)$ 中的柯西列. 任给 $\varepsilon > 0$,存在 $N \geqslant 1$,只要 $m, n \geqslant N$,就有 $\|T_m - T_n\| < \frac{\varepsilon}{2}$. 若 $x \in X$,成立

$$\|T_m x - T_n x\| = \|(T_m - T_n)x\| \leqslant \|T_m - T_n\|\|x\| < \frac{\varepsilon}{2}\|x\|. \quad (2.16)$$

这说明 $\{T_n x\}$ 为 Y 中的柯西列,由 Y 的完备性,存在 $Tx \in Y$,$T_n x \to Tx$.

若 $x, y \in X, a, b \in \mathbb{K}$,利用 T_n 的线性性质,有

$$T(ax+by) = \lim_{n\to\infty} T_n(ax+by) = \lim_{n\to\infty}(aT_n x + bT_n y)$$
$$= a\lim_{n\to\infty} T_n x + b\lim_{n\to\infty} T_n y$$
$$= aTx + bTy.$$

这就证明了 T 为线性算子. 由 $T_n \in B(X,Y)$ 为柯西列,$\{T_n : n \geqslant 1\}$ 为 $B(X,Y)$ 中的有界集,存在 $C \geqslant 0$,使得 $\|T_n\| \leqslant C$. 又由 $T_n x \to Tx$,有

$$\|Tx\| = \lim_{n\to\infty} \|T_n x\| \leqslant \lim_{n\to\infty} \|T_n\|\|x\| \leqslant C\|x\|.$$

即 $T \in B(X,Y)$.

在式 (2.16) 中取 $n \geqslant N$,令 $m \to \infty$,有

$$\|T_n x - Tx\| \leqslant \frac{\varepsilon}{2}\|x\| < \varepsilon\|x\|.$$

因此 $\|T_n - T\| < \varepsilon$. 即在 $B(X,Y)$ 中 $\{T_n\}$ 收敛到 T. 从而 $B(X,Y)$ 为 Banach 空间. □

定义 2.4.3 设 X, Y 为非空集合,$X_0 \subset X$ 为非空子集. 又设
$$T: X \to Y, \quad S: X_0 \to Y$$
为映射. 若任给 $x \in X_0$,有 $Sx = Tx$,则称 T 为 S 的**延拓**,S 为 T 在 X_0 上的**限制**,记为 $S = T|_{X_0}$.

定理 2.4.6 设 X 为赋范空间,Y 为 Banach 空间,$X_0 \subset X$ 为 X 的稠密线性子空间. 又设 $T_0 \in B(X_0, Y)$. 则存在唯一的 $T \in B(X,Y)$ 为 T_0 的延拓且 $\|T\| = \|T_0\|$.

证明 设 $x \in X$，由 X_0 在 X 中的稠密性，存在 $x_n \in X_0, x_n \to x$. 则 $\{x_n\}$ 为 X_0 中的柯西列. 任给 $m > n \geq 1$，成立
$$\|T_0 x_m - T_0 x_n\| = \|T_0(x_m - x_n)\| \leq \|T_0\| \|x_m - x_n\|.$$
因此，$\{T_0 x_n\}$ 为 Y 的柯西列. 由假设 Y 为 Banach 空间，所以存在 $y \in Y, T_0 x_n \to y$. 下证 y 与 $\{x_n\}$ 的选取无关. 为此设 $x_n' \in X_0, x_n' \to x$，则由已证明的结论，存在 $y' \in Y, T_0 x_n' \to y'$. 考虑 $x_k'' \in X_0$，
$$x_k'' = \begin{cases} x_n, & k = 2n, \\ x_n', & k = 2n+1. \end{cases}$$
则 $x_k'' \to x$. 由已经证明的结论，$\{T_0 x_k''\}$ 在 Y 中收敛. 但 $\{T_0 x_n\}$ 和 $\{T_0 x_n'\}$ 都是 $\{T_0 x_k''\}$ 的子列，所以 $\{T_0 x_n\}$ 和 $\{T_0 x_n'\}$ 的极限相等的，即有 $y = y'$. 这就证明了 $\{T_0 x_n\}$ 的极限 y 与 $\{x_n\}$ 的选取无关. 令
$$Tx = \lim_{n \to \infty} T_0 x_n \in Y.$$
若 $x \in X_0$，则 X_0 中恒为 x 的序列收敛到 x，因此 $Tx = T_0 x$，即 T 为 T_0 的延拓.

设 $x, y \in X, a, b \in \mathbb{K}$. 存在 X_0 中的序列 $\{x_n\}, \{y_n\}$ 成立 $x_n \to x, y_n \to y$. 由 T 的定义，有
$$Tx = \lim_{n \to \infty} T_0 x_n, \quad Ty = \lim_{n \to \infty} T_0 y_n.$$
而 $ax_n + by_n \in X_0, ax_n + by_n \to ax + by$，所以利用 T_0 的线性性质，有
$$T(ax + by) = \lim_{n \to \infty} T_0(ax_n + by_n) = \lim_{n \to \infty}(aT_0(x_n) + bT_0(y_n))$$
$$= a \lim_{n \to \infty} T_0 x_n + b \lim_{n \to \infty} T_0 y_n$$
$$= aTx + bTy.$$
这说明 T 为从 X 到 Y 的线性算子. 由于 T 为 T_0 的线性延拓，由线性算子范数的定义易知 $\|T\| \geq \|T_0\|$. 若 $x \in X, x_n \in X_0, x_n \to x$，则
$$Tx = \lim_{n \to \infty} T_0 x_n.$$
所以
$$\|Tx\| = \lim_{n \to \infty} \|T_0 x_n\| \leq \lim_{n \to \infty} \|T_0\| \|x_n\|$$
$$= \|T_0\| \lim_{n \to \infty} \|x_n\| = \|T_0\| \|x\|.$$
这就证明了 $\|T\| \leq \|T_0\|$. 从而 $\|T\| = \|T_0\|$.

假设 $T' \in B(X, Y)$ 也为 T_0 的延拓，任取 $x \in X$，存在 $x_n \in X_0$，使得 $x_n \to x$. 由定理 2.4.4，T 和 T' 都为连续映射，所以 $Tx_n \to Tx, T'x_n \to T'x$. 但 $Tx_n = T_0 x_n = T' x_n$，所以 $Tx = T'x$，即有 $T = T'$. □

2.5 有界线性泛函及其表示

从赋范空间 X 到 $\mathbb{K}$ 上的线性算子称为 X 上的线性泛函，在这一节里我们将主要研究赋范空间上的有界线性泛函，它较赋范空间之间的有界线性算子更加特殊，因而也具有一般有

界线性算子不具有的特殊性质. 在这一节里我们还将给出一些具体赋范空间上有界线性泛函的表示.

设 X 为线性空间,若 $f: X \to \mathbb{K}$ 为线性算子,则称 f 为 X 上的**线性泛函**. X 上线性泛函的全体记为 X^*,称为 X 的**代数对偶空间**. 若 X 为赋范空间,我们用 X' 来表示 X 上所有有界线性泛函的全体,称为 X 的**拓扑对偶空间**,简称对偶空间或共轭空间.

若 $f \in X'$,则其范数定义为
$$\|f\| = \sup_{x \in X, x \neq 0} \frac{|f(x)|}{\|x\|}.$$

由 $\mathbb{K}$ 为 Banach 空间,再利用定理 2.4.5,所以 X' 总为 Banach 空间.

例 2.5.1 在 $\mathbb{K}^n$ 上赋予范数 $\|\cdot\|_2$,即若 $\boldsymbol{x}=(x_1,x_2,\cdots,x_n)$,则
$$\|\boldsymbol{x}\|_2 = \left(\sum_{i=1}^n |x_i|^2\right)^{1/2}.$$

若 $\boldsymbol{a}=(a_1,a_2,\cdots,a_n) \in \mathbb{K}^n$,定义 $\mathbb{K}^n$ 上的线性泛函 $f_{\boldsymbol{a}}$ 为
$$f_{\boldsymbol{a}}(\boldsymbol{x}) = \sum_{i=1}^n a_i x_i, \quad \boldsymbol{x}=(x_1,x_2,\cdots,x_n) \in \mathbb{K}^n.$$

由 Cauchy-Schwarz 不等式(1.3),有
$$|f_{\boldsymbol{a}}(\boldsymbol{x})| \leqslant \sum_{i=1}^n |a_i||x_i| \leqslant \|\boldsymbol{a}\|_2 \|\boldsymbol{x}\|_2.$$

因此 $f_{\boldsymbol{a}} \in (\mathbb{K}^n)'$ 且 $\|f_{\boldsymbol{a}}\| \leqslant \|\boldsymbol{a}\|_2$. 又
$$f_{\boldsymbol{a}}(\bar{a}_1, \bar{a}_2, \cdots, \bar{a}_n) = \|\boldsymbol{a}\|_2^2,$$
$$\|(\bar{a}_1, \bar{a}_2, \cdots, \bar{a}_n)\|_2 = \|\boldsymbol{a}\|_2.$$

所以 $\|f_{\boldsymbol{a}}\| \geqslant \|\boldsymbol{a}\|_2$. 从而 $\|f_{\boldsymbol{a}}\| = \|\boldsymbol{a}\|_2$.

例 2.5.2 设 $X=C[a,b], Y=\mathbb{K}, C[a,b]$ 上赋予范数 $\|\cdot\|_\infty$. 取定某点 $t_0 \in [a,b]$. 令
$$\delta_{t_0}(x) = x(t_0), \quad x \in C[a,b].$$

则 δ_{t_0} 是 $C[a,b]$ 上的线性泛函. 显然有
$$|\delta_{t_0}(x)| \leqslant \|x\|_\infty.$$

这说明 δ_{t_0} 是有界线性泛函且 $\|\delta_{t_0}\| \leqslant 1$. 取 x 为恒为 1 的函数,则 $\|x\|_\infty=1, \delta_{t_0}(x)=1$. 因此 $\|\delta_{t_0}\| \geqslant 1$. 从而 $\|\delta_{t_0}\|=1$. δ_{t_0} 称为 t_0 点的 **Dirac 测度**.

设 X 为线性空间,$f, g \in X^*, \lambda \in \mathbb{K}$,令
$$(f+g)(x) = f(x)+g(x), \quad x \in X,$$
$$(\lambda f)(x) = \lambda f(x), \quad x \in X.$$

容易验证 $f+g, \lambda f \in X^*$,且在这样定义的加法和数乘意义下,X^* 为线性空间.

设 M 为 X 的 Hamel 基,则 $f \in X^*$ 由它在 M 上的值唯一确定. 事实上,若 $f, g \in X^*$,且存在 $a \in M, f(a) \neq g(a)$,则显然有 $f \neq g$. 若任给 $a \in M, f(a)=g(a)$,任取 $x \in X$,存在 $x_1, x_2, \cdots, x_n \in M, \lambda_1, \lambda_2, \cdots, \lambda_n \in \mathbb{K}$,使

利用 f, g 的线性性质有
$$f(x) = \lambda_1 f(x_1) + \lambda_2 f(x_2) + \cdots + \lambda_n f(x_n)$$
$$= \lambda_1 g(x_1) + \lambda_2 g(x_2) + \cdots + \lambda_n g(x_n) = g(x).$$
即 $f = g$.

例 2.5.3 若 $\dim(X) = n < \infty$, $e_1, e_2, \cdots, e_n$ 为 X 的 Hamel 基，任给 $x \in X$，存在唯一的 $x_1, x_2, \cdots, x_n \in \mathbb{K}$，使
$$x = x_1 e_1 + x_2 e_2 + \cdots + x_n e_n.$$
令
$$\phi_i(x) = x_i, \quad 1 \leqslant i \leqslant n.$$
容易验证 $\phi_i \in X^*$. 若 $f \in X^*$，则
$$f(x) = x_1 f(e_1) + x_2 f(e_2) + \cdots + x_n f(e_n)$$
$$= [f(e_1)\phi_1 + f(e_2)\phi_2 + \cdots + f(e_n)\phi_n](x).$$
即
$$f = f(e_1)\phi_1 + f(e_2)\phi_2 + \cdots + f(e_n)\phi_n.$$
这说明 $X^* = \mathrm{span}\{\phi_1, \phi_2, \cdots, \phi_n\}$. 设 $\lambda_1, \lambda_2, \cdots, \lambda_n \in \mathbb{K}$，有
$$\lambda_1 \phi_1 + \lambda_2 \phi_2 + \cdots + \lambda_n \phi_n = 0,$$
则上式两边同时作用在 e_i 上可得 $\lambda_i = 0$. 这说明 $\phi_1, \phi_2, \cdots, \phi_n$ 线性无关. 从而 $\{\phi_1, \phi_2, \cdots, \phi_n\}$ 为 X^* 的 Hamel 基. 特别地，$\dim(X^*) = n$. 注意到
$$\phi_i(e_j) = \begin{cases} 1, & j = i, \\ 0, & j \neq i. \end{cases}$$
因此称 $\{\phi_1, \phi_2, \cdots, \phi_n\}$ 为 $\{e_1, e_2, \cdots, e_n\}$ 的**对偶基**.

若 X 为赋范空间，容易验证 X' 为 X^* 的线性子空间. 若 $\dim(X) = n < \infty$. 由定理 2.4.3, $X' = X^*$. 因此 $\dim(X') = n$. 若 $\dim(X) = \infty$, 存在无穷集 M 为 X 的 Hamel 基，设 $e_1, e_2, \cdots \in M$ 为两两不等的元，不妨设
$$\|e_n\| = 1, \quad n \geqslant 1.$$
在 Hamel 基 M 上定义
$$f(e) = \begin{cases} n, & e = e_n, \\ 0, & e \notin \{e_1, e_2, \cdots\}. \end{cases}$$
则 f 可以唯一地延拓到 X 上，使之成为 X 上的线性泛函，即 $f \in X^*$. 由于 $\|e_n\| = 1$, $f(e_n) = n$, 所以 $f \notin X'$. 因此 $X' \subsetneq X^*$. 我们事实上证明了以下结论.

定理 2.5.1 设 X 为赋范空间，则 X 为有限维空间当且仅当 $X' = X^*$.

下面我们给出一些常见赋范空间对偶空间的表示.

例 2.5.4 $(\mathbb{K}^n, \|\cdot\|_2)' = (\mathbb{K}^n, \|\cdot\|_2)$：考虑赋范空间 $(\mathbb{K}^n, \|\cdot\|_2)$，其中

$$\|(x_1, x_2, \cdots, x_n)\|_2 = \Big(\sum_{i=1}^n |x_i|^2\Big)^{1/2}.$$

若 $\boldsymbol{a} = (a_1, a_2, \cdots, a_n) \in \mathbb{K}^n$，定义 $\mathbb{K}^n$ 上的线性泛函 $f_{\boldsymbol{a}}$ 为

$$f_{\boldsymbol{a}}(\boldsymbol{x}) = \sum_{i=1}^n a_i x_i, \quad \boldsymbol{x} = (x_1, x_2, \cdots, x_n) \in \mathbb{K}^n.$$

则由例 2.5.1 知 $f_{\boldsymbol{a}} \in (\mathbb{K}^n)'$，$\|f_{\boldsymbol{a}}\| = \|\boldsymbol{a}\|_2$.

定义映射

$$T: (\mathbb{K}^n, \|\cdot\|_2) \to (\mathbb{K}^n, \|\cdot\|_2)'$$
$$\boldsymbol{a} \mapsto f_{\boldsymbol{a}}.$$

则 T 为线性算子，由 $\|f_{\boldsymbol{a}}\| = \|\boldsymbol{a}\|_2$ 知 T 为单射. 我们下面来证明 T 为满射. 任给 $f \in (\mathbb{K}^n)'$，设 $\boldsymbol{e}_i \in \mathbb{K}^n$ 为第 i 个坐标为 1，别的坐标都为 0 的向量. 令

$$\boldsymbol{a} = (f(\boldsymbol{e}_1), f(\boldsymbol{e}_2), \cdots, f(\boldsymbol{e}_n)) \in \mathbb{K}^n.$$

任取 $\boldsymbol{x} \in \mathbb{K}^n$，$\boldsymbol{x} = (x_1, x_2, \cdots, x_n)$，则 $\boldsymbol{x} = x_1 \boldsymbol{e}_1 + x_2 \boldsymbol{e}_2 + \cdots + x_n \boldsymbol{e}_n$，从而

$$f(\boldsymbol{x}) = f(\boldsymbol{e}_1) x_1 + f(\boldsymbol{e}_2) x_2 + \cdots + f(\boldsymbol{e}_n) x_n = f_{\boldsymbol{a}}(\boldsymbol{x}).$$

即 $f = f_{\boldsymbol{a}} = T\boldsymbol{a}$. 这就证明了 T 为满射. 因此 T 为等距同构. 所以对偶空间 $(\mathbb{K}^n, \|\cdot\|_2)'$ 和 $(\mathbb{K}^n, \|\cdot\|_2)$ 等距同构.

例 2.5.5 $(c_0)' = \ell^1$：考虑赋范空间 $(\ell^\infty, \|\cdot\|_\infty)$ 的线性子空间

$$c_0 = \{\{x_n\} \in \ell^\infty : \lim_{n\to\infty} x_n = 0\}.$$

上一章我们证明了 c_0 为 ℓ^∞ 的闭线性子空间，从而 c_0 为 Banach 空间. 下面来研究其对偶空间的表示.

对于 $i \geq 1$，考虑 $\boldsymbol{e}_i = \{\delta_{ij}\} \in c_0$，其中若 $i = j$，则 $\delta_{ij} = 1$，若 $i \neq j$，则 $\delta_{ij} = 0$. 若 $f \in (c_0)'$，存在 $|\varepsilon_i| = 1$，使得 $|f(\boldsymbol{e}_i)| = \varepsilon_i f(\boldsymbol{e}_i)$. 若 $n \geq 1$，有

$$\sum_{i=1}^n |f(\boldsymbol{e}_i)| = \sum_{i=1}^n \varepsilon_i f(\boldsymbol{e}_i) = f\Big(\sum_{i=1}^n \varepsilon_i \boldsymbol{e}_i\Big)$$

$$\leq \|f\| \Big\|\sum_{i=1}^n \varepsilon_i \boldsymbol{e}_i\Big\|_\infty = \|f\|.$$

令 $n \to \infty$，有

$$\sum_{i=1}^\infty |f(\boldsymbol{e}_i)| \leq \|f\|.$$

即 $\{f(\boldsymbol{e}_i)\} \in \ell^1$，且

$$\|\{f(\boldsymbol{e}_i)\}\|_1 \leq \|f\|. \tag{2.17}$$

考虑映射

$$T: (c_0)' \to \ell^1$$
$$f \mapsto \{f(\boldsymbol{e}_i)\}.$$

易证 T 为线性算子. 下证 T 为单射. 为此假设 $f,g \in (c_0)'$, $T(f) = T(g)$. 则
$$f(e_i) = g(e_i), \quad i \geqslant 1.$$
若 $x \in c_0, x = \{x_i\}$, 对 $n \geqslant 1$, 考虑
$$x^{(n)} = (x_1, x_2, \cdots, x_n, 0, 0, \cdots) \in c_0.$$
显然有 $x^{(n)} = x_1 e_1 + x_2 e_2 + \cdots + x_n e_n$, 因此 $f(x^{(n)}) = g(x^{(n)})$. 又有
$$\|x - x^{(n)}\|_\infty = \max_{i \geqslant n+1} |x_i| \to 0.$$
利用 f, g 的连续性可得 $f(x) = g(x)$, 即 $f = g$. 从而 T 为单射. 下面我们来证明 T 也为满射. 设 $\alpha = \{\alpha_i\} \in \ell^1$ 固定, 定义 c_0 上的线性泛函
$$f_\alpha(x) = \sum_{i=1}^\infty \alpha_i x_i, \quad x = \{x_i\} \in c_0.$$
由于显然有
$$\sum_{i=1}^\infty |\alpha_i| |x_i| \leqslant \|\alpha\|_1 \|x\|_\infty < \infty,$$
所以 f_α 定义中的级数收敛, $f_\alpha \in (c_0)'$ 且
$$\|f_\alpha\| \leqslant \|\alpha\|_1. \tag{2.18}$$
显然有 $f_\alpha(e_i) = \alpha_i$, 所以 $T f_\alpha = \alpha$. 这就证明了 T 为满射, 从而 T 为一一映射. 由式 (2.17) 和式 (2.18), 任给 $f \in (c_0)'$, $\|Tf\|_\infty = \|f\|$. 因此 T 为从 $(c_0)'$ 到 ℓ^1 的等距同构.

例 2.5.6 $(\ell^1)' = \ell^\infty$: 考虑赋范空间 $(\ell^1, \|\cdot\|_1)$. 对于 $i \geqslant 1$, 考虑 $e_i = \{\delta_{ij}\} \in \ell^1$, 其中若 $i = j$, 则 $\delta_{ij} = 1$; 若 $i \neq j$, 则 $\delta_{ij} = 0$. 若 $f \in (\ell^1)'$, 则
$$|f(e_i)| \leqslant \|f\| \|e_i\|_1 = \|f\|.$$
即 $\{f(e_i)\} \in \ell^\infty$, 成立
$$\|\{f(e_i)\}\|_\infty \leqslant \|f\|. \tag{2.19}$$
定义映射
$$T: (\ell^1)' \to \ell^\infty$$
$$f \mapsto \{f(e_i)\}.$$
易证 T 为线性算子. 下证 T 为单射. 为此假设 $f, g \in (\ell^1)'$, $T(f) = T(g)$. 则
$$f(e_i) = g(e_i), \quad i \geqslant 1.$$
若 $x \in \ell^1, x = \{x_i\}$, 对 $n \geqslant 1$, 考虑
$$x^{(n)} = (x_1, x_2, \cdots, x_n, 0, 0, \cdots) \in \ell^1.$$
显然有 $x^{(n)} = x_1 e_1 + x_2 e_2 + \cdots + x_n e_n$, 因此 $f(x^{(n)}) = g(x^{(n)})$. 又有 $x^{(n)} \to x$, 利用 f, g 的连续性可得 $f(x) = g(x)$, 即 $f = g$. 从而 T 为单射. 下面我们来证明 T 也为满射. 设 $\alpha = \{\alpha_i\} \in \ell^\infty$ 固定, 定义 ℓ^1 上的线性泛函
$$f_\alpha(x) = \sum_{i=1}^\infty \alpha_i x_i, \quad x = \{x_i\} \in \ell^1.$$
由于

$$\sum_{i=1}^{\infty}|\alpha_i||x_i|\leqslant\|\alpha\|_\infty\|x\|_1<\infty,$$

所以 f_α 定义中的级数收敛, $f_\alpha\in(\ell^1)'$ 且

$$\|f_\alpha\|\leqslant\|\alpha\|_\infty. \tag{2.20}$$

显然有 $f_\alpha(e_i)=\alpha_i$, 所以 $Tf_\alpha=\alpha$. 这就证明了 T 为满射, 从而 T 为一一映射. 由式(2.19)和式(2.20), 任给 $f\in(\ell^1)'$, $\|Tf\|_\infty=\|f\|$. 因此 T 为从 $(\ell^1)'$ 到 ℓ^∞ 的等距同构.

例 2.5.7 $(\ell^p)'=\ell^q$: 考虑赋范空间 $(\ell^p,\|\cdot\|_p)$, 其中 $1<p<\infty$. 取 q 为 p 的共轭指数, 即 $\frac{1}{p}+\frac{1}{q}=1$. 对于 $i\geqslant 1$, 与上个例子一样, 考虑 $e_i=\{\delta_{ij}\}\in\ell^p$, 其中若 $i=j$, 则 $\delta_{ij}=1$, 若 $i\neq j$, 则 $\delta_{ij}=0$. 若 $f\in(\ell^p)'$, 考虑 $x^{(n)}=\{\xi_i^{(n)}\}$

$$\xi_i^{(n)}=\begin{cases}|f(e_i)|^q/f(e_i), & i\leqslant n \text{ 且 } f(e_i)\neq 0,\\ 0, & \text{否则}.\end{cases}$$

则 $x^{(n)}\in\ell^p$ 且

$$f(x^{(n)})=f\Big(\sum_{i=1}^n\xi_i^{(n)}e_i\Big)=\sum_{i=1}^n\xi_i^{(n)}f(e_i)=\sum_{i=1}^n|f(e_i)|^q,$$

又

$$|f(x^{(n)})|\leqslant\|f\|\Big(\sum_{i=1}^n\frac{|f(e_i)|^{pq}}{|f(e_i)|^p}\Big)^{1/p}\leqslant\|f\|\Big(\sum_{i=1}^n|f(e_i)|^{p(q-1)}\Big)^{1/p}$$

$$=\|f\|\Big(\sum_{i=1}^n|f(e_i)|^q\Big)^{1/p}.$$

因此

$$\sum_{i=1}^n|f(e_i)|^q\leqslant\|f\|\Big(\sum_{i=1}^n|f(e_i)|^q\Big)^{1/p},$$

或等价地,

$$\Big(\sum_{i=1}^n|f(e_i)|^q\Big)^{1/q}\leqslant\|f\|.$$

令 $n\to\infty$, 有

$$\Big(\sum_{i=1}^\infty|f(e_i)|^q\Big)^{1/q}\leqslant\|f\|.$$

即 $\{f(e_i)\}\in\ell^q$, 有

$$\|\{f(e_i)\}\|_q\leqslant\|f\|. \tag{2.21}$$

定义映射

$$T:(\ell^p)'\to\ell^q$$
$$f\mapsto\{f(e_i)\}.$$

易证 T 为线性算子. 类似于上个例子的方法可证 T 为单射. 为了证明 T 还是满射, 设 $\alpha\in\ell^q, \alpha=\{\alpha_i\}$. 定义 ℓ^p 上的线性泛函

$$f_a(x) = \sum_{i=1}^{\infty} a_i x_i, \quad x = \{x_i\} \in \ell^p.$$

由 Hölder 不等式(1.1),有

$$\sum_{i=1}^{\infty} |a_i| |x_i| \leq \|a\|_q \|x\|_p < \infty,$$

所以 f_a 定义中的级数收敛,$f_a \in (\ell^p)'$ 且

$$\|f_a\| \leq \|a\|_q. \tag{2.22}$$

显然有 $f_a(e_i) = a_i$,所以 $Tf_a = a$. 这就证明了 T 为满射,从而 T 为一一映射. 由式(2.21)和式(2.22),任给 $f \in (\ell^p)'$,$\|Tf\|_q = \|f\|$. 因此 T 为从 $(\ell^p)'$ 到 ℓ^q 的等距同构.

以上的推理过程实际上也证明了若 $1 \leq p \leq \infty$,$(\mathbb{K}^n, \|\cdot\|_p)'$ 和 $(\mathbb{K}^n, \|\cdot\|_q)$ 等距同构. 需要特别说明的是,虽然形式有 $\frac{1}{1} + \frac{1}{\infty} = 1$,即 1 和 ∞ 互为共轭指数,但 ℓ^∞ 的对偶空间不为 ℓ^1,这一点我们将在第 4 章研究自反空间时再详细讨论.

连续函数空间 $(C[a,b], \|\cdot\|_\infty)$ 对偶空间的表示也将在第 4 章 Hahn-Banach 延拓定理之后给出.

习 题 2

1. 判定下述 $\mathbb{R}^3$ 的哪些子集构成 $\mathbb{R}^3$ 的线性子空间(这里 $\boldsymbol{x} = (x_1, x_2, x_3) \in \mathbb{R}^3$).

(1) 所有满足 $x_1 = x_2$,且 $x_3 = 0$ 的 $\boldsymbol{x}$;

(2) 所有满足 $x_2 = x_1 + 1$ 的 $\boldsymbol{x}$;

(3) 所有满足 $x_1 \geq 0$ 且 $x_2 \leq 0$ 的 $\boldsymbol{x}$;

(4) 所有满足 $x_1 + x_2 - x_3 = 0$ 的 $\boldsymbol{x}$.

2. 设 X 为 n 维复线性空间,$\{e_1, e_2, \cdots, e_n\}$ 为 X 的 Hamel 基,将 X 视为实线性空间 $X_\mathbb{R}$,求 $X_\mathbb{R}$ 的 Hamel 基.

3. 设 X, Y 为线性空间,$T: X \to Y$ 为线性算子且为单射. 求证:$\{x_1, x_2, \cdots, x_n\}$ 在 X 中线性无关当且仅当 $\{Tx_1, Tx_2, \cdots, Tx_n\}$ 在 Y 中线性无关.

4. 给定闭区间 $[a,b]$,考虑所有次数小于等于 n 的实系数多项式所构成的集合 X. 证明:在通常多项式的加法和多项式与实数的乘法运算下,X 为实线性空间. 求 X 的一个 Hamel 基. 若多项式的系数取复数,证明:相应的多项式集合 Y 是复线性空间. X 是 Y 的线性子空间吗?

5. 举例说明线性空间的线性子空间的并集不一定还是线性子空间.

6. 考虑 $x_n \in C[0, 2\pi]$,其中 $n \geq 1$,$x_n(t) = \sin(nt)$. 求证:集合 $\{x_n : n \geq 1\}$ 线性无关.

7. 设 X 为赋范空间,求证:

(1) 任给 $A, B \subset X$,$\overline{A+B} \subset \overline{A} + \overline{B}$;

(2) 若 $x_0 \in X$ 为定点,则 $A \subset X$ 为开集当且仅当 $x_0 + A$ 为开集;

(3) 若 $x_0 \in X$ 为定点,则 $A \subset X$ 为闭集当且仅当 $x_0 + A$ 为闭集;

(4) 若 $A \subset X, B \subset X$ 中至少有一个为开集,则 $A + B$ 也为开集;

(5) 若 $A^\circ \neq \emptyset$,则 0 为 $A - A = \{x - y : x, y \in A\}$ 的内点.

8. 设 X 为赋范空间,M 为 X 的凸子集,且 $M^\circ \neq \emptyset$. 求证:M° 为凸集,且
$$\overline{M^\circ} = \overline{M}.$$

9. 设 X 为赋范空间,$x_n, y_n, x, y \in X, \alpha_n, \alpha \in \mathbb{K}$. 若 $x_n \to x, y_n \to y, \alpha_n \to \alpha$,求证:$x_n + y_n \to x + y, \alpha_n x_n \to \alpha x$.

10. 设 X 为赋范空间,Y 为 X 的线性子空间,求证:$\overline{Y}$ 仍为 X 的线性子空间.

11. 设 $(X, \|\cdot\|_X)$ 和 $(Y, \|\cdot\|_Y)$ 为赋范空间,设 $Z = X \times Y$ 为 X 与 Y 的笛卡儿乘积,在 Z 上定义
$$\|(x, y)\|_\infty = \max\{\|x\|_X, \|y\|_Y\}, \quad x \in X, y \in Y.$$

求证:

(1) 上面定义的 $\|\cdot\|_\infty$ 为 Z 上的范数;

(2) X 和 Y 为 Banach 空间当且仅当 Z 为 Banach 空间.

12. 设 $(X, \|\cdot\|_X)$ 和 $(Y, \|\cdot\|_Y)$ 为赋范空间,设 $Z = X \times Y$ 为 X 与 Y 的笛卡儿乘积,若 $1 \leqslant p < \infty$,在 Z 上定义
$$\|(x, y)\|_p = (\|x\|_X^p + \|y\|_Y^p)^{1/p}, \quad x \in X, y \in Y.$$

求证:

(1) 上面定义的 $\|\cdot\|_p$ 为 Z 上的范数;

(2) 若 $1 \leqslant p, q < \infty$,则 $\|\cdot\|_p$ 与 $\|\cdot\|_q$ 为等价范数,且均与上题定义的范数 $\|\cdot\|_\infty$ 等价.

13. 设 $C_0(\mathbb{R})$ 为定义在 $\mathbb{R}$ 上,满足 $\lim\limits_{|t| \to \infty} |x(t)| = 0$ 的连续函数全体,令
$$\|x\|_\infty = \max_{t \in \mathbb{R}} |x(t)|, \quad x \in C_0(\mathbb{R}).$$

求证:$\|\cdot\|_\infty$ 为 $C_0(\mathbb{R})$ 上的范数,且 $(C_0(\mathbb{R}), \|\cdot\|_\infty)$ 为 Banach 空间.

14. 求证 $C[0, 1]$ 上的 $\|\cdot\|_\infty$ 和 $\|\cdot\|_1$ 不为等价范数.

15. 设 M 为空间 ℓ^∞ 中除有限个坐标之外均为 0 的元素全体构成的子空间,求证:M 为 ℓ^∞ 的线性子空间,但 M 不为 Banach 空间. 给出 M 的一个完备化.

16. 举例说明在赋范空间中,由条件 $\sum\limits_{n \geqslant 1} \|x_n\| < \infty$,推不出级数 $\sum\limits_{n \geqslant 1} x_n$ 的收敛性.

17. 设 X 为赋范空间,求证:X 为 Banach 空间当且仅当 X 的单位球面
$$S_X = \{x \in X : \|x\| = 1\}$$

为完备度量空间.

18. 设 X, Y 为赋范空间,$T \in B(X, Y)$ 为非零有界线性算子. 求证:任取 $x \in X$,$\|x\| < 1$,都有 $\|Tx\| < \|T\|$.

19. 设 X,Y 为赋范空间，$T\in B(X,Y)$ 为一一映射. 若存在常数 $\alpha>0$，使得
$$\alpha\|x\|\leqslant\|Tx\|,\quad x\in X.$$
求证：$T^{-1}\in B(Y,X)$ 且 $\|T^{-1}\|\leqslant\dfrac{1}{\alpha}$.

20. 设 $T:C[0,1]\to C[0,1]$ 定义为
$$(Tx)(t)=\int_0^t x(s)\mathrm{d}s,\quad x\in C[0,1].$$
求证：T 为单射. 求 $R(T)$. 问 $T^{-1}:R(T)\to C[0,1]$ 为有界线性算子吗？

21. 设 X,Y 为赋范空间，$T:X\to Y$ 为线性算子. 求证：T 不为连续映射当且仅当存在 $x_n\in X$，使得 $x_n\to 0$，但 $\|Tx_n\|\to\infty$.

22. 在 $C[-1,1]$ 上定义线性泛函
$$f(x)=\int_{-1}^0 x(t)\mathrm{d}t-\int_0^1 x(t)\mathrm{d}t,\quad x\in C[-1,1].$$
求证：$f\in C[-1,1]'$. 求 $\|f\|$. 问：存在 $x\in C[-1,1]$，使得 $\|x\|_\infty=1$，$|f(x)|=\|f\|$ 吗？

23. $C[a,b]$ 上的线性泛函 f 称为**正泛函**，如果任取 $x\in C[a,b]$ 满足任取 $t\in[a,b]$，$x(t)\geqslant 0$，都有 $f(x)\geqslant 0$. 求证：f 为正线性泛函当且仅当 f 为连续线性泛函且 $\|f\|=f(1)$，此处 $1\in C[a,b]$ 表示 $[a,b]$ 上恒为 1 的连续函数.

24. 设 $1\leqslant p<\infty$，$\alpha=\{\alpha_n\}\in\ell^\infty$. 任取 $x=\{x_n\}\in\ell^p$，定义 $Tx=\{\alpha_n x_n\}$. 求证：$Tx\in\ell^p$，且 $T\in B(\ell^p)$. 求 $\|T\|$.

25. 设 X,Y 为赋范空间，$X\neq\{0\}$，假设 $B(X,Y)$ 为 Banach 空间. 求证：Y 也为 Banach 空间.

26. 在 $C[0,1]$ 上赋予范数 $\|\cdot\|_1$，令
$$f(x)=\int_0^1 sx(s)\mathrm{d}s,\quad x\in C[0,1].$$
求证：$f\in C[0,1]'$. 求 $\|f\|$.

27. 设 X 为赋范空间，$f,g\in X'$. 求证：$N(f)=N(g)$ 当且仅当存在非零常数 $\alpha\in\mathbb{K}$，使得 $f=\alpha g$.

28. 设 X 为 n 维线性空间，Z 为 X 的真线性子空间，$x_0\in X\backslash Z$. 求证：存在 X 上的线性泛函 f，使得 $f(x_0)=1$，$f|_Z=0$.

29. 设 X 为赋范空间，$f\in X'$，$f\neq 0$. 若
$$\alpha=\inf_{x\in X, f(x)=1}\|x\|.$$
求证：$\|f\|=\dfrac{1}{\alpha}$.

30. 在 $C[0,1]$ 上分别赋予范数 $\|\cdot\|_1$ 和 $\|\cdot\|_2$，考虑 $T:C[0,1]\to C[0,1]$，$(Tx)(t)=t^2 x(t)$.

(1) 求证：$T \in B((C[0,1], \|\cdot\|_2), (C[0,1], \|\cdot\|_2))$. 求 $\|T\|$；

(2) 求证：$T \in B((C[0,1], \|\cdot\|_2), (C[0,1], \|\cdot\|_1))$. 求 $\|T\|$.

31. 设 X 为无穷维赋范空间，Y 为非零赋范空间. 求证：存在线性算子 $T: X \to Y$，使得 $T \notin B(X, Y)$.

32. 设 X 为赋范空间，M 为 X 的非空子集. 定义 M 的**零化子**为
$$^\perp M = \{f \in X': f|_M = 0\}.$$
求证：$^\perp M$ 为 X' 的闭线性子空间. 求 $^\perp X$ 和 $^\perp \{0\}$.

33. 设 X 为赋范空间，N 为 X' 的非空子集，令
$$N^\perp = \{x \in X : 任取 f \in N, 都有 f(x) = 0\}.$$
求证：$N^\perp$ 为 X 的闭线性子空间. 求 $(X')^\perp$ 和 $\{0\}^\perp$.

34. 设 X 为 n 维赋范空间，M 为其 m 维线性子空间，且 $m < n$. 求证：
$$\dim(^\perp M) = n - m.$$

第 3 章 内积空间和 Hilbert 空间

内积空间是一类特殊的赋范空间,在历史上它比一般的赋范空间出现得还早,其理论十分丰富,并且保存了欧氏空间的很多特征,其最中心的概念是正交性.读者将会注意到,在这个领域里,很多概念和证明都是十分简捷和漂亮的.内积空间的理论起源于著名数学家 Hilbert 关于函数积分方程的研究.现代所采用的内积空间的记号和术语都和欧氏空间几何很类似.内积空间至今仍是泛函分析在实际应用方面最有用的空间结构.

3.1 内积空间

在本节里,将 $\mathbb{K}^n$ 中的点积和正交性扩展到一般的线性空间,这就是线性空间中内积的概念.内积空间首先是线性空间,其上赋予一个内积运算.由此内积可以自然地诱导出该空间上的一个范数,因此内积空间是一类特殊的赋范空间.由于在内积空间中可以定义向量的正交性,所以内积空间是欧氏空间最自然的推广.本节主要研究内积空间的正交性、正交分解、标准正交集及 Hilbert 空间上有界线性泛函的 Riesz 表示定理.下面先给出线性空间中内积的定义.

定义 3.1.1 设 X 为数域 $\mathbb{K}$ 上的线性空间,二元函数
$$\langle \cdot, \cdot \rangle : X^2 \to \mathbb{K}$$
$$(x, y) \mapsto \langle x, y \rangle$$
称为 X 上的**内积**,如果任给 $x, y, z \in X, \alpha \in \mathbb{K}$,满足:

(1) $\langle x+y, z \rangle = \langle x, z \rangle + \langle y, z \rangle$;
(2) $\langle \alpha x, z \rangle = \alpha \langle x, z \rangle$;
(3) $\langle x, y \rangle = \overline{\langle y, x \rangle}$;
(4) $\langle x, x \rangle \geqslant 0$;
(5) $\langle x, x \rangle = 0$ 当且仅当 $x = 0$.

此时称序对 $(X, \langle \cdot, \cdot \rangle)$ 为**内积空间**,$\langle x, y \rangle$ 称为 x 与 y 的**内积**.

注 3.1.1 (1) 由定义知内积关于第一个变量为线性的.
(2) 若 $(X, \langle \cdot, \cdot \rangle)$ 为复内积空间,$x, y, z \in X, \alpha, \beta \in \mathbb{K}$,则
$$\langle z, \alpha x + \beta y \rangle = \bar{\alpha} \langle z, x \rangle + \bar{\beta} \langle z, y \rangle,$$
即内积关于第二个变量是**共轭线性**的.
(3) 若 $(X, \langle \cdot, \cdot \rangle)$ 为实内积空间,则 $\langle x, y \rangle = \langle y, x \rangle$,即有对称性.

(4) 设 $(X, \langle \cdot, \cdot \rangle)$ 为内积空间,$x \in X$,令
$$\|x\| = \langle x, x \rangle^{1/2}. \tag{3.1}$$
则 $\|\cdot\|$ 为 X 上的范数. 事实上, 显然有 $\|x\| \geq 0$. 又由定义
$$\|x\| = 0 \Leftrightarrow \langle x, x \rangle = 0 \Leftrightarrow x = 0.$$
若 $x \in X, \alpha \in \mathbb{K}$, 有
$$\|\alpha x\| = \langle \alpha x, \alpha x \rangle^{1/2} = (\alpha \bar{\alpha} \langle x, x \rangle)^{1/2} = |\alpha| \|x\|,$$
即 $\|\cdot\|$ 满足齐次性. 关于 $\|\cdot\|$ 的三角不等式包含在下述定理.

定理 3.1.1 设 $(X, \langle \cdot, \cdot \rangle)$ 为内积空间. 则

(1) 任给 $x, y \in X$, **Schwarz 不等式**
$$|\langle x, y \rangle| \leq \|x\| \|y\| \tag{3.2}$$
成立. Schwarz 不等式中等号成立当且仅当 x, y 线性相关.

(2) 任给 $x, y \in X$, **三角不等式**
$$\|x + y\| \leq \|x\| + \|y\|$$
成立. 三角不等式中等号成立当且仅当 $y = 0$ 或 $x = cy (c \geq 0)$.

证明

(1) 若 $y = 0$, 则 Schwarz 不等式显然成立. 不妨设 $y \neq 0$. 若 $a \in \mathbb{K}$, 有
$$\begin{aligned}
0 &\leq \langle x - ay, x - ay \rangle \\
&= \langle x, x - ay \rangle - \langle ay, x - ay \rangle \\
&= \langle x, x \rangle - \bar{a} \langle x, y \rangle - a \langle y, x \rangle + |a|^2 \langle y, y \rangle \\
&= \|x\|^2 - \bar{a} \langle x, y \rangle - a \langle y, x \rangle + |a|^2 \|y\|^2.
\end{aligned} \tag{3.3}$$
取 $a = \dfrac{\overline{\langle y, x \rangle}}{\|y\|^2}$, 有
$$0 \leq \|x\|^2 - \frac{|\langle y, x \rangle|^2}{\|y\|^2}.$$
即 $|\langle x, y \rangle| \leq \|x\| \|y\|$. 所以 Schwarz 不等式成立.

若 Schwarz 不等式中等号成立, 则不等式 (3.3) 也必然是等式, 因此
$$\langle x - ay, x - ay \rangle = 0,$$
从而 $x - ay = 0$, 即 $x = ay$. 因此 x, y 线性相关. 当 $y = 0$ 时, Schwarz 不等式中等号也成立, 此时显然 x, y 线性相关.

反之, 若 x, y 线性相关, 则或者 $y = 0$, 或者存在 $a \in \mathbb{K}$ 使得 $x = ay$. 若 $y = 0$, 则 Schwarz 不等式中等号显然成立. 若存在 $a \in \mathbb{K}$ 使得 $x = ay$, 则
$$|\langle x, y \rangle| = |\langle ay, y \rangle| = |a| \|y\|^2,$$
$$\|x\| \|y\| = \langle ay, ay \rangle^{1/2} \langle y, y \rangle^{1/2} = |a| \|y\|^2.$$
因此 Schwarz 不等式中等号成立.

(2) 若 $x, y \in X$, 利用 Schwarz 不等式 (3.2), 有

$$\|x+y\|^2 = \langle x+y, x+y \rangle$$
$$= \langle x,x \rangle + \langle x,y \rangle + \langle y,x \rangle + \langle y,y \rangle$$
$$= \|x\|^2 + \|y\|^2 + 2\mathrm{Re}\,\langle x,y \rangle$$
$$\leqslant \|x\|^2 + \|y\|^2 + 2|\langle x,y \rangle|$$
$$\leqslant \|x\|^2 + \|y\|^2 + 2\|x\|\|y\|$$
$$= (\|x\| + \|y\|)^2. \tag{3.4}$$

从而 $\|x+y\| \leqslant \|x\| + \|y\|$.

若三角不等式 $\|x+y\| \leqslant \|x\| + \|y\|$ 等号成立,则式(3.4)中每个不等号都必须是等号,特别地 Schwarz 不等式也为等号,由已经证明的第一个结论,x,y 线性相关. 若 $y\neq 0$,则存在 $a\in\mathbb{K}$ 使得 $x=ay$. 由于式(3.4)中每个不等号都是等号,因此
$$\mathrm{Re}\,\langle x,y \rangle = |\langle x,y \rangle|.$$
所以 $\langle x,y \rangle \in \mathbb{R}$ 且 $\langle x,y \rangle \geqslant 0$. 将 $x=ay$ 代入上式有
$$\langle x,y \rangle = a\|y\|^2.$$
所以 $a \geqslant 0$.

反之,若 $y=0$,则三角不等式显然为等号. 若存在 $a \geqslant 0, x=ay$, 则
$$\|x+y\| = \|(a+1)y\| = (a+1)\|y\| = a\|y\| + \|y\|$$
$$= \|x\| + \|y\|.$$
因此三角不等式为等号. □

设 $(X, \langle \cdot, \cdot \rangle)$ 为内积空间,由式(3.1)中定义的 $\|\cdot\|$ 为 X 上的范数. 称此范数为**由内积 $\langle \cdot, \cdot \rangle$ 诱导出来的范数**. 若 $(X, \|\cdot\|)$ 为 Banach 空间,则称内积空间 $(X, \langle \cdot, \cdot \rangle)$ 为 **Hilbert 空间**.

若 $\|\cdot\|$ 为式(3.1)中定义的范数,对于 $x,y \in X$,有
$$\|x+y\|^2 + \|x-y\|^2 = \langle x+y, x+y \rangle + \langle x-y, x-y \rangle$$
$$= 2(\|x\|^2 + \|y\|^2), \tag{3.5}$$

上式称为内积空间中的**平行四边形等式**. 我们知道平面上平行四边形的对角线长度的平方和等于四个边长度的平方和,上式因此而得名.

若 $(X, \|\cdot\|)$ 为赋范空间,则范数 $\|\cdot\|$ 是由 X 上某个内积诱导出来的当且仅当对于任意的 $x,y \in X$,上述平行四边形等式成立. 事实上,若 $\|\cdot\|$ 满足平行四边形等式(3.5),且 $\mathbb{K}=\mathbb{R}$,可令
$$\langle x,y \rangle = \frac{1}{4}(\|x+y\|^2 - \|x-y\|^2). \tag{3.6}$$
而当 $\mathbb{K}=\mathbb{C}$ 时,可令
$$\langle x,y \rangle = \frac{1}{4}(\|x+y\|^2 - \|x-y\|^2) + \frac{i}{4}(\|x+iy\|^2 - \|x-iy\|^2), \tag{3.7}$$
可证上面定义的 $\langle \cdot, \cdot \rangle$ 为 X 上的内积,其诱导出来的范数就是 $\|\cdot\|$. 这个结果的证明过

程较复杂，我们不给出详细证明．式(3.6)和式(3.7)称为**极化恒等式**．

例 3.1.1 考虑连续函数空间 $C[0,1]$，其上赋予范数 $\|\cdot\|_\infty$．取
$$x(t) = 1+t, \quad y(t) = 1-t,$$
则
$$(x+y)(t) = 2, \quad (x-y)(t) = 2t.$$
因此 $\|x\|_\infty = \|x+y\|_\infty = \|x-y\|_\infty = 2$，$\|y\|_\infty = 1$．由于
$$\|x+y\|_\infty^2 + \|x-y\|_\infty^2 \neq 2(\|x\|_\infty^2 + \|y\|_\infty^2),$$
所以 $\|\cdot\|_\infty$ 不是由 $C[0,1]$ 上的某个内积诱导出来的．

例 3.1.2 设 $1 \leqslant p < \infty$，考虑 ℓ^p，其上赋予范数 $\|\cdot\|_p$．取
$$x = (1,1,0,0,\cdots), \quad y = (1,-1,0,0,\cdots),$$
则
$$x+y = (2,0,0,\cdots), \quad x-y = (0,2,0,0,\cdots).$$
因此
$$\|x\|_p = \|y\|_p = 2^{1/p}, \quad \|x+y\|_p = \|x-y\|_p = 2.$$
假设平行四边形等式对 $\|\cdot\|_p$ 成立，则
$$2^2 + 2^2 = 2(2^{2/p} + 2^{2/p}).$$
所以 $p=2$．这说明当 $p \neq 2$ 时，$\|\cdot\|_p$ 不能由 ℓ^p 上某个内积诱导出来．在下面的例子里，我们将发现 $(\ell^2, \|\cdot\|_2)$ 为内积空间．类似方法可以证明 $(\ell^\infty, \|\cdot\|_\infty)$ 中的范数 $\|\cdot\|_\infty$ 也不能由 ℓ^∞ 上的某个内积诱导出来．

例 3.1.3 考虑空间 $\mathbb{K}^n$，其中 $n \geqslant 1$．若 $\boldsymbol{x}, \boldsymbol{y} \in \mathbb{K}^n$，有
$$\boldsymbol{x} = (x_1, x_2, \cdots, x_n), \quad \boldsymbol{y} = (y_1, y_2, \cdots, y_n),$$
定义
$$\langle \boldsymbol{x}, \boldsymbol{y} \rangle = \sum_{i=1}^n x_i \bar{y}_i.$$
容易验证 $\langle \cdot, \cdot \rangle$ 为 $\mathbb{K}^n$ 上的内积，其在 $\mathbb{K}^n$ 上诱导出来的范数为 $\|\cdot\|_2$．由于 $\mathbb{K}^n$ 为完备的，因此 $\mathbb{K}^n$ 为 Hilbert 空间．

例 3.1.4 考虑平方可和的数列空间 ℓ^2．若 $x, y \in \ell^2$，有
$$x = (x_1, x_2, \cdots), \quad y = (y_1, y_2, \cdots),$$
定义
$$\langle x, y \rangle = \sum_{i=1}^\infty x_i \bar{y}_i.$$
由 Cauchy-Schwarz 不等式(1.3)，上式右侧的级数收敛．容易验证 $\langle \cdot, \cdot \rangle$ 为 ℓ^2 上的内积，其在 ℓ^2 上诱导出来的范数为 $\|\cdot\|_2$．由于 ℓ^2 为完备的，因此 ℓ^2 为 Hilbert 空间．

例 3.1.5 考虑连续函数空间 $C[a,b]$. 若 $x,y\in C[a,b]$, 定义
$$\langle x,y\rangle = \int_a^b x(t)\overline{y(t)}\mathrm{d}t.$$
利用关于函数的 Cauchy-Schwarz 不等式, 可以证明 $\langle\cdot,\cdot\rangle$ 为 $C[a,b]$ 上的内积, 其在 $C[a,b]$ 上诱导出来的范数为 $\|\cdot\|_2$. 因此 $C[a,b]$ 不是 Hilbert 空间.

定理 3.1.2(内积的连续性) 设 $(X,\langle\cdot,\cdot\rangle)$ 为内积空间, $x_n,y_n,x,y\in X$. 若
$$x_n \to x, \quad y_n \to y,$$
则 $\langle x_n,y_n\rangle \to \langle x,y\rangle$.

证明 由内积的定义及 Schwarz 不等式(3.2), 有
$$|\langle x_n,y_n\rangle - \langle x,y\rangle| = |(\langle x_n,y_n\rangle - \langle x_n,y\rangle) + (\langle x_n,y\rangle - \langle x,y\rangle)|$$
$$\leqslant |\langle x_n,y_n-y\rangle| + |\langle x_n-x,y\rangle|$$
$$\leqslant \|x_n\|\|y_n-y\| + \|x_n-x\|\|y\|.$$
由于 $\{x_n\}$ 为收敛列, 因此存在 $C>0$, 使得任给 $n\geqslant 1$, $\|x_n\|\leqslant C$. 因此,
$$\langle x_n,y_n\rangle \to \langle x,y\rangle. \qquad \square$$

定义 3.1.2 设 $(X,\langle\cdot,\cdot\rangle_X)$ 及 $(Y,\langle\cdot,\cdot\rangle_Y)$ 为内积空间, 映射 $T: X\to Y$ 为线性算子且为一一映射. 如果
$$\langle Tx_1,Tx_2\rangle_Y = \langle x_1,x_2\rangle_X, \quad x_1,x_2\in X. \tag{3.8}$$
则称 T 为从 X 到 Y(内积空间意义下)的**等距同构**. 此时称 X 与 Y(在内积空间意义下)**等距同构**.

由极化恒等式(3.6)和式(3.7), 等式(3.8)成立当且仅当
$$\|Tx\|_Y = \|x\|_X, \quad x\in X,$$
其中 $\|\cdot\|_X$ 及 $\|\cdot\|_Y$ 分别是由内积 $\langle\cdot,\cdot\rangle_X$ 和 $\langle\cdot,\cdot\rangle_Y$ 诱导出来的范数.

如果两个内积空间等距同构, 则其在内积空间意义下的结构和性质完全是一致的. 所以我们视两个等距同构的内积空间为同一个内积空间. 对于内积空间我们有下述完备化定理.

定理 3.1.3 设 X 为内积空间, 则存在 Hilbert 空间 $\hat{X}$ 及其线性子空间 Y, 使得 Y 与 X 等距同构, Y 在 $\hat{X}$ 中稠密. $\hat{X}$ 在等距同构意义下还是唯一的, 即若 $\hat{X}_1$ 为 Hilbert 空间, Y_1 为 $\hat{X}_1$ 的稠密线性子空间且 Y_1 与 X 等距同构, 则 $\hat{X}$ 与 $\hat{X}_1$ 等距同构.

满足这个定理的 Hilbert 空间 $\hat{X}$ 称为 X 的**完备化**. 当 X 为内积空间时, 其上内积在 X 上自然地诱导出一个范数 $\|\cdot\|$, 由定理 2.2.1, $(X,\|\cdot\|)$ 总有赋范空间意义下的完备化. 上一定理表明这个赋范空间意义下的完备化对应的范数可以由 X 上的某个内积诱导出来. 上述定理证明较复杂, 我们不给出其证明过程.

3.2 正交补及正交投影

内积空间较一般赋范空间最大的优势是关于向量或集合的正交性,因此可以自然地导出 Hilbert 空间闭子空间的正交分解定理. 因此内积空间中的结果也较一般赋范空间更加完美和实用.

定义 3.2.1 设 X 为内积空间,$x,y\in X$. 若 $\langle x,y\rangle=0$,则称 x,y **正交**,记为 $x\perp y$. 若 M,N 为 X 的非空子集,任给 $x\in M, y\in N, x\perp y$,则称 M,N **正交**,记为 $M\perp N$. 若 $N=\{x\}$ 为单点集,则记为 $x\perp M$. 令

$$M^\perp = \{x\in X: x\perp M\}.$$

称 $M^\perp$ 为 M 的**正交补**.

由内积的定义,0 与所有元素正交,与 X 正交的元素必为 0. 另外,$M^\perp$ 总是 X 的闭线性子空间. 事实上,若 $x,y\in M^\perp, a,b\in \mathbb{K}, z\in M$,则

$$\langle ax+by,z\rangle = a\langle x,z\rangle + b\langle y,z\rangle = 0,$$

从而 $ax+by\in M^\perp$. 即 $M^\perp$ 为 X 的线性子空间. 为证 $M^\perp$ 为闭集,设 $x_n\in M^\perp, x_n\to x\in X$. 任取 $y\in M, \langle x_n, y\rangle=0$. 利用定理 3.1.2,令 $n\to\infty$,有 $\langle x,y\rangle=0$. 这就证明了 $x\in M^\perp$. 由定理 1.3.2,$M^\perp$ 为闭集.

设 X 为线性空间,C 为 X 的非空子集. 称 C 为**凸集**,如果任给 $x,y\in C, 0\leqslant\lambda\leqslant 1$,都有 $\lambda x+(1-\lambda)y\in C$.

在度量空间 (X,d) 中,固定点 $x_0\in X$ 在非空子集 $M\subset X$ 中的最佳逼近元不一定总存在,即可能不存在 $y_0\in M$,使得

$$\rho(x_0,M) = \|x_0-y_0\|.$$

但在内积空间中,如果 M 满足一定条件,则这样的 y_0 总是存在且是唯一的.

定理 3.2.1 设 X 为内积空间,M 为 X 的非空凸集,且 X 在 M 上诱导的度量使 M 成为完备度量空间. 则任给 $x_0\in X$,存在唯一的 $y_0\in M$,使得

$$\rho(x_0,M) = \|x_0-y_0\|.$$

证明 记 $\delta=\rho(x_0,M)$. 由 $\rho(x_0,M)$ 的定义,任取 $n\geqslant 1$,存在 $y_n\in M$,使得

$$\delta_n = \|x_0-y_n\| \to \delta. \tag{3.9}$$

若 $m,n\geqslant 1$,由于 M 为凸集,所以 $\dfrac{y_m+y_n}{2}\in M$. 因此有

$$\|(x_0-y_m)+(x_0-y_n)\| = \|2x_0-(y_m+y_n)\| = 2\left\|x_0-\dfrac{y_m+y_n}{2}\right\| \geqslant 2\delta.$$

利用平行四边形等式 (3.5) 及 $\dfrac{y_m+y_n}{2}\in M$,有

$$\|y_m - y_n\|^2 = \|(x_0 - y_n) - (x_0 - y_m)\|^2$$
$$= 2(\|x_0 - y_n\|^2 + \|x_0 - y_m\|^2)$$
$$- \|(x_0 - y_n) + (x_0 - y_m)\|^2$$
$$= 2\delta_n^2 + 2\delta_m^2 - 4\left\|x_0 - \frac{y_m + y_n}{2}\right\|^2$$
$$\leqslant 2\delta_n^2 + 2\delta_m^2 - 4\delta^2.$$

因此$\{y_n\}$为M中的柯西列. 由假设M为完备度量空间,因此存在$y_0 \in M, y_n \to y_0$. 利用取范数是连续的这个事实,在式(3.9)中令$n \to \infty$,有
$$\|x_0 - y_0\| = \rho(x_0, M).$$
这就证明了y_0的存在性.

为证y_0的唯一性,假设$y_0' \in M$,使得
$$\|x_0 - y_0'\| = \rho(x_0, M).$$
则由平行四边形等式,有
$$\|y_0 - y_0'\|^2 = \|(x_0 - y_0') - (x_0 - y_0)\|^2$$
$$= 2(\|x_0 - y_0'\|^2 + \|x_0 - y_0\|^2)$$
$$- \|(x_0 - y_0') + (x_0 - y_0)\|^2$$
$$= 4\delta^2 - 4\left\|x_0 - \frac{y_0 + y_0'}{2}\right\|^2 \leqslant 4\delta^2 - 4\delta^2 = 0$$

在上式中我们用到了$\frac{y_0 + y_0'}{2} \in M$这个事实. 因此$y_0 = y_0'$. 这就证明了$y_0$的唯一性. □

定理 3.2.2 设X为Hilbert空间,M为X的闭线性子空间. 则任给$x_0 \in X$,存在唯一的$y_0 \in M$,使
$$\rho(x_0, M) = \|x_0 - y_0\|.$$
进一步地,我们有$x_0 - y_0 \perp M$.

证明 设$\delta = \rho(x_0, M)$. 由于X为Hilbert空间,M为X的闭线性子空间,所以M为完备度量空间. 由于$0 \in M$,所以M为非空凸集. 任给$x_0 \in X$,由定理3.2.1,存在唯一的$y_0 \in M$,使
$$\rho(x_0, M) = \|x_0 - y_0\|.$$
下证$x_0 - y_0 \perp M$. 若不然,令$z_0 = x_0 - y_0$,存在$y_1 \in M$,使$\langle z_0, y_1 \rangle \neq 0$. 特别地,$y_1 \neq 0$. 任给$\lambda \in \mathbb{K}$,有
$$\|z_0 - \lambda y_1\|^2 = \langle z_0 - \lambda y_1, z_0 - \lambda y_1 \rangle$$
$$= \langle z_0, z_0 \rangle - \lambda \langle y_1, z_0 \rangle - \bar{\lambda}\langle z_0, y_1 \rangle + \lambda\bar{\lambda}\langle y_1, y_1 \rangle.$$
在上式中取$\lambda = \frac{\langle z_0, y_1 \rangle}{\langle y_1, y_1 \rangle}$,有
$$\|z_0 - \lambda y_1\|^2 = \|z_0\|^2 - \frac{\langle z_0, y_1 \rangle \langle y_1, z_0 \rangle}{\langle y_1, y_1 \rangle} = \delta^2 - \frac{|\langle z_0, y_1 \rangle|^2}{\langle y_1, y_1 \rangle} < \delta^2.$$

从而 $\|z_0 - \lambda y_1\| < \delta$. 但
$$z_0 - \lambda y_1 = x_0 - (y_0 + \lambda y_1),$$
$y_0 + \lambda y_1 \in M$, 矛盾! 因此必有 $x_0 - y_0 \perp M$. □

定义 3.2.2 设 X 为线性空间, M, N 为 X 的线性子空间. 若任取 $x \in X$, 存在唯一的 $y \in M, z \in N$, 使得 $x = y + z$, 则称 X 为 M 和 N 的**直和**, 记为 $X = M \oplus N$.

容易验证 $X = M \oplus N$ 当且仅当 $X = \mathrm{span}(M \cup N)$ 且 $M \cap N = \{0\}$. 在 $\mathbb{R}^2$ 中考虑 $M = \mathbb{R} \times \{0\}, N = \{0\} \times \mathbb{R}$, 则 $\mathbb{R}^2 = M \oplus N$.

设 H 为 Hilbert 空间, M 为 H 的闭子空间. 任给 $x \in H$, 由定理 3.2.2, 存在唯一的 $y \in M$, 使得 $x - y \in M^\perp$. 令 $z = x - y$, 则
$$x = y + z, \tag{3.10}$$
其中 $y \in M, z \in M^\perp$. 若存在 $y_1 \in M, z_1 \in M^\perp$, 使
$$x = y_1 + z_1,$$
则
$$y - y_1 = z_1 - z \in M \cap M^\perp.$$
因此 $y = y_1, z = z_1$. 这说明 H 为 M 和 $M^\perp$ 的直和. 即得到如下定理.

定理 3.2.3(正交分解定理) 设 H 为 Hilbert 空间, M 为 H 的闭子空间. 则 $H = M \oplus M^\perp$.

设 H 为 Hilbert 空间, M 为 H 的闭子空间. 对于 $x \in H$, 存在唯一的 $y \in M, z \in M^\perp$, 使得 $x = y + z$. 令 $P_M x = y$, 则 P_M 为从 H 到 M 上的映射, 称 P_M 为从 H 到 M 的**正交投影**. 在下个定理里我们给出 P_M 的一些基本性质.

定理 3.2.4 设 H 为 Hilbert 空间, M 为 H 的闭子空间. 则
(1) P_M 为有界线性算子, $\|P_M\| \leqslant 1$;
(2) $P_M^2 = P_M$;
(3) $R(P_M) = M, N(P_M) = M^\perp$.

证明 (1) 若 $x_1, x_2 \in H, a, b \in \mathbb{K}$, 则存在 $y_1, y_2 \in M, z_1, z_2 \in M^\perp$, 使
$$x_1 = y_1 + z_1, x_2 = y_2 + z_2.$$
此时有 $P_M x_1 = y_1, P_M x_2 = y_2$. 另外
$$ax_1 + bx_2 = (ay_1 + by_2) + (az_1 + bz_2),$$
且 $ay_1 + by_2 \in M, az_1 + bz_2 \in M^\perp$. 因此,
$$P_M(ax_1 + bx_2) = ay_1 + by_2 = aP_M x_1 + bP_M x_2.$$
即 P_M 为线性算子. 若 $x = y + z, y \in M, z \in M^\perp$, 则

$$\|x\|^2 = \langle y+z, y+z\rangle = \|y\|^2 + \|z\|^2.$$

所以 $\|P_M x\| = \|y\| \leqslant \|x\|$. 这说明 P_M 为有界线性算子, $\|P_M\| \leqslant 1$.

(2) 若 $y \in M$, 则 $y = y+0, y \in M, 0 \in M^\perp$, 因此 $P_M y = y$. 任取 $x \in H, P_M x \in M$, 所以 $P_M(P_M x) = P_M x$, 即 $P_M^2 = P_M$.

(3) $R(P_M) \subset M$ 显然成立. 又若 $y \in M$, 则有 $P_M y = y$, 故 $y \in R(P_M)$. 这样证明了 $R(P_M) = M$. 类似可证 $N(P_M) = M^\perp$. □

定理 3.2.5 设 H 为 Hilbert 空间, M 为 H 的闭子空间. 则 $(M^\perp)^\perp = M$.

证明 若 $y \in M$, 则任给 $x \in M^\perp$, 有 $x \perp y$. 因此 $y \in (M^\perp)^\perp$, 从而
$$M \subset (M^\perp)^\perp.$$

任取 $x \in (M^\perp)^\perp$, 由定理 3.2.3, 存在唯一的 $y \in M, z \in M^\perp$, 使得 $x = y+z$. 于是有 $x - y = z$. $(M^\perp)^\perp$ 为线性子空间, 注意到 $y \in M \subset (M^\perp)^\perp$, $x \in (M^\perp)^\perp$, 因此 $x - y \in (M^\perp)^\perp$. 所以 $z \in M^\perp \cap (M^\perp)^\perp$. 所以 $z = 0$, 从而 $x = y \in M$. 即 $(M^\perp)^\perp \subset M$. 因此有 $M = (M^\perp)^\perp$. □

为了进一步地研究集合正交补的性质, 我们需要建立下述引理.

引理 3.2.1 设 X 为内积空间, M 为 X 的非空子集, 则
$$(\mathrm{span}(M))^\perp = M^\perp, \quad (\overline{M})^\perp = M^\perp.$$

证明 由于 $M \subset \mathrm{span}(M)$, 所以显然有
$$(\mathrm{span}(M))^\perp \subset M^\perp.$$

若 $x \in M^\perp$, 任取 $y \in \mathrm{span}(M)$, 存在
$$y_1, y_2, \cdots, y_n \in M, a_1, a_2, \cdots, a_n \in \mathbb{K},$$
使得
$$y = a_1 y_1 + a_2 y_2 + \cdots + a_n y_n.$$
因此
$$\langle x, y \rangle = \bar{a}_1 \langle x, y_1 \rangle + \bar{a}_2 \langle x, y_2 \rangle + \cdots + \bar{a}_n \langle x, y_n \rangle = 0.$$
所以 $x \in (\mathrm{span}(M))^\perp$. 从而 $M^\perp \subset (\mathrm{span}(M))^\perp$. 于是证明了
$$(\mathrm{span}(M))^\perp = M^\perp.$$

由于 $M \subset \overline{M}$, 所以显然有 $(\overline{M})^\perp \subset M^\perp$. 设 $x \in M^\perp, y \in \overline{M}$. 存在 $y_n \in M, y_n \to y$. 由定理 3.1.2, 有
$$\langle x, y_n \rangle \to \langle x, y \rangle.$$
但 $\langle x, y_n \rangle = 0$, 所以 $\langle x, y \rangle = 0$. 这就证明了 $x \in (\overline{M})^\perp$, 从而 $M^\perp \subset (\overline{M})^\perp$. 因此 $M^\perp = (\overline{M})^\perp$. □

设 X 为赋范空间, $M \subset X$ 称为**完全集**, 如果 $\mathrm{span}(M)$ 在 X 中稠密. 应用定理 3.2.3, 可

以利用正交补来刻画 Hilbert 空间中的完全集.

定理 3.2.6 设 H 为 Hilbert 空间,M 为 H 的非空子集.则 M 在 H 中为完全集当且仅当 $M^\perp = \{0\}$.

证明 由引理 3.2.1,有
$$M^\perp = (\text{span}(M))^\perp = (\overline{\text{span}(M)})^\perp.$$
设 M 在 X 中为完全集,即 $\overline{\text{span}(M)} = H$. 则
$$M^\perp = (\overline{\text{span}(M)})^\perp = H^\perp = \{0\}.$$
反之,假设 $M^\perp = \{0\}$. 则有 $(\overline{\text{span}(M)})^\perp = \{0\}$. 因此若 $N = \overline{\text{span}(M)}$,则 N 为 H 的闭子空间,且 $N^\perp = \{0\}$. 由定理 3.2.3 知 $H = N \oplus N^\perp$,故 $H = N = \overline{\text{span}(M)}$,即 M 为完全集. □

3.3 标准正交集与标准正交基

在上一节里,我们已经看到内积空间中向量或集合正交性的重要作用.在本节中,将进一步来研究内积空间中标准正交集的性质.标准正交集是内积空间特有的性质,从某种意义上来讲在 Hilbert 空间中完全标准正交基起到了基底的作用.事实上,我们将看到 Hilbert 空间中任意元素可以由该空间的标准正交基通过取可数和来唯一表示.从而 Hilbert 空间的性质可以由其标准正交基来决定.而我们将证明在 Hilbert 空间中标准正交基总是存在的.

定义 3.3.1 设 X 为内积空间,M 为 X 的非空子集.如果 M 中的元两两正交,则称 M 为**正交集**.若 M 为 X 的正交集,且任给 $x \in M$ 有 $\|x\| = 1$,则称 M 为**标准正交集**.若标准正交集 M 为可数集,即 $M = \{e_n : n \geq 1\}$,则称 M 为**标准正交序列**.若标准正交集 M 为有限集,即 $M = \{e_1, e_2, \cdots, e_n\}$,则称 M 为**标准正交组**.

定理 3.3.1 设 X 为内积空间,M 为 X 的标准正交集.则
(1) 任取 $e_1, e_2, \cdots, e_n$ 为 M 中 n 个不同元,$a_1, a_2, \cdots, a_n \in \mathbb{K}$,有
$$\left\| \sum_{i=1}^n a_i e_i \right\|^2 = \sum_{i=1}^n |a_i|^2, \quad \text{(勾股定理)};$$
(2) M 线性无关.

证明
(1) 由于 $\{e_i\}$ 两两正交且 $\|e_i\| = 1$,所以
$$\left\| \sum_{i=1}^n a_i e_i \right\|^2 = \left\langle \sum_{i=1}^n a_i e_i, \sum_{j=1}^n a_j e_j \right\rangle = \sum_{i=1}^n \sum_{j=1}^n a_i \bar{a}_j \langle e_i, e_j \rangle = \sum_{i=1}^n |a_i|^2.$$
(2) 设 $e_1, e_2, \cdots, e_n$ 为 M 中 n 个不同元,$a_1, a_2, \cdots, a_n \in \mathbb{K}$,使得

$$a_1 e_1 + a_2 e_2 + \cdots + a_n e_n = 0.$$

则由已经证明的第一个结论有 $\sum_{i=1}^{n} |a_i|^2 = 0$. 因此，$a_1 = a_2 = \cdots = a_n = 0$. 这说明 $\{e_1, e_2, \cdots, e_n\}$ 线性无关. 从而 M 线性无关. □

例 3.3.1 在 $\mathbb{K}^n$ 上赋予例 3.1.3 中定义的内积，对于 $1 \leqslant i \leqslant n$，设 e_i 为第 i 个坐标为 1，其余坐标为 0 的向量，则 $\{e_1, e_2, \cdots, e_n\}$ 为 $\mathbb{K}^n$ 的标准正交组.

例 3.3.2 在 ℓ^2 上赋予例 3.1.4 中定义的内积，对于 $i \geqslant 1$，设 e_i 为第 i 项为 1，其余项为 0 的数列，则 $M = \{e_i : i \geqslant 1\}$ 为 ℓ^2 的标准正交序列.

例 3.3.3 在 $C[0, 2\pi]$ 上赋予例 3.1.5 中定义的内积，在 $\mathbb{K} = \mathbb{C}$ 情形，对于 $n \in \mathbb{Z}$，令 $e_n(t) = \dfrac{1}{\sqrt{2\pi}} e^{int}$，则 $M = \{e_n : n \in \mathbb{Z}\}$ 构成 $C[0, 2\pi]$ 的标准正交序列. 若 $\mathbb{K} = \mathbb{R}$，考虑 $f_0(t) = \dfrac{1}{\sqrt{2\pi}}$，若 $n \geqslant 1$，令 $f_n(t) = \dfrac{1}{\sqrt{\pi}} \cos(nt)$. 则 $\{f_n : n \geqslant 0\}$ 为 $C[0, 2\pi]$ 的标准正交序列.

设 X 为内积空间，$M = \{e_n : n \geqslant 1\}$ 为 X 的标准正交序列. 任取 $x \in X$，令

$$y = \sum_{i=1}^{n} \langle x, e_i \rangle e_i \in X.$$

若 $z = x - y$，则 $y \perp z$. 事实上，

$$\langle y, z \rangle = \langle y, x - y \rangle = \langle y, x \rangle - \langle y, y \rangle$$

$$= \langle \sum_{i=1}^{n} \langle x, e_i \rangle e_i, x \rangle - \langle \sum_{i=1}^{n} \langle x, e_i \rangle e_i, \sum_{i=1}^{n} \langle x, e_i \rangle e_i \rangle$$

$$= \sum_{i=1}^{n} \langle x, e_i \rangle \langle e_i, x \rangle - \sum_{i=1}^{n} |\langle x, e_i \rangle|^2 = 0.$$

又 $x = y + z$，所以

$$\|x\|^2 = \|y\|^2 + \|z\|^2.$$

从而 $\|y\|^2 \leqslant \|x\|^2$，或等价地，有

$$\sum_{i=1}^{n} |\langle x, e_i \rangle|^2 \leqslant \|x\|^2.$$

在上式中令 $n \to \infty$，有

$$\sum_{i=1}^{\infty} |\langle x, e_i \rangle|^2 \leqslant \|x\|^2. \tag{3.11}$$

上式称为 **Bessel 不等式**.

定理 3.3.2 设 $M = \{e_i : i \geqslant 1\}$ 为 Hilbert 空间 H 的标准正交序列，$\{a_i\}$ 为 $\mathbb{K}$ 中序列. 则

(1) 级数 $\sum_{i \geqslant 1} a_i e_i$ 在 H 中收敛当且仅当 $\sum_{i=1}^{\infty} |a_i|^2 < \infty$；

(2) 若级数 $\sum_{i\geqslant 1} a_i e_i$ 在 H 中收敛且 $x = \sum_{i=1}^{\infty} a_i e_i$，则 $a_i = \langle x, e_i \rangle$；

(3) 任取 $x \in H$，级数 $\sum_{i\geqslant 1} \langle x, e_i \rangle e_i$ 在 H 中收敛.

证明

(1) 若 $n \geqslant 1$，令

$$S_n = \sum_{i=1}^{n} a_i e_i \in H, \quad s_n = \sum_{i=1}^{n} |a_i|^2 \in \mathbb{R}.$$

任取 $m > n$，有

$$\|S_m - S_n\|^2 = \Big\|\sum_{i=n+1}^{m} a_i e_i\Big\|^2 = \sum_{i=n+1}^{m} |a_i|^2 = s_m - s_n.$$

因此 $\{S_n\}$ 为 H 中的柯西列当且仅当 $\{s_n\}$ 为 $\mathbb{R}$ 中的柯西列，从而 $\sum_{i\geqslant 1} a_i e_i$ 在 H 中收敛当且仅当 $\sum_{i=1}^{\infty} |a_i|^2 < \infty$.

(2) 设级数 $\sum_{i\geqslant 1} a_i e_i$ 在 H 中收敛且 $x = \sum_{i=1}^{\infty} a_i e_i$. 则由级数收敛性的定义，有

$$\lim_{n \to \infty} \sum_{i=1}^{n} a_i e_i = x.$$

由定理 3.1.2，得

$$\langle x, e_i \rangle = \lim_{n \to \infty} \Big\langle \sum_{j=1}^{n} a_j e_j, e_i \Big\rangle = a_i.$$

(3) 若 $x \in H$，由 Bessel 不等式(3.11)，有

$$\sum_{i=1}^{\infty} |\langle x, e_i \rangle|^2 < \infty.$$

由已经证明的第一个结论，级数 $\sum_{i\geqslant 1} \langle x, e_i \rangle e_i$ 在 H 中收敛. □

设 $a_i \in \mathbb{R}$ 为非负数列，满足 $\sum_{i=1}^{\infty} a_i < \infty$. 若 $\tau: \mathbb{N} \to \mathbb{N}$ 为一一映射，则级数 $\sum_{i\geqslant 1} a_{\tau(i)}$ 也收敛，即 $\sum_{i=1}^{\infty} a_{\tau(i)} < \infty$. 此时有

$$\sum_{i=1}^{\infty} a_i = \sum_{i=1}^{\infty} a_{\tau(i)}.$$

因此，若 $M = \{e_n : n \geqslant 1\}$ 为 Hilbert 空间 H 的标准正交序列，设级数 $\sum_{i\geqslant 1} a_i e_i$ 在 H 中收敛，应用上个定理，则级数 $\sum_{i\geqslant 1} a_{\tau(i)} e_{\tau(i)}$ 也在 H 中收敛且

$$\sum_{i=1}^{\infty} a_i e_i = \sum_{i=1}^{\infty} a_{\tau(i)} e_{\tau(i)}.$$

因此级数 $\sum_{i\geqslant 1} a_i e_i$ 的收敛性及其收敛的极限与该级数中各项顺序是无关的.

内积空间 X 中的标准正交集 M 可能是不可数集,但对于选定的 $x\in X$,则此向量仅和 M 中至多可数个元素有联系.

定理 3.3.3 设 M 为内积空间 X 的标准正交集. 则任取 $x\in X$,
$$M_x = \{e\in M: \langle x,e\rangle \neq 0\}$$
为至多可数集.

证明 若 $m\geqslant 1$,考虑
$$M_{x,m} = \left\{e\in M: |\langle x,e\rangle| \geqslant \frac{1}{m}\right\}.$$
若 $e_1,e_2,\cdots,e_k\in M_{x,m}$ 为两两不等的元,则由 Bessel 不等式(3.11),有
$$\frac{k}{m^2} \leqslant \sum_{j=1}^{k} |\langle x,e_j\rangle|^2 \leqslant \|x\|^2.$$
因此 $k\leqslant m^2 \|x\|^2$,这说明 $M_{x,m}$ 中只有有限个元素. 又显然有
$$M_x = \bigcup_{m=1}^{\infty} M_{x,m}.$$
故 M_x 为至多可数集. □

设 H 为 Hilbert 空间,M 为 H 的标准正交集. 由上一定理,有
$$M_x = \{e\in M: \langle x,e\rangle \neq 0\}$$
为至多可数集. 设 $M_x = \{e_j: j\geqslant 1\}$. 由定理 3.3.2,级数 $\sum_{j\geqslant 1}\langle x,e_j\rangle e_j$ 在 H 中收敛. 若 $e\in M\setminus M_x$,由 M_x 的定义,$\langle x,e\rangle = 0$. 因此形式上有

$$\sum_{j=1}^{\infty} \langle x,e_j\rangle e_j = \sum_{e\in M} \langle x,e\rangle e, \tag{3.12}$$

$$\sum_{j=1}^{\infty} |\langle x,e_j\rangle|^2 = \sum_{e\in M} |\langle x,e\rangle|^2. \tag{3.13}$$

在本节的剩下部分里,我们将使用这两个记法.

定义 3.3.2 设 H 为内积空间,M 为 H 的标准正交集. 若 $\overline{\mathrm{span}(M)} = H$,则称 M 为 H 的**标准正交基**,也称为 H 的**完全标准正交集**.

在 Hilbert 空间中,标准正交基起到基底的作用,即 H 中任意元可以由此标准正交基中的元素通过取无穷和的形式来表示.

定理 3.3.4 设 H 为 Hilbert 空间,M 为 H 的标准正交集. 则下述命题相互等价:
(1) M 为标准正交基.
(2) 任给 $x\in H$,有

$$x = \sum_{e \in M} \langle x, e \rangle\, e. \tag{3.14}$$

(3) 任给 $x, y \in H$,有

$$\langle x, y \rangle = \sum_{e \in M} \langle x, e \rangle \langle e, y \rangle. \tag{3.15}$$

(4) 任给 $x \in H$,有

$$\|x\|^2 = \sum_{e \in M} |\langle x, e \rangle|^2, \textbf{(Parseval 等式)}. \tag{3.16}$$

证明

(1)⇒(2) 设 M 为 H 的标准正交基,则 $\overline{\mathrm{span}(M)} = H$. 任给 $x \in H$,由定理 3.3.3,知使得 $\langle x, e \rangle \neq 0$ 的 $e \in M$ 为至多可数的,设为

$$M_x = \{e_1, e_2, \cdots\}.$$

由定理 3.3.2,级数 $\sum_{i \geqslant 1} \langle x, e_i \rangle\, e_i$ 在 H 中收敛,设 $y = \sum_{i=1}^{\infty} \langle x, e_i \rangle\, e_i$. 下证 $x = y$. 为此,设 $z = x - y$. 若 $i \geqslant 1$,利用定理 3.1.2,有

$$\langle z, e_i \rangle = \langle x, e_i \rangle - \langle y, e_i \rangle = \langle x, e_i \rangle - \left\langle \lim_{n \to \infty} \sum_{i=1}^{n} \langle x, e_i \rangle\, e_i, e_i \right\rangle$$

$$= \langle x, e_i \rangle - \lim_{n \to \infty} \left\langle \sum_{i=1}^{n} \langle x, e_i \rangle\, e_i, e_i \right\rangle$$

$$= \langle x, e_i \rangle - \lim_{n \to \infty} \sum_{i=1}^{n} \langle \langle x, e_i \rangle\, e_i, e_i \rangle = 0.$$

若 $e \in M \setminus M_x$,则 $\langle x, e \rangle = 0$,还是利用定理 3.1.2,有

$$\langle z, e \rangle = \langle x, e \rangle - \langle y, e \rangle = -\left\langle \lim_{n \to \infty} \sum_{i=1}^{n} \langle x, e_i \rangle\, e_i, e \right\rangle$$

$$= -\lim_{n \to \infty} \left\langle \sum_{i=1}^{n} \langle x, e_i \rangle\, e_i, e \right\rangle = 0.$$

在上式中我们用到了 $\langle e_i, e \rangle = 0$ 这个事实. 我们证明了 $z \in M^\perp$,由引理 3.2.1,$z \in (\overline{\mathrm{span}(M)})^\perp$,由假设知 $z = 0$. 从而 $x = y$,即

$$x = \sum_{i=1}^{\infty} \langle x, e_i \rangle\, e_i = \sum_{e \in M} \langle x, e \rangle\, e.$$

(2)⇒(3) 设任给 $x \in H$,有

$$x = \sum_{e \in M} \langle x, e \rangle\, e. \tag{3.17}$$

由定理 3.3.3,若 $x, y \in H$,使得 $\langle x, e \rangle \neq 0$ 或 $\langle y, e \rangle \neq 0$ 的 $e \in M$ 为至多可数的,设为

$$M_{x,y} = \{e_1, e_2, \cdots\}.$$

式 (3.17) 意味着

$$x = \sum_{i=1}^{\infty} \langle x, e_i \rangle e_i, y = \sum_{i=1}^{\infty} \langle y, e_i \rangle e_i.$$

因此由定理 3.1.2 和定理 3.3.1,有

$$\langle x, y \rangle = \langle \sum_{i=1}^{\infty} \langle x, e_i \rangle e_i, \sum_{i=1}^{\infty} \langle y, e_i \rangle e_i \rangle = \lim_{n \to \infty} \langle \sum_{i=1}^{n} \langle x, e_i \rangle e_i, \sum_{i=1}^{n} \langle y, e_i \rangle e_i \rangle$$

$$= \lim_{n \to \infty} \sum_{i=1}^{n} \langle x, e_i \rangle \langle e_i, y \rangle = \sum_{i=1}^{\infty} \langle x, e_i \rangle \langle e_i, y \rangle.$$

或等价地,有

$$\langle x, y \rangle = \sum_{e \in M} \langle x, e \rangle \langle e, y \rangle.$$

(3)⇒(4) 假设式(3.15)成立,则仅需在式(3.15)中取 $x = y$ 即可得到式(3.16).

(4)⇒(1) 设任给 $x \in H$,有

$$\|x\|^2 = \sum_{e \in M} |\langle x, e \rangle|^2. \tag{3.18}$$

若 $y \in \overline{(\mathrm{span}(M))}^{\perp}$,则 $y \in M^{\perp}$,即任取 $e \in M$ 有 $\langle y, e \rangle = 0$. 由式(3.18)知 $y = 0$. 因此,$(\overline{\mathrm{span}(M)})^{\perp} = \{0\}$. 由于 $\overline{\mathrm{span}(M)}$ 为 H 的闭线性子空间,由定理 3.2.3 知 $H = \overline{\mathrm{span}(M)}$. 即 M 为 H 的标准正交基. □

注 3.3.1 设 M 为非空集合,令

$$\ell^2(M) = \big\{ f : M \to \mathbb{K} : f \text{ 仅在至多可数个点上非零且} \sum_{s \in M} |f(s)|^2 < \infty \big\}.$$

则易证 $\ell^2(M)$ 为线性空间,其上可以赋予内积

$$\langle f, g \rangle = \sum_{s \in M} f(s) \overline{g(s)}.$$

则 $\ell^2(M)$ 为 Hilbert 空间. 若 H 为 Hilbert 空间,M 为 H 的标准正交基,则可以考虑映射

$$T: H \to \ell^2(M)$$
$$x \mapsto Tx,$$

其中 $(Tx)(s) = \langle x, s \rangle$. 利用上一定理可知 T 为(内积空间意义下的)等距同构. 需要特别说明的是,若 M 为 n 个元素,则 $\ell^2(M)$ 可以等同于 $\mathbb{K}^n$;若 M 为可数集,则 $\ell^2(M)$ 可以等同于 ℓ^2.

容易验证例 3.3.1,例 3.3.2 中定义的标准正交集均是相应内积空间的标准正交基.

设 X 为内积空间,$x_1, x_2, \cdots$ 为 X 中一列线性无关的元素,则总可以从这列元素出发构造出 X 的标准正交序列,这就是很实用的 Gram-Schmidt 标准正交化方法.

定理 3.3.5(Gram-Schmidt 标准正交化方法) 设 $\{x_1, x_2, \cdots\}$ 为内积空间 X 的一列线性无关的元素. 则存在 $\{e_1, e_2, \cdots\}$ 为 X 的标准正交序列,使得任给 $n \geq 1$,有

$$\mathrm{span}\{e_1, e_2, \cdots, e_n\} = \mathrm{span}\{x_1, x_2, \cdots, x_n\}.$$

证明 由序列 $\{x_1, x_2, \cdots\}$ 的线性无关性有 $x_1 \neq 0$. 取 $e_1 = \dfrac{x_1}{\|x_1\|}$. 令

$$v_2 = x_2 - \langle x_2, e_1 \rangle e_1,$$

则

$$\langle v_2, e_1 \rangle = \langle x_2, e_1 \rangle - \langle \langle x_2, e_1 \rangle e_1, e_1 \rangle = 0.$$

由于 x_1, x_2 线性无关,所以 e_1, x_2 线性无关,所以 $v_2 \neq 0$. 令 $e_2 = \dfrac{v_2}{\|v_2\|}$. 则 $\|e_2\| = 1$ 且 $e_1 \perp e_2$. 容易验证

$$\mathrm{span}\{e_1, e_2\} = \mathrm{span}\{x_1, x_2\}.$$

设 $e_1, e_2, \cdots, e_n$ 已经找到. 令

$$v_{n+1} = x_{n+1} - \sum_{i=1}^{n} \langle x_{n+1}, e_i \rangle e_i.$$

则容易验证若 $1 \leqslant i \leqslant n$,则 $v_{n+1} \perp e_i$. 利用 $\{x_1, x_2, \cdots, x_{n+1}\}$ 的线性无关性易证 $v_{n+1} \neq 0$,令 $e_{n+1} = \dfrac{v_{n+1}}{\|v_{n+1}\|}$. 则任取 $1 \leqslant i \leqslant n$,有 $e_{n+1} \perp e_i$. 容易验证

$$\mathrm{span}\{e_1, e_2, \cdots, e_{n+1}\} = \mathrm{span}\{x_1, x_2, \cdots, x_{n+1}\}. \qquad \square$$

下面我们给出 Hilbert 空间中标准正交基的存在性定理.

定理 3.3.6 设 H 为 Hilbert 空间,$H \neq \{0\}$,M_0 为 H 的标准正交集,则存在 H 的标准正交基 M,使得 $M_0 \subset M$. 由于单点集 $\{x\}$ 为标准正交集,其中 $\|x\| = 1$,因此 H 必有标准正交基.

证明 考虑集合

$$\mathcal{E} = \{M \subset H : M \text{ 为 } H \text{ 的标准正交集}, M_0 \subset M\}.$$

由于 $M_0 \in \mathcal{E}$,所以 $\mathcal{E} \neq \varnothing$.

若 $M, N \in \mathcal{E}$,定义

$$M \leqslant N \Leftrightarrow M \subset N.$$

则易证序关系"$\leqslant$"为 $\mathcal{E}$ 上的半序. 设 $\mathcal{E}_1$ 为 $\mathcal{E}$ 的非空全序子集,令

$$M = \bigcup_{N \in \mathcal{E}_1} N.$$

我们下证 $M \in \mathcal{E}$. 为此设 $x_1, x_2, \cdots, x_n \in M$ 为两两不等的元,则存在

$$N_1, N_2, \cdots, N_n \in \mathcal{E}_1,$$

使得 $x_i \in N_i$. 由于 $\mathcal{E}_1$ 为全序的,故 $N_1, N_2, \cdots, N_n$ 可以比较大小,不妨设

$$N_1 \leqslant N_2 \leqslant \cdots \leqslant N_n,$$

即 $N_1 \subset N_2 \subset \cdots \subset N_n$. 此时任给 $1 \leqslant i \leqslant n$ 有 $x_i \in N_n$. 由于 $N_n \in \mathcal{E}$,所以 $x_1, x_2, \cdots, x_n$ 两两正交. 这就证明了 M 为标准正交集. 又显然有 $M_0 \subset M$,故 $M \in \mathcal{E}$. 由 M 的定义,任取 $N \in \mathcal{E}_1$ 有 $N \subset M$,即 $N \leqslant M$. 这说明 M 为 $\mathcal{E}_1$ 的上界. 由于 $\mathcal{E}$ 中任意非空全序子集均有上界,由 Zorn 引理(见附录)$\mathcal{E}$ 必有极大元 M_1.

假设 M_1 在 H 中不为完全集,即 $\overline{\mathrm{span}(M_1)} \subsetneq H$. 从而利用定理 3.2.3,有

$$(\overline{\operatorname{span}(M_1)})^\perp \neq \{0\}.$$

取 $x_0 \in (\overline{\operatorname{span}(M_1)})^\perp$，$\|x_0\| = 1$，令 $M_2 = M_1 \cup \{x_0\}$，则 M_2 为 H 的标准正交集，且显然有 $M_0 \subset M_2$，即 $M_2 \in \mathcal{E}$. 但我们有 $M_1 \leqslant M_2, M_1 \neq M_2$. 这与 M_1 为极大元矛盾！因此 M_1 在 H 中必为完全集，即 M_1 为 H 的标准正交基. □

当 H 为可分 Hilbert 空间时，不需要应用 Zorn 引理，也可以给出 Hilbert 空间标准正交基存在性的证明. 若 $\dim(H) = n < \infty$，则存在 $\{x_1, x_2, \cdots, x_n\}$ 为 H 的 Hamel 基，即
$$H = \operatorname{span}\{x_1, x_2, \cdots, x_n\}.$$
由定理 3.3.5，存在 $\{e_1, e_2, \cdots, e_n\}$ 为 H 的标准正交集，使得
$$\operatorname{span}\{e_1, e_2, \cdots, e_n\} = \operatorname{span}\{x_1, x_2, \cdots, x_n\}.$$
因此有 $H = \operatorname{span}\{e_1, e_2, \cdots, e_n\}$. 这说明 $\{e_1, e_2, \cdots, e_n\}$ 为 H 的标准正交基. 若 $\dim(H) = \infty$，则由于 H 为可分空间，存在可数集 $y_1, y_2, \cdots$ 在 H 中稠密. 易证存在 $y_1, y_2, \cdots$ 线性无关的子列 $x_1, x_2, \cdots$，使得
$$\operatorname{span}\{y_1, y_2, \cdots\} = \operatorname{span}\{x_1, x_2, \cdots\}.$$
因此 $\operatorname{span}\{x_1, x_2, \cdots\}$ 在 H 中稠密. 由定理 3.3.5，存在 H 的标准正交集 $\{e_1, e_2, \cdots\}$，使得任给 $n \geqslant 1$，有
$$\operatorname{span}\{e_1, e_2, \cdots, e_n\} = \operatorname{span}\{x_1, x_2, \cdots, x_n\}.$$
因此
$$\operatorname{span}\{e_1, e_2, \cdots\} = \operatorname{span}\{x_1, x_2, \cdots\}.$$
特别地，$\operatorname{span}\{e_1, e_2, \cdots\}$ 在 H 中稠密，这说明 $\{e_1, e_2, \cdots\}$ 为 H 的标准正交基.

利用注 3.3.1 的结论，结合上述构造过程，我们可得下述重要结论：若 H 为有限维 Hilbert 空间，$\dim(H) = n$，则 H 与 $\mathbb{K}^n$（在内积空间意义下）等距同构；若 H 为可分无穷维 Hilbert 空间，则 H 与 ℓ^2（在内积空间意义下）等距同构. 这说明在等距同构意义下，可分 Hilbert 空间只有两类：$\mathbb{K}^n$ 和 ℓ^2.

3.4　Hilbert 空间上有界线性泛函的表示

给定赋范空间 X，一般来讲将 X 上的所有有界线性泛函表示出来是一件十分困难的事情. 但若 H 为 Hilbert 空间，则 H 上的有界线性泛函都具有十分简单的形式，事实上它们都可通过取内积得到，这就是著名的 Riesz 表示定理.

设 X 为内积空间，固定 $y_0 \in X$，则 y_0 可以自然地定义一个 X 上的线性泛函 f_{y_0}：
$$f_{y_0}(x) = \langle x, y_0 \rangle, \quad x \in X.$$
由 Schwarz 不等式(3.2)，有
$$|f_{y_0}(x)| \leqslant \|y_0\| \|x\|.$$
所以 $f_{y_0} \in X'$ 且 $\|f_{y_0}\| \leqslant \|y_0\|$. 另外，有

$$f_{y_0}(y_0) = \langle y_0, y_0 \rangle = \|y_0\|^2.$$

从而 $\|f_{y_0}\| \geqslant \|y_0\|$. 因此 $\|f_{y_0}\| = \|y_0\|$.

若 H 为 Hilbert 空间,所有 H 上的有界线性泛函都具有这种简单形式.

定理 3.4.1(F. Riesz) 若 H 为 Hilbert 空间. 则任取 $f \in H'$,存在唯一的 $y_0 \in H$,使得
$$f(x) = f_{y_0}(x) = \langle x, y_0 \rangle, \quad x \in H.$$

证明 首先来证明 y_0 的存在性. 若 $f = 0$,则可取 $y_0 = 0$. 下设 $f \neq 0$. 由于 $f \in H'$,所以 $f: H \to \mathbb{K}$ 为连续映射. 因此其零空间 $N(f)$ 为 H 的闭线性子空间,又由于 $f \neq 0$,所以 $N(f) \subsetneqq H$. 由定理 3.2.3,$N(f)^\perp \neq \{0\}$.

固定 $z_0 \in N(f)^\perp, z_0 \neq 0$. 任给 $x \in H$,考虑 $v = f(x)z_0 - f(z_0)x \in H$. 显然有
$$f(v) = f(x)f(z_0) - f(z_0)f(x) = 0.$$
故 $v \in N(f)$. 从而 $\langle v, z_0 \rangle = 0$,即
$$f(x)\langle z_0, z_0 \rangle - f(z_0)\langle x, z_0 \rangle = 0.$$
或者等价地,有
$$f(x) = \langle x, \overline{\frac{f(z_0)z_0}{\|z_0\|^2}} \rangle.$$
所以可取 $y_0 = \overline{\frac{f(z_0)z_0}{\|z_0\|^2}}$. 这就证明了 y_0 的存在性.

为了证明 y_0 的唯一性,假设 $y_1 \in H$,使得
$$f(x) = \langle x, y_1 \rangle, \quad x \in H.$$
则
$$\langle x, y_0 \rangle = \langle x, y_1 \rangle, \quad x \in H,$$
或等价地,有
$$\langle x, y_0 - y_1 \rangle = 0, \quad x \in H.$$
取 $x = y_0 - y_1$,则有 $\|y_0 - y_1\|^2 = 0$,因此 $y_0 = y_1$. □

完备性假设在 Riesz 表示定理中为必要条件. 事实上,若 X 为不完备的内积空间,设 H 为其完备化,则任取 $y_0 \in H \setminus X$,y_0 可以自然地定义一个 X 上的线性泛函 $f_{y_0}(x) = \langle x, y_0 \rangle$. 假设存在 $y_1 \in X$,使得
$$f(x) = \langle x, y_1 \rangle, \quad x \in X.$$
则任取 $x \in X$,有 $f(x) = \langle x, y_0 \rangle = \langle x, y_1 \rangle$. 因此有 $\langle x, y_0 - y_1 \rangle = 0$. 这说明 $y_0 - y_1 \in X^\perp$. 由于 X 在 H 中稠密,所以必有 $y_0 = y_1$,即 $y_1 = y_0$,矛盾!

Hilbert 空间上有界线性泛函的 Riesz 表示定理可以用来研究 Hilbert 空间上的有界共轭双线性泛函,下面给出 Hilbert 空间上有界共轭双线性泛函十分简单的表示.

定义 3.4.1 设 X, Y 为线性空间,$h: X \times Y \to \mathbb{K}$ 为映射. 称 h 为**共轭双线性泛函**,若任给 $x, x_1, x_2 \in X, y, y_1, y_2 \in Y, \alpha \in \mathbb{K}$,满足:

(1) $h(x_1+x_2,y)=h(x_1,y)+h(x_2,y)$;
(2) $h(\alpha x,y)=\alpha h(x,y)$;
(3) $h(x,y_1+y_2)=h(x,y_1)+h(x,y_2)$;
(4) $h(x,\alpha y)=\bar{\alpha}h(x,y)$.

即当固定第二个变量时,h 关于第一个变量是线性算子;固定第一个变量时,h 关于第二个变量为共轭线性算子.

若 h 为共轭双线性泛函且 $\mathbb{K}=\mathbb{R}$,则固定第一个变量时,h 关于第二个变量为线性算子,此时 h 为双线性泛函.若 X 为内积空间,则 $h(x,y)=\langle x,y\rangle$ 为共轭双线性泛函.

设 X,Y 为赋范空间,$h: X\times Y\to\mathbb{K}$ 为共轭双线性泛函,称 h 为**有界共轭双线性泛函**,如果存在常数 $C\geqslant 0$,使

$$|h(x,y)|\leqslant C\|x\|\|y\|, \quad x\in X, y\in Y. \tag{3.19}$$

若 h 为有界共轭双线性泛函,定义 h 的范数为

$$\|h\|=\sup_{x\neq 0,y\neq 0}\frac{|h(x,y)|}{\|x\|\|y\|}.$$

则 $\|h\|<\infty$. 易证

$$|h(x,y)|\leqslant\|h\|\|x\|\|y\|, \quad x\in X, y\in Y.$$

因此,$\|h\|$ 是使得不等式(3.19)成立的最小常数 C.

若 $(H_1,\langle\cdot,\cdot\rangle_1),(H_2,\langle\cdot,\cdot\rangle_2)$ 为内积空间,$T\in B(H_1,H_2)$. 令

$$h(x,y)=\langle Tx,y\rangle_2, \quad x\in H_1, y\in H_2, \tag{3.20}$$

则 h 为共轭双线性泛函. 又由 Schwarz 不等式(3.2),有

$$|h(x,y)|\leqslant\|Tx\|\|y\|\leqslant\|T\|\|x\|\|y\|.$$

所以 h 为有界共轭双线性泛函,且 $\|h\|\leqslant\|T\|$. 事实上,有 $\|h\|=\|T\|$. 为了证明这个结论,需要下述引理.

引理 3.4.1 设 X 为内积空间,$x_0\in X$. 则

$$\|x_0\|=\max_{x\in X, x\neq 0}\frac{|\langle x_0,x\rangle|}{\|x\|}.$$

证明 当 $x_0=0$ 时,要证结果显然成立,故不妨设 $x_0\neq 0$. 任给 $x\in X$,由 Schwarz 不等式(3.2),有

$$|\langle x_0,x\rangle|\leqslant\|x_0\|\|x\|.$$

因此

$$\sup_{x\in X, x\neq 0}\frac{|\langle x_0,x\rangle|}{\|x\|}\leqslant\|x_0\|.$$

又

$$\frac{|\langle x_0,x_0\rangle|}{\|x_0\|}=\|x_0\|.$$

从而
$$\sup_{x\in X, x\neq 0}\frac{|\langle x_0, x\rangle|}{\|x\|} \geqslant \|x_0\|.$$
所以
$$\|x_0\| = \sup_{x\in X, x\neq 0}\frac{|\langle x_0, x\rangle|}{\|x\|}.$$
由于上式的上确界可以达到,所以
$$\|x_0\| = \max_{x\in X, x\neq 0}\frac{|\langle x_0, x\rangle|}{\|x\|}. \qquad \Box$$

设 h 是由式(3.20)定义的共轭双线性泛函,下面来证明 $\|T\|\leqslant \|h\|$. 任给 $x\in H_1$,由上一引理,有
$$\|Tx\| = \sup_{y\in H_2, y\neq 0}\frac{|\langle Tx, y\rangle|}{\|y\|} = \sup_{y\in H_2, y\neq 0}\frac{|h(x, y)|}{\|y\|}$$
$$\leqslant \sup_{y\in H_2, y\neq 0}\frac{\|h\|\|x\|\|y\|}{\|y\|} = \|h\|\|x\|.$$

因此有 $\|T\|\leqslant \|h\|$. 从而 $\|T\| = \|h\|$. 关于 Hilbert 空间上的有界共轭双线性泛函,有十分简单的表示定理.

定理 3.4.2(F. Riesz) 设 $(H_1, \langle\cdot,\cdot\rangle_1), (H_2, \langle\cdot,\cdot\rangle_2)$ 为 Hilbert 空间,$h: H_1\times H_2\to \mathbb{K}$ 为有界共轭双线性泛函. 则存在唯一的 $T\in B(H_1, H_2)$,使得
$$h(x, y) = \langle Tx, y\rangle_2, \quad x\in H_1, y\in H_2.$$
此时有 $\|T\| = \|h\|$.

证明 固定 $x\in H_1$. 考虑映射
$$\phi: H_2 \to \mathbb{K}$$
$$y \mapsto \overline{h(x, y)}.$$
由于固定 $x, h(x, y)$ 关于 $y\in H_2$ 是共轭线性的,所以 ϕ 为线性泛函. 而
$$|\phi(y)| \leqslant \|h\|\|x\|\|y\|, \quad y\in H_2,$$
所以 ϕ 为 H_2 上的有界线性泛函. 由定理 3.4.1,存在唯一的 $Tx\in H_2$,使得
$$\phi(y) = \langle y, Tx\rangle_2, \quad y\in H_2.$$
即
$$\overline{h(x, y)} = \langle y, Tx\rangle, \quad x\in H_1, y\in H_2,$$
或等价地,有
$$h(x, y) = \langle Tx, y\rangle, \quad x\in H_1, y\in H_2.$$
$T: H_1\to H_2$ 为映射. 若 $x_1, x_2\in H_1, a, b\in \mathbb{K}$,则任取 $y\in H_2$,有
$$\langle T(ax_1+bx_2), y\rangle_2 = h(ax_1+bx_2, y) = ah(x_1, y) + bh(x_2, y)$$
$$= a\langle Tx_1, y\rangle_2 + b\langle Tx_2, y\rangle_2 = \langle aTx_1 + bTx_2, y\rangle_2.$$

由 $y \in H_2$ 的任意性,有
$$T(ax_1 + bx_2) = aTx_1 + bTx_2,$$
即 T 为线性算子.

由引理 3.4.1,若 $x \in H_1$,有
$$\|Tx\| = \sup_{y \in H_2, y \neq 0} \frac{|\langle Tx, y \rangle|}{\|y\|} = \sup_{y \in H_2, y \neq 0} \frac{|h(x,y)|}{\|y\|}$$
$$\leqslant \sup_{y \in H_2, y \neq 0} \frac{\|h\| \|x\| \|y\|}{\|y\|} = \|h\| \|x\|.$$

从而 $T \in B(H_1, H_2)$. 由上面的证明知此时有 $\|T\| = \|h\|$.

为了证明 T 的唯一性,假设 $T_1 \in B(H_1, H_2)$,使得
$$h(x,y) = \langle T_1 x, y \rangle, \quad x \in H_1, y \in H_2.$$
则
$$\langle Tx, y \rangle = \langle T_1 x, y \rangle, \quad x \in H_1, y \in H_2.$$
或等价地,有
$$\langle (Tx - T_1 x), y \rangle = 0, \quad x \in H_1, y \in H_2.$$
由 $y \in H_2$ 的任意性知 $Tx = T_1 x$,即 $T = T_1$. □

下面用刚刚证明的 Riesz 表示定理引入 Hilbert 空间上有界线性算子伴随算子的概念. 设 $(H_1, \langle \cdot, \cdot \rangle_1), (H_2, \langle \cdot, \cdot \rangle_2)$ 为 Hilbert 空间,$T \in B(H_1, H_2)$,考虑映射
$$h: H_2 \times H_1 \to \mathbb{K}$$
$$(y, x) \mapsto \langle y, Tx \rangle.$$
容易验证 h 为共轭双线性泛函. 由 Schwarz 不等式(3.2),有
$$|h(y,x)| \leqslant \|y\| \|Tx\| \leqslant \|T\| \|y\| \|x\|.$$
因此 h 为有界共轭双线性泛函. 应用引理 3.4.1 易证 $\|h\| = \|T\|$. 由上一定理,存在唯一的 $T^* \in B(H_2, H_1)$,使得
$$h(y,x) = \langle T^* y, x \rangle, \quad x \in H_1, y \in H_2,$$
或等价地,有
$$\langle Tx, y \rangle = \langle x, T^* y \rangle, \quad x \in H_1, y \in H_2.$$
T^* 称为 T 的**伴随算子**. 我们有 $\|T^*\| = \|T\| = \|h\|$.

例 3.4.1 设 $A = (a_{ij})_{n \times m}$ 为矩阵,它可以自然地定义一个从 $\mathbb{K}^m$ 到 $\mathbb{K}^n$ 的线性算子 T:若 $\boldsymbol{x} = (x_1, x_2, \cdots, x_m) \in \mathbb{K}^m, T\boldsymbol{x} \in \mathbb{K}^n$ 的第 i 个分量定义为
$$(T\boldsymbol{x})_i = \sum_{j=1}^m a_{ij} x_j.$$
若 $\mathbb{K}^m$ 和 $\mathbb{K}^n$ 赋予例 3.1.3 中定义的内积,$\boldsymbol{x} \in \mathbb{K}^m, \boldsymbol{y} \in \mathbb{K}^n$,且
$$\boldsymbol{x} = (x_1, x_2, \cdots, x_m), \quad \boldsymbol{y} = (x_1, x_2, \cdots, y_n),$$
则

$$\langle T\boldsymbol{x},\boldsymbol{y}\rangle = \sum_{i=1}^{n}\bigl(\sum_{j=1}^{m}a_{ij}x_j\bigr)\overline{y_i} = \sum_{j=1}^{m}x_j\overline{\bigl(\sum_{i=1}^{n}\overline{a_{ij}}y_i\bigr)} = \langle \boldsymbol{x}, T^*\boldsymbol{y}\rangle.$$

这说明 $T^*\boldsymbol{y}$ 的第 j 个分量为 $\sum_{i=1}^{n}\overline{a_{ij}}y_i$. 因此 $T^* \in B(\mathbb{K}^n, \mathbb{K}^m)$ 对应的矩阵为

$$\boldsymbol{B} = (\overline{a_{ji}})_{m\times n},$$

即为 $\boldsymbol{A}$ 的共轭转置矩阵.

例 3.4.2 设 $a = \{a_i\} \in \ell^\infty$, 若 $x \in \ell^2$, $x = \{x_i\}$, 定义对角算子

$$T_a x = \{a_i x_i\}.$$

易证 $T_a \in B(\ell^2)$ 且 $\|T_a\| = \|a\|_\infty$. 若 ℓ^2 赋予例 3.1.4 中定义的内积, $x, y \in \ell^2$, $x = \{x_i\}$, $y = \{y_i\}$, 则

$$\langle Tx, y\rangle = \sum_{i=1}^{\infty} a_i x_i \overline{y_i} = \sum_{i=1}^{\infty} x_i \overline{(\overline{a_i} y_i)} = \langle x, T^* y\rangle.$$

这说明 $T^* y = \{\overline{a_i} y_i\}$. 因此 T^* 也是对角算子, 它是由 $\bar{a} = \{\overline{a_i}\}$ 定义的.

下面给出伴随算子的一些基本性质.

定理 3.4.3 设 H_1, H_2 为 Hilbert 空间, $S, T \in B(H_1, H_2)$, $\alpha \in \mathbb{K}$. 则

(1) $(S+T)^* = S^* + T^*$;

(2) $(\alpha T)^* = \bar{\alpha} T^*$;

(3) $(T^*)^* = T$;

(4) $\|T^* T\| = \|T T^*\| = \|T\|^2$;

(5) $T^* T = 0$ 当且仅当 $T = 0$;

(6) 若 H_3 为 Hilbert 空间, $P \in B(H_2, H_3)$, 则 $(PS)^* = S^* P^*$.

证明

(1) 若 $x \in H_1, y \in H_2$, 则

$$\langle (S+T)x, y\rangle_2 = \langle Sx + Tx, y\rangle_2 = \langle x, S^* y\rangle_1 + \langle x, T^* y\rangle_1$$
$$= \langle x, (S^* + T^*)y\rangle_1.$$

即 $(S+T)^* = S^* + T^*$.

(2) 若 $x \in H_1, y \in H_2$, 则

$$\langle (\alpha T)x, y\rangle_2 = \langle \alpha Tx, y\rangle_2 = \alpha \langle x, T^* y\rangle_1 = \langle x, (\bar{\alpha} T^*)y\rangle_1.$$

即 $(\alpha T)^* = \bar{\alpha} T^*$.

(3) 若 $x \in H_1, y \in H_2$, 则

$$\langle (T^*)^* x, y\rangle_2 = \overline{\langle y, (T^*)^* x\rangle_2} = \overline{\langle T^* y, x\rangle_1}$$
$$= \langle x, T^* y\rangle_1 = \langle Tx, y\rangle_2.$$

即 $(T^*)^* = T$.

(4) 若 $x \in H_1$, 由 Schwarz 不等式(3.2), 有

$$\|Tx\|_2 = \langle Tx, Tx\rangle_2^{1/2} = \langle x, T^*Tx\rangle_1^{1/2} \leqslant (\|x\|\,\|T^*Tx\|)^{1/2}$$
$$\leqslant \|T^*T\|^{1/2}\|x\|.$$

因此, $\|T\|^2 \leqslant \|T^*T\|$. 又由 $\|T^*\| = \|T\|$, 有
$$\|T^*T\| \leqslant \|T^*\|\,\|T\| = \|T\|^2.$$

因此, $\|T^*T\| = \|T\|^2$.

由于 $(T^*)^* = T$, 所以由已证的结论, 得
$$\|TT^*\| = \|(T^*)^*T^*\| = \|T^*\|^2 = \|T\|^2.$$

(5) 直接应用已证的(4). 即可.

(6) 若 $x \in H_1, y \in H_3$, 则有
$$\langle PSx, y\rangle_3 = \langle Sx, P^*y\rangle_2 = \langle x, S^*P^*y\rangle_1.$$

因此, $(PS)^* = S^*P^*$. □

从定义易见若 I_H 为 H 的恒等映射, 则 $I_H^* = I_H$. 若 H_1, H_2 为 Hilbert 空间, $T \in B(H_1, H_2)$ 为一一映射且 $T^{-1} \in B(H_2, H_1)$, 则
$$TT^{-1} = I_{H_2}, T^{-1}T = I_{H_1}.$$

应用上一定理, 有
$$(T^{-1})^*T^* = I_{H_2}, T^*(T^{-1})^* = I_{H_1}.$$

这说明 T^* 也为一一映射且
$$(T^*)^{-1} = (T^{-1})^*.$$

利用伴随算子, 可以刻画 Hilbert 空间之间的等距同构映射.

定理 3.4.4 设 H_1, H_2 为 Hilbert 空间, $T \in B(H_1, H_2)$ 为一一映射. 则 T 为(内积空间意义下的)等距同构当且仅当
$$TT^* = I_{H_2}, T^*T = I_{H_1}. \tag{3.21}$$

证明 若 T 为等距同构, 则任给 $x, y \in H_1$, 有
$$\langle Tx, Ty\rangle_2 = \langle x, y\rangle_1.$$

由伴随算子的定义, 有
$$\langle x, T^*Ty\rangle_1 = \langle x, y\rangle_1.$$

由 $x, y \in H_1$ 的任意性有 $T^*T = I_{H_1}$. 由假设 T 为一一映射, 所以 $T^{-1} = T^*$. 由 T 为等距同构易知 T^{-1} 也为等距同构, 从而若 $x, y \in H_2$, 有
$$\langle T^*x, T^*y\rangle_1 = \langle x, y\rangle_2,$$

或等价地, 有
$$\langle TT^*x, y\rangle_2 = \langle x, y\rangle_2.$$

由 $x, y \in H_2$ 的任意性有 $TT^* = I_{H_2}$.

反之, 若
$$TT^* = I_{H_2}, T^*T = I_{H_1},$$

则任取 $x,y \in H_1$,有
$$\langle Tx, Ty \rangle_2 = \langle x, T^*Ty \rangle_1 = \langle x, y \rangle_1.$$
即 T 为等距同构.

满足性质(3.21)的算子称为从 H_1 到 H_2 的酉算子.

习 题 3

1. 设 X 为实内积空间,$x,y \in X$. 求证:$x \perp y$ 当且仅当勾股定理对 x,y 成立,即 $\|x+y\|^2 = \|x\|^2 + \|y\|^2$. 举例说明若 X 为复内积空间,则上述结论一般不成立.

2. 设 X 为内积空间,$x,y,z \in X$. 证明 **Applonius 恒等式**:
$$\|z-x\|^2 + \|z-y\|^2 = \frac{1}{2}\|x-y\|^2 + 2\left\|z - \frac{1}{2}(x+y)\right\|^2.$$

3. 若 X 为有限维线性空间,$\{e_1, e_2, \cdots, e_n\}$ 为 X 的 Hamel 基. 求证:X 上的内积由
$$\gamma_{ij} = \langle e_i, e_j \rangle, \quad 1 \leqslant i,j \leqslant n$$
唯一确定. 问:能以完全任意方式选取 γ_{ij} 吗?

4. 设 X 为内积空间,$x_n, x \in X$. 求证:$x_n \to x$ 当且仅当 $\|x_n\| \to \|x\|$,且 $\langle x_n, x \rangle \to \langle x, x \rangle$.

5. 设 X 为内积空间,$x, y \in X$. 求证下述命题相互等价:

(1) $x \perp y$;

(2) 任取 $\alpha \in \mathbb{K}$, $\|x + \alpha y\| \geqslant \|x\|$;

(3) 任取 $\alpha \in \mathbb{K}$, $\|x + \alpha y\| = \|x - \alpha y\|$.

6. 设 X 为内积空间,$x \in X$, $M \subset X$ 为非空子集,且 $x \perp M$. 求证:$x \perp \overline{\mathrm{span}(M)}$.

7. 设 X 为复内积空间,$T: X \to X$ 为线性算子,且任取 $x \in X$, $\langle Tx, x \rangle = 0$. 求证:$T = 0$.

8. H 为 Hilbert 空间,M 为 H 的闭线性子空间. 求证:M 为 H 上某个非零有界线性泛函的零空间当且仅当 $M^\perp$ 为 H 的一维线性子空间.

9. 在 $\mathbb{C}^n$ 上赋予内积
$$\langle \boldsymbol{x}, \boldsymbol{y} \rangle = \sum_{i=1}^n x_i \overline{y}_i,$$
其中 $\boldsymbol{x} = (x_1, x_2, \cdots, x_n), \boldsymbol{y} = (y_1, y_2, \cdots, y_n) \in \mathbb{C}^n$. 考虑 $\mathbb{C}^n$ 的子集
$$M = \{(x_1, x_2, \cdots, x_n) \in \mathbb{C}^n : x_1 + x_2 + \cdots + x_n = 1\}.$$
求证:M 为完备凸集. 求出 M 中具有最小范数的向量.

10. 设 $C[-1,1]$ 为 $[-1,1]$ 上实值连续函数空间,$C_{\mathrm{odd}}[-1,1]$ 为所有 $[-1,1]$ 上实值连续奇函数所构成的空间,$C_{\mathrm{even}}[-1,1]$ 为所有 $[-1,1]$ 上实值连续偶函数所构成的空间. 求证:

$$C[-1,1] = C_{\text{odd}}[-1,1] \oplus C_{\text{even}}[-1,1].$$

若 $C[-1,1]$ 上赋予内积

$$\langle x,y \rangle = \int_{-1}^{1} x(t)\, y(t)\, \mathrm{d}t,$$

求证：上面的直和为正交直和.

11. 证明 $M = \{\{x_n\} \in \ell^2 : 任给 n \geq 1, 有 x_{2n} = 0\}$ 为 ℓ^2 的闭线性子空间. 求 $M^\perp$.

12. 设 X 为内积空间，$M, N \subset X$ 为非空子集. 求证：
(1) 若 $M \subset N$，则 $N^\perp \subset M^\perp$；
(2) 若 $M \perp N$，则 $M \subset N^\perp$，$N \subset M^\perp$；
(3) $M^\perp \cap N^\perp \subset (M \cup N)^\perp$；
(4) $M^\perp \cup N^\perp \subset (M \cap N)^\perp$.

13. 设 X 为内积空间，$M \subset X$ 为完全集. 求证：$M^\perp = \{0\}$.

14. 设 H 为 Hilbert 空间，$A \in B(H)$，且存在 $C > 0$，使得

$$C\|x\|^2 \leq |\langle Ax,x \rangle|, \quad x \in H.$$

求证：A 为一一映射，$A^{-1} \in B(H)$ 且 $\|A^{-1}\| \leq \dfrac{1}{C}$.

15. 设 H 为 Hilbert 空间，M 为其闭线性子空间，$x \in H$. 求证：

$$\rho(x,M) = \sup\{|\langle x,y \rangle| : y \in M^\perp, \|y\| = 1\}.$$

16. 设 H 为 Hilbert 空间，$M \subset H$ 为非空子集. 求证：$M^{\perp\perp}$ 为 H 中包含 M 的最小闭线性子空间，即若 N 为 H 的闭线性子空间，且 $M \subset N$，则必有 $M^{\perp\perp} \subset N$.

17. 求证：Hilbert 空间 H 的线性子空间 M 为闭集当且仅当 $M = M^{\perp\perp}$.

18. 求最小值：$\min\limits_{a,b,c \in \mathbb{R}} \int_{-1}^{1} |t^3 - a - bt - ct^2|^2 \mathrm{d}t$.

19. 设 H 为 Hilbert 空间，M 为其线性子空间，Y 为 Banach 空间，$T \in B(M,Y)$. 求证：存在 $T_0 \in B(H,Y)$，使得 $T_0|_M = T$，$\|T_0\| = \|T\|$.

20. 设 H 为 Hilbert 空间，$\{e_n : n \geq 1\}$ 和 $\{f_n : n \geq 1\}$ 均为 H 的标准正交集，满足

$$\sum_{n=1}^{\infty} \|e_n - f_n\|^2 < 1,$$

且 $\{f_n : n \geq 1\}$ 为标准正交基. 求证：$\{e_n : n \geq 1\}$ 也为标准正交基.

21. 在实连续函数空间 $C[-1,1]$ 上考虑内积

$$\langle x,y \rangle = \int_{-1}^{1} x(t)\, y(t)\, \mathrm{d}t.$$

对 $n \geq 0$，考虑 $x_n(t) = t^n$. 利用 Gram-Schmidt 标准正交化方法将 x_0, x_1, x_2 标准正交化.

22. 设 H 为 Hilbert 空间，$\{e_n : n \geq 1\}$ 为 H 的标准正交序列，且

$$M = \text{span}\{e_n : n \geq 1\}.$$

$x \in H$. 求证 $x \in \overline{M}$ 当且仅当存在 $a_i \in \mathbb{K}$，使得 $x = \sum\limits_{n=1}^{\infty} a_n e_n$.

23. 设 X 为内积空间,任取 $z\in X$,定义 $f_z(x)=\langle x,z\rangle$,则有 $f_z\in X'$. 求证:若映射 $z\mapsto f_z$ 为从 X 到 X' 的满射,则 X 为 Hilbert 空间.

24. 设 H_1,H_2 为 Hilbert 空间,$T\in B(H_1,H_2)$. 若 $M_1\subset H_1$,$M_2\subset H_2$,使得 $T(M_1)\subset M_2$,求证:$T^*(M_2^\perp)\subset M_1^\perp$.

25. 在习题 24 中,设 M_1,M_2 均为闭线性子空间,求证:$T(M_1)\subset M_2$ 当且仅当 $T^*(M_2^\perp)\subset M_1^\perp$.

26. 设 H 为 Hilbert 空间,$T\in B(H,H)$,$S=I+TT^*$. 求证:$R(S)$ 为 H 的闭线性子空间,S 为单射,且 $S^{-1}\in B(R(S),H)$.

27. 在 Hilbert 空间 ℓ^2 上考虑右移算子 $T:\ell^2\to\ell^2$,即任取 $n\geqslant 1$,有
$$T(x_1,x_2,\cdots)=(0,x_1,x_2,\cdots).$$
求伴随算子 T^*,$D(T^*)$,$R(T^*)$ 及 $\|T^*\|$.

28. 设 H 为复 Hilbert 空间,$T\in B(H,H)$ 称为**正规算子**,如果 $T^*T=TT^*$. 求证 T 为正规算子当且仅当任取 $x\in H$,有 $\|Tx\|=\|T^*x\|$ 成立.

29. 设 H 为复 Hilbert 空间,$T\in B(H)$ 为正规算子. 求证:
$$\{x\in H:Tx=x\}=\{x\in H:T^*x=x\}.$$

第 4 章 赋范空间中的基本定理

本章包含了赋范空间和 Banach 空间的其他理论基础,如果没有这些理论,Banach 空间的理论价值和它在实际问题中的应用都相当有限. 本章将要建立的 Hahn-Banach 定理、一致有界性原理、开映射定理和闭图像定理是整个泛函分析的基石,被称为泛函分析的四大定理.

4.1 Hahn-Banach 定理

Hahn-Banach 定理是关于线性空间上的泛函延拓定理. 在非零赋范空间中它保证了非零有界线性泛函的存在性. 它无疑是泛函分析这门学科最重要的结果,它是进一步研究赋范空间结构的基础,在数学的其他分支也有十分重要的应用. Hahn-Banach 定理可以保证在非零赋范空间上有足够多的有界线性泛函,从而获得足够的对偶空间理论以及完美的伴随算子理论.

线性空间中的 Hahn-Banach 定理是线性子空间上线性泛函的延拓定理. 我们将要延拓的线性子空间上的线性泛函将满足一定控制条件,我们希望在它被延拓到整个线性空间时,这些控制条件能够保持到整个线性空间上.

定义 4.1.1 设 X 为线性空间,定义在 X 上的函数
$$p: X \to \mathbb{R}$$
$$x \mapsto p(x)$$
称为 X 上的**次线性泛函**,若
(1) $\forall x, y \in X, p(x+y) \leqslant p(x)+p(y)$;
(2) $\forall x \in X, a \geqslant 0, p(ax) = ap(x)$.

我们首先给出实线性空间上的 Hahn-Banach 定理,复线性空间上的 Hahn-Banach 定理是建立在实线性空间上的 Hahn-Banach 定理之上的. 所以说下面这个结果是这一节的基础.

定理 4.1.1(Hahn-Banach) 设 X 为实线性空间,p 为 X 上的次线性泛函,Z 为 X 的线性子空间,$f \in Z^*$ 为 Z 上的线性泛函,设
$$f(x) \leqslant p(x), \quad x \in Z.$$
则存在 $g \in X^*$,使得 $g|_Z = f$,且
$$g(x) \leqslant p(x), \quad x \in X.$$

证明 令

$$\mathcal{E} = \{(Y,g): Y \text{ 为 } X \text{ 的线性子空间}, Z \subset Y, \quad g \in Y^*, g|_Z = f, \text{且任给 } x \in Y, g(x) \leqslant p(x)\}. \tag{4.1}$$

由于 $(Z,f) \in \mathcal{E}$,所以 $\mathcal{E} \neq \varnothing$. 若 $(Y_1, g_1), (Y_2, g_2) \in \mathcal{E}$,定义

$$(Y_1, g_1) \leqslant (Y_2, g_2) \Leftrightarrow Y_1 \subset Y_2, \quad g_2|_{Y_1} = g_1.$$

容易验证上面定义的 $\leqslant$ 为 $\mathcal{E}$ 上的半序. 设 $\mathcal{E}_1$ 为 $\mathcal{E}$ 的非空全序子集,令

$$W = \bigcup_{(Y,g) \in \mathcal{E}_1} Y.$$

则 W 为 X 的线性子空间. 事实上,若 $x, y \in W, \alpha, \beta \in \mathbb{R}$,则存在 $(Y_1, g_1), (Y_2, g_2) \in \mathcal{E}_1$,使得 $x \in Y_1, y \in Y_2$. 由于 $\mathcal{E}_1$ 为全序的,(Y_1, g_1) 与 (Y_2, g_2) 可以比较大小,不妨设 $(Y_1, g_1) \leqslant (Y_2, g_2)$. 此时有 $Y_1 \subset Y_2$,从而 $x, y \in Y_2$. 由于 Y_2 为 X 的线性子空间,所以 $\alpha x + \beta y \in Y_2 \subset W$. 这就证明了 W 为 X 的线性子空间,且显然有 $Z \subset W$.

任给 $x \in W$,存在 $(Y,g) \in \mathcal{E}_1$,使得 $x \in Y$. 此时令

$$h(x) = g(x).$$

由 $\mathcal{E}$ 的定义及假设 $(Y,g) \in \mathcal{E}$ 知 $h(x) \leqslant p(x)$,且 $h|_Z = f$. 下证上式定义的 $h(x)$ 的值与 (Y,g) 的选取无关. 设 $(Y_1, g_1) \in \mathcal{E}_1$,使得 $x \in Y_1$. 由于 $\mathcal{E}_1$ 为全序的,(Y,g) 与 (Y_1, g_1) 可以比较大小,不妨设 $(Y_1, g_1) \leqslant (Y,g)$. 此时有 $Y_1 \subset Y$,且 $g|_{Y_1} = g_1$. 由于 $x \in Y_1$,故 $g(x) = g_1(x)$. 这就证明了 $h(x)$ 的值与 (Y,g) 的选取无关.

下证 h 为 W 上的线性泛函. 设 $x, y \in W, \alpha, \beta \in \mathbb{R}$,存在 $(Y_1, g_1), (Y_2, g_2) \in \mathcal{E}_1$,使得 $x \in Y_1, y \in Y_2$. 由于 $\mathcal{E}_1$ 为全序的,(Y_1, g_1) 与 (Y_2, g_2) 可以比较大小,不妨设 $(Y_1, g_1) \leqslant (Y_2, g_2)$. 此时有 $Y_1 \subset Y_2$ 且 $g_2|_{Y_1} = g_1$. 从而 $x, y \in Y_2$ 且 $\alpha x + \beta y \in Y_2$. 由 h 的定义有

$$h(x) = g_2(x), \quad h(y) = g_2(y),$$
$$h(\alpha x + \beta y) = g_2(\alpha x + \beta y).$$

利用 g_2 的线性性质

$$h(\alpha x + \beta y) = g_2(\alpha x + \beta y) = \alpha g_2(x) + \beta g_2(y)$$
$$= \alpha h(x) + \beta h(y).$$

因此 h 为 W 上的线性泛函. 所以 $(W, h) \in \mathcal{E}$.

设 $(Y,g) \in \mathcal{E}_1, x \in Y$. 则由 h 的定义 $h(x) = g(x)$,即 $h|_Y = g$. 又显然有 $Y \subset W$,所以 $(Y,g) \leqslant (W,h)$. 这说明 (W,h) 为 $\mathcal{E}_1$ 的上界. 我们证明了 $\mathcal{E}$ 中任意非空全序子集均有上界,由 Zorn 引理,$\mathcal{E}$ 有极大元,设为 (Y_0, g_0).

假设 $Y_0 \subsetneq X$. 取定 $y \in Y_0^c$,考虑

$$V = \text{span}(Y_0 \bigcup \{y\}).$$

则 V 为 X 的线性子空间,$Z \subset V$. 由于 Y_0 为 X 的线性子空间,所以任给 $x \in V$,存在唯一的 $w \in Y_0$ 及 $\lambda \in \mathbb{R}$,使得 $x = w + \lambda y$. 在 V 上定义

4.1 Hahn-Banach 定理

$$h(w+\lambda y) = g_0(w) + a\lambda.$$

其中的常数 $a\in\mathbb{R}$ 待定. 显然 h 为 V 上的线性泛函, $h|_{Y_0}=g_0$. 要证 $(V,h)\in\mathcal{E}$, 还须证明可以适当地选取 $a\in\mathbb{R}$, 使得

$$h(w+\lambda y) = g_0(w) + a\lambda \leqslant p(w+\lambda y), \quad w\in Y_0, \lambda\in\mathbb{R}. \tag{4.2}$$

由于 $(Y_0,g_0)\in\mathcal{E}$, 所以上式当 $\lambda=0$ 时显然成立. 因此式 (4.2) 成立当且仅当

$$g_0(w) + a\lambda \leqslant p(w+\lambda y), \quad w\in Y_0, \lambda>0, \tag{4.3}$$

$$g_0(w) - a\mu \leqslant p(w-\mu y), \quad w\in Y_0, \mu>0. \tag{4.4}$$

利用 p 为次线性泛函, 则式 (4.3) 和式 (4.4) 分别等价于

$$g_0\left(\frac{w}{\lambda}\right) + a \leqslant p\left(\frac{w}{\lambda}+y\right), \quad w\in Y_0, \lambda>0, \tag{4.5}$$

$$g_0\left(\frac{w}{\mu}\right) - a \leqslant p\left(\frac{w}{\mu}-y\right), \quad w\in Y_0, \mu>0. \tag{4.6}$$

由于 Y_0 为线性子空间, 当 $w\in Y_0, \lambda>0$ 时, 总有 $\dfrac{w}{\lambda}\in Y_0$, 所以式 (4.5) 和式 (4.6) 分别等价于

$$g_0(w) + a \leqslant p(w+y), \quad w\in Y_0, \tag{4.7}$$

$$g_0(w) - a \leqslant p(w-y), \quad w\in Y_0. \tag{4.8}$$

而这等价于说可以适当地选取 $a\in\mathbb{R}$ 使得

$$g_0(w) - p(w-y) \leqslant a \leqslant p(w+y) - g_0(w), \quad w\in Y_0.$$

这样的 $a\in\mathbb{R}$ 存在当且仅当

$$g_0(w_1) - p(w_1-y) \leqslant p(w_2+y) - g_0(w_2), \quad w_1,w_2\in Y_0. \tag{4.9}$$

事实上, 若式 (4.9) 成立, 则

$$\sup_{w_1\in Y_0}\left(g_0(w_1) - p(w_1-y)\right) \leqslant \inf_{w_2\in Y_0}\left(p(w_2+y) - g_0(w_2)\right).$$

因此存在 $a\in\mathbb{R}$ 满足

$$\sup_{w_1\in Y_0}\left(g_0(w_1) - p(w_1-y)\right) \leqslant a \leqslant \inf_{w_2\in Y_0}\left(p(w_2+y) - g_0(w_2)\right).$$

又式 (4.9) 等价于

$$g_0(w_1) + g_0(w_2) \leqslant p(w_1-y) + p(w_2+y), \quad (w_1,w_2\in Y_0).$$

而上式总是成立的, 这是由于 Y_0 为 X 的线性子空间, 因此当 $w_1,w_2\in Y_0$ 时, $w_1+w_2\in Y_0$, 又由于 $(Y_0,g_0)\in\mathcal{E}$, 所以 $g_0(w_1+w_2)\leqslant p(w_1+w_2)$, 再利用 p 为次线性泛函这个假设有

$$g_0(w_1) + g_0(w_2) = g_0(w_1+w_2) \leqslant p(w_1+w_2)$$
$$= p(w_1-y+w_2+y)$$
$$\leqslant p(w_1-y) + p(w_2+y).$$

这就证明了可以适当地选取 $a\in\mathbb{R}$, 使得式 (4.2) 成立. 因此, $(V,h)\in\mathcal{E}$.

由 h 的定义有 $(Y_0,g_0)\leqslant(V,h)$. 但显然 $(Y_0,g_0)\neq(V,h)$. 这与 (Y_0,g_0) 的极大性矛盾! 因此有 $Y_0=X$. 此时 g_0 满足定理结论. □

复线性空间上的 Hahn-Banach 定理将建立在已证实线性空间上的 Hahn-Banach 定理基础上,因此需要首先研究复线性空间上线性泛函的结构. 设 X 为复线性空间,令 $X_\mathbb{R}$ 为实线性空间 X,即作为集合 $X_\mathbb{R}$ 与 X 是等同的,但 $X_\mathbb{R}$ 中数乘运算中的纯量 λ 要限制在 $\mathbb{R}$ 中,也就是说在 $X_\mathbb{R}$ 中仅对 $\lambda \in \mathbb{R}, x \in X$,数乘运算 λx 才有意义. 若 $f \in X^*$,则

$$f(x) = f_1(x) + \mathrm{i} f_2(x), \quad x \in X, \tag{4.10}$$

其中 $f_1(x), f_2(x) \in \mathbb{R}$ 分别为 $f(x)$ 的实部和虚部. 易见 $f_1, f_2 \in X_\mathbb{R}^*$. 若 $x \in X$,考虑 $\mathrm{i}x \in X$,则有

$$f(\mathrm{i}x) = f_1(\mathrm{i}x) + \mathrm{i} f_2(\mathrm{i}x). \tag{4.11}$$

另外,$f \in X^*$,因此 $f(\mathrm{i}x) = \mathrm{i} f(x)$,所以由式 (4.10) 及式 (4.11) 有

$$-f_2(x) + \mathrm{i} f_1(x) = f_1(\mathrm{i}x) + \mathrm{i} f_2(\mathrm{i}x).$$

从而 $f_2(x) = -f_1(\mathrm{i}x)$. 因此

$$f(x) = f_1(x) - \mathrm{i} f_1(\mathrm{i}x), \quad x \in X.$$

即 $f \in X^*$ 是由其实部 f_1 唯一确定的.

反之,假设 $f_1 \in X_\mathbb{R}^*$,令

$$f(x) = f_1(x) - \mathrm{i} f_1(\mathrm{i}x), \quad x \in X.$$

下证 $f \in X^*$. 若 $x, y \in X$,则

$$\begin{aligned}
f(x+y) &= f_1(x+y) - \mathrm{i} f_1(\mathrm{i}x + \mathrm{i}y) \\
&= f_1(x) + f_1(y) - \mathrm{i} f_1(\mathrm{i}x) - \mathrm{i} f_1(\mathrm{i}y) \\
&= (f_1(x) - \mathrm{i} f_1(\mathrm{i}x)) + (f_1(y) - \mathrm{i} f_1(\mathrm{i}y)) \\
&= f(x) + f(y).
\end{aligned}$$

若 $x \in X, \lambda \in \mathbb{C}, \lambda = a + \mathrm{i}b$. 则

$$\begin{aligned}
f(\lambda x) &= f_1(\lambda x) - \mathrm{i} f_1(\mathrm{i} \lambda x) \\
&= f_1(ax + \mathrm{i}bx) - \mathrm{i} f_1(-bx + \mathrm{i}ax) \\
&= a f_1(x) + b f_1(\mathrm{i}x) + \mathrm{i}b f_1(x) - \mathrm{i}a f_1(\mathrm{i}x) \\
&= (a + \mathrm{i}b) f_1(x) - \mathrm{i}(a + \mathrm{i}b) f_1(\mathrm{i}x) \\
&= \lambda f(x).
\end{aligned}$$

这就证明了 $f \in X^*$. 因此我们有如下结论.

引理 4.1.1 设 X 为复线性空间,$f \in X^*$. 则 $\mathrm{Re} f \in X_\mathbb{R}^*$,且任取 $x \in X$ 有 $\mathrm{Im} f(x) = -\mathrm{Re} f(\mathrm{i}x)$. 反之,任给 $f_1 \in X_\mathbb{R}^*$,若取 $f(x) = f_1(x) - \mathrm{i} f_1(\mathrm{i}x)$,则 $f \in X^*$.

一般线性空间中的 Hahn-Banach 定理要求控制函数 p 是 X 上的半范数,它强于 p 为次线性泛函这个假设.

定义 4.1.2 设 X 为线性空间,X 上的函数

$$p: X \to \mathbb{R}$$

$$x \mapsto p(x)$$

称为 X 上的**半范数**,简称为**半范**,若

(1) $\forall x \in X, p(x) \geqslant 0$;

(2) $\forall x, y \in X, p(x+y) \leqslant p(x) + p(y)$;

(3) $\forall x \in X, a \in \mathbb{K}, p(ax) = |a| p(x)$.

若 p 为 X 上的半范数,在上述定义中取 $\lambda = 0$,则有 $p(0) = 0$. 但可能存在 $x \in X, x \neq 0$, 但 $p(x) = 0$. 这是半范数与范数的唯一区别.

定理 4.1.2(Hahn-Banach) 设 X 为线性空间,p 为 X 上的半范数,Z 为 X 的线性子空间,$f \in Z^*$,使得

$$|f(x)| \leqslant p(x), \quad x \in Z.$$

则存在 $g \in X^*, g|_Z = f$,且

$$|g(x)| \leqslant p(x), \quad x \in X.$$

证明 首先考虑 $\mathbb{K} = \mathbb{R}$ 情形. 由于 p 为 X 上的半范数,所以 p 为 X 上的次线性泛函. 显然有

$$f(x) \leqslant |f(x)| \leqslant p(x), \quad x \in Z.$$

由定理 4.1.1,存在 $g \in X^*$,使得 $g|_Z = f$,且

$$g(x) \leqslant p(x), \quad x \in X.$$

另外,若 $x \in X$,利用上式及 p 为半范数这个假设,有

$$-g(x) = g(-x) \leqslant p(-x) = p((-1)x) = p(x).$$

因此

$$|g(x)| \leqslant p(x), \quad x \in X.$$

这就完成了 X 为实线性空间情形的证明.

若 $\mathbb{K} = \mathbb{C}$,即 X 为复线性空间. 由假设 $f \in Z^*$,f 可以分解为实部和虚部之和:

$$f(x) = f_1(x) + i f_2(x), \quad x \in Z.$$

由引理 4.1.1 有 $f_2(x) = -f_1(ix)$ 且 $f_1 \in Z_{\mathbb{R}}^*$. 另外,任取 $x \in Z$,有

$$f_1(x) \leqslant |f(x)| \leqslant p(x).$$

由定理 4.1.1,存在 $g_1 \in X_{\mathbb{R}}^*$,使得 $g_1|_Z = f_1$,且

$$g_1(x) \leqslant p(x), \quad x \in X. \tag{4.12}$$

令

$$g(x) = g_1(x) - i g_1(ix), \quad x \in X.$$

则由引理 4.1.1 知 $g \in X^*$. 若 $x \in Z$,则 $g_1(x) = f_1(x), g_1(ix) = f_1(ix)$,因此

$$g(x) = g_1(x) - i g_1(ix) = f_1(x) - i f_1(ix) = f(x).$$

即 $g|_Z = f$. 若 $x \in X$,则存在 $\theta \in [0, 2\pi]$,使得 $g(x) = |g(x)| e^{i\theta}$. 利用 g 的线性性质及式(4.12),有

$$|g(x)| = e^{-i\theta}g(x) = g(e^{-i\theta}x)$$
$$= g_1(e^{-i\theta}x) \leqslant p(e^{-i\theta}x) = p(x).$$

Hahn-Banach 定理最重要的应用是在 X 为赋范空间情形,此时我们有下述有界线性泛函的保范延拓定理.

定理 4.1.3(Hahn-Banach) 设 X 为赋范空间,Z 为 X 的线性子空间,$f \in Z'$.则存在 $g \in X', g|_Z = f$,且 $\|g\| = \|f\|$.

证明 定义
$$p(x) = \|f\| \|x\|, \quad x \in X.$$
则 p 为 X 上的半范数. 且
$$|f(x)| \leqslant \|f\| \|x\| = p(x), \quad x \in Z.$$
由定理 4.1.2,存在 $g \in X^*$,使得 $g|_Z = f$,且
$$|g(x)| \leqslant p(x), \quad x \in X.$$
而上式意味着
$$|g(x)| \leqslant \|f\| \|x\|, \quad x \in X.$$
因此 $g \in X'$,且 $\|g\| \leqslant \|f\|$. 又由于 $g|_Z = f$,所以
$$\|g\| = \sup_{x \in X, \|x\| \leqslant 1} |g(x)| \geqslant \sup_{x \in Z, \|x\| \leqslant 1} |g(x)|$$
$$= \sup_{x \in Z, \|x\| \leqslant 1} |f(x)| = \|f\|.$$
所以 $\|g\| = \|f\|$. □

可以毫不夸张地说,上面证明的这个 Hahn-Banach 定理是泛函分析中最重要的定理,许多泛函分析中的重要结论都要建立在这个定理基础之上. 许多泛函分析在实际中的应用也是基于这个结果.

若 H 为 Hilbert 空间,Z 为 H 的闭线性子空间. 若 $f \in Z'$,则由定理 3.4.1,存在唯一的 $z_0 \in Z$,使得 $f(x) = \langle x, z_0 \rangle$. 此时令
$$g(x) = \langle x, z_0 \rangle, \quad x \in H.$$
则 $g \in H', g|_Z = f$,且 $\|g\| = \|f\| = \|z_0\|$. 因此 g 满足定理 4.1.3 结论. 在 Hilbert 空间情形,我们还有保范延拓 g 的唯一性. 设 $g_1 \in H'$,使得 $g_1|_Z = f$,且
$$\|g_1\| = \|f\| = \|z_0\|.$$
由定理 3.4.1,存在 $z_1 \in H$,使得
$$g_1(x) = \langle x, z_1 \rangle, \quad x \in H.$$
此时有 $\|z_1\| = \|g_1\| = \|z_0\|$. 任取 $x \in Z$,有
$$\langle x, z_0 - z_1 \rangle = g_0(x) - g_1(x) = f(x) - f(x) = 0.$$
从而 $z_0 - z_1 \in Z^\perp$. 由于 $z_0 \in Z$,由勾股定理,得
$$\|z_1\|^2 = \|z_0 + (z_1 - z_0)\|^2 = \|z_0\|^2 + \|z_1 - z_0\|^2.$$

由于 $\|z_0\| = \|z_1\|$，故 $\|z_1 - z_0\| = 0$，即 $z_1 = z_0$. 因此 $g_1 = g$.

定理 4.1.4 (Hahn-Banach) 设 X 为赋范空间，$x_0 \in X$，$x_0 \neq 0$. 则存在 $f \in X'$，$\|f\| = 1$，且 $f(x_0) = \|x_0\|$.

证明 考虑 X 的一维子空间
$$Z = \mathbb{K} x_0 = \{\lambda x_0 : \lambda \in \mathbb{K}\}.$$
任取 $\lambda \in \mathbb{K}$，令 $h(\lambda x_0) = \lambda \|x_0\|$. 则显然 $h \in Z^*$. 又
$$|h(\lambda x_0)| = |\lambda| \|x_0\| = \|\lambda x_0\|.$$
因此 $h \in Z'$，且 $\|h\| = 1$. 由定理 4.1.3，存在 $f \in X'$，使得
$$f|_Z = h, \quad \|f\| = \|h\| = 1.$$
由于 $x_0 \in Z$ 及 $f|_Z = h$，所以 $f(x_0) = h(x_0) = \|x_0\|$. □

定理 4.1.4 说明若 X 为非零赋范空间，则 $X' \neq \{0\}$. 进一步地，任取 $x, y \in X$，$x \neq y$，则 $x - y \neq 0$，由定理 4.1.4，存在 $f \in X'$，$\|f\| = 1$，且 $f(x - y) = \|x - y\| \neq 0$，因此 $f(x) \neq f(y)$. 即 X' 中的元素可以分离 X 中的元素. 换一种说法，若 $x_0 \in X$，则 $x_0 = 0$ 当且仅当任取 $f \in X'$，有 $f(x_0) = 0$. 我们以后会经常利用这个判据来验证赋范空间中某个元素为零元素.

推论 4.1.1 设 X 为非零赋范空间，$x_0 \in X$. 则
$$\|x_0\| = \max_{f \in X', f \neq 0} \frac{|f(x_0)|}{\|f\|} = \max_{f \in X', \|f\| \leqslant 1} |f(x_0)|.$$

证明 若 $x_0 = 0$，则要证结论显然成立. 下设 $x_0 \neq 0$. 任给 $f \in X'$，$f \neq 0$，有
$$|f(x_0)| \leqslant \|f\| \|x_0\|.$$
因此
$$\frac{|f(x_0)|}{\|f\|} \leqslant \|x_0\|.$$
所以
$$\sup_{f \in X', f \neq 0} \frac{|f(x_0)|}{\|f\|} \leqslant \|x_0\|.$$
另外，由定理 4.1.4，存在 $f \in X'$，$\|f\| = 1$，且 $f(x_0) = \|x_0\|$. 此时有 $\frac{|f(x_0)|}{\|f\|} = \|x_0\|$.
因此
$$\sup_{f \in X', f \neq 0} \frac{|f(x_0)|}{\|f\|} \geqslant \|x_0\|.$$
从而
$$\|x_0\| = \sup_{f \in X', f \neq 0} \frac{|f(x_0)|}{\|f\|}.$$
又由于上式中的上确界可以达到，故

$$\|x_0\| = \max_{f \in X', f \neq 0} \frac{|f(x_0)|}{\|f\|}.$$

从以上的证明过程知
$$\|x_0\| = \max_{f \in X', \|f\| \leq 1} |f(x_0)|. \qquad \square$$

Hahn-Banach 定理的一个重要应用是用来研究有界线性算子的共轭算子. 设 X,Y 为赋范空间，$T \in B(X,Y)$ 为有界线性算子，若 $f \in Y'$，则有下图

$$X \xrightarrow{T} Y \xrightarrow{f} \mathbb{K}.$$

由于有界线性算子的复合算子还为有界线性算子，所以 $f \circ T \in X'$. 因此可以考虑映射
$$T^* : Y' \to X'$$
$$f \mapsto f \circ T.$$
即
$$T^*(f)(x) := f(Tx), \quad f \in Y', x \in X. \qquad (4.13)$$

T^* 称为 T 的**共轭算子**. 下面这个定理给出了共轭算子 T^* 的一些基本性质.

定理 4.1.5 设 X,Y 为赋范空间，$T \in B(X,Y)$. 则 T^* 为线性算子且 $T^* \in B(Y', X')$，进一步地有
$$\|T^*\| = \|T\|.$$

证明 设 $f, g \in Y', \alpha, \beta \in \mathbb{K}$. 若 $x \in X$，则
$$T^*(\alpha f + \beta g)(x) = (\alpha f + \beta g)(Tx)$$
$$= \alpha f(Tx) + \beta g(Tx)$$
$$= (\alpha T^* f + \beta T^* g)(x).$$

这说明 $T^*(\alpha f + \beta g) = \alpha T^* f + \beta T^* g$. 即 T^* 为线性算子. 若 $f \in Y', x \in X$，有
$$|T^*(f)(x)| = |f(Tx)| \leq \|f\| \|T\| \|x\|.$$
因此 $\|T^* f\| \leq \|T\| \|f\|$. 这说明 $T^* \in B(Y', X')$，且
$$\|T^*\| \leq \|T\|. \qquad (4.14)$$

另外，若 $x \in X$，则 $Tx \in Y$. 由定理 4.1.4，存在 $f \in Y', \|f\| = 1$，使得 $f(Tx) = \|Tx\|$. 此时有
$$\|Tx\| = f(Tx) = T^*(f)(x) \leq \|T^* f\| \|x\|$$
$$\leq \|T^*\| \|f\| \|x\|$$
$$= \|T^*\| \|x\|.$$

所以 $\|T\| \leq \|T^*\|$. 由式 (4.14) 有 $\|T^*\| = \|T\|$. $\square$

例 4.1.1 设 $T : \mathbb{K}^m \to \mathbb{K}^n$ 为线性算子，$\mathbb{K}^m$ 和 $\mathbb{K}^n$ 上赋予例 2.1.1 中定义的范数 $\|\cdot\|_2$. 若 $1 \leq i \leq n$，取 e_i 为 $\mathbb{K}^n$ 中第 i 个坐标为 1，其余坐标均为 0 的向量. 若 $1 \leq j \leq m$，取 f_j 为 $\mathbb{K}^m$ 中第 j 项为 1，其余项为 0 的向量. 则 T 在基底

下可以由一个矩阵 $A=(a_{ij})_{n\times m}$ 来表示：即若 $x\in\mathbb{K}^m$，
$$f_1,f_2,\cdots,f_m;\quad e_1,e_2,\cdots,e_n$$
$$x=(x_1,x_2,\cdots,x_m),$$
则 $Tx\in\mathbb{K}^n$ 的第 i 个分量为
$$(Tx)_i=\sum_{j=1}^m a_{ij}x_j.$$
设 $\phi_1,\phi_2,\cdots,\phi_n$ 为 $e_1,e_2,\cdots,e_n$ 的**对偶基**，即 $\phi_i\in(\mathbb{K}^n)'$，
$$\phi_i(e_j)=\delta_{ij}=\begin{cases}0,&i\neq j,\\1,&i=j.\end{cases}$$
相应地，设 $\varphi_1,\varphi_2,\cdots,\varphi_m$ 为 $f_1,f_2,\cdots,f_m$ 的对偶基. 则算子 T^* 在基底
$$\phi_1,\phi_2,\cdots,\phi_n;\quad \varphi_1,\varphi_2,\cdots,\varphi_m$$
下可以视为从 $\mathbb{K}^n$ 到 $\mathbb{K}^m$ 中的映射，设其在上述基底下对应的矩阵为
$$B=(b_{ij})_{m\times n}.$$
任取 $g\in(\mathbb{K}^n)'$，存在唯一的 $\alpha_1,\alpha_2,\cdots,\alpha_n\in\mathbb{K}$，使得
$$g=\alpha_1\phi_1+\alpha_2\phi_2+\cdots+\alpha_n\phi_n.$$
若 $x\in\mathbb{K}^m$，$x=(x_1,x_2,\cdots,x_m)$，则
$$x=x_1f_1+x_2f_2+\cdots+x_mf_m.$$
由共轭算子的定义(4.13)，得
$$T^*(g)(x)=g(Tx)=\sum_{i=1}^n\alpha_i\Big(\sum_{j=1}^m a_{ij}x_j\Big)=\sum_{j=1}^m\Big(\sum_{i=1}^n\alpha_i a_{ij}\Big)x_j.$$
因此
$$T^*(g)=\sum_{j=1}^m\Big(\sum_{i=1}^n\alpha_i a_{ij}\Big)\varphi_j,$$
所以有 $b_{ij}=a_{ji}$. 即 B 为 A 的转置矩阵.

定理 4.1.6 设 X,Y 为赋范空间，$S,T\in B(X,Y)$，$a\in\mathbb{K}$. 则

(1) $(S+T)^*=S^*+T^*$；

(2) $(aS)^*=aS^*$；

(3) 若 Z 也为赋范空间，$P\in B(Y,Z)$，则 $(PS)^*=S^*P^*$.

证明

(1) 若 $f\in Y'$，$x\in X$，则
$$(S+T)^*(f)(x)=f((S+T)x)=f(Sx+Tx)$$
$$=f(Sx)+f(Tx)$$
$$=T^*(f)(x)+S^*(f)(x).$$
这说明
$$(S+T)^*(f)=T^*(f)+S^*(f).$$

因此有 $(S+T)^*=S^*+T^*$.

(2) 若 $f\in Y'$, $x\in X$, 则

$$\begin{aligned}(aS)^*(f)(x) &= f((aS)x) = f(aSx)\\ &= af(Sx) = aS^*(f)(x).\end{aligned}$$

这说明

$$(aS)^*(f) = aS^*(f).$$

因此有 $(aS)^*=aS^*$.

(3) 若 $f\in Z'$, $x\in X$, 则

$$\begin{aligned}(PS)^*(f)(x) &= f((PS)x) = f(P(Sx))\\ &= P^*(f)(Sx) = (S^*P^*)(f)(x).\end{aligned}$$

即 $(PS)^*(f)=(S^*P^*)(f)$. 从而 $(PS)^*=S^*P^*$. □

注 4.1.1

(1) 从定理 4.1.6 易见映射

$$\begin{aligned}B(X,Y) &\to B(Y',X')\\ T &\mapsto T^*\end{aligned}$$

为线性算子.

(2) 若 H_1, H_2 为 Hilbert 空间, $T\in B(H_1,H_2)$. 则 T 的伴随算子 $T^*\in B(H_2,H_1)$. 此处我们定义了 T 的共轭算子 $T^*\in B(H_2',H_1')$. 这两个算子的记号是一样的, 但这不会产生混淆. 事实上这两个算子的定义域和值域都是不一样的. 我们用同一个记号来表示这两个不同算子也是有一定依据的. 由定理 3.4.1, 任给 $f\in H_1'$, 存在唯一的 $A_1 f\in H_1$, 使得

$$f(x) = \langle x, A_1 f\rangle,\quad x\in H_1.$$

因此可以考虑映射

$$\begin{aligned}A_1:\ H_1' &\to H_1\\ f &\mapsto A_1 f.\end{aligned}$$

A_1 为共轭线性算子, A_1 为一一映射且为等距, 即 $\|A_1 f\| = \|f\|$. 类似地可以引入从 H_2' 到 H_2 的映射 A_2. 则图 4.1 是交换的.

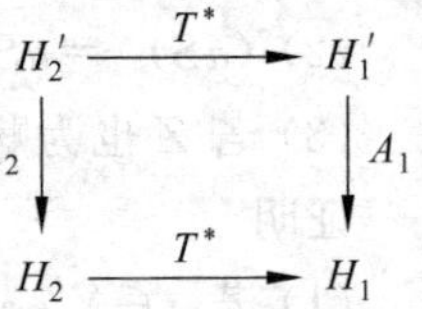

图 4.1

即任给 $f\in H_2'$, 有

$$A_1(T^*(f)) = T^*(A_2(f)).$$

事实上, 任取 $x\in H_1$, 有

$$\begin{aligned}\langle x, A_1(T^*(f))\rangle_1 &= (T^*(f))(x) = f(Tx),\\ \langle x, T^*(A_2(f))\rangle_1 &= \langle Tx, A_2(f)\rangle_2 = f(Tx).\end{aligned}$$

因此

$$\langle x, A_1(T^*(f))\rangle_1 = \langle x, T^*(A_2(f))\rangle_1.$$

由 $x\in H_1$ 的任意性有 $A_1(T^*(f))=T^*(A_2(f))$.

4.1 Hahn-Banach 定理

下面我们来研究赋范空间的两次对偶空间 X'' 及赋范空间 X 到其两次对偶空间 X'' 的典范映射. 设 X 为赋范空间, X' 为其对偶空间, 记 X'' 为 X' 的对偶空间, 即 $X'' = (X')'$. 若 $x \in X$, 令
$$g_x(f) = f(x), \quad f \in X'.$$
若 $f_1, f_2 \in X', \alpha, \beta \in \mathbb{K}$, 则
$$\begin{aligned} g_x(\alpha f_1 + \beta f_2) &= (\alpha f_1 + \beta f_2)(x) \\ &= \alpha f_1(x) + \beta f_2(x) \\ &= \alpha g_x(f_1) + \beta g_x(f_2). \end{aligned}$$
因此 g_x 为 X' 上的线性泛函. 又
$$|g_x(f)| = |f(x)| \leqslant \|x\| \|f\|,$$
故 $g_x \in X''$, 且 $\|g_x\| \leqslant \|x\|$. 又由 Hahn-Banach 定理, 存在
$$f \in X', \quad \|f\| = 1, \quad f(x) = \|x\|.$$
所以 $\|g_x\| \geqslant \|x\|$. 因此有 $\|g_x\| = \|x\|$.

考虑映射
$$J: X \to X''$$
$$x \mapsto g_x.$$
J 称为 X 到 X'' 的**典范映射**. 若 $x, y \in X, \alpha, \beta \in \mathbb{K}$. 任给 $f \in X'$, 有
$$\begin{aligned} g_{\alpha x + \beta y}(f) &= f(\alpha x + \beta y) = \alpha f(x) + \beta f(y) \\ &= \alpha g_x(f) + \beta g_y(f) = (\alpha g_x + \beta g_y)(f). \end{aligned}$$
即
$$J(\alpha x + \beta y) = \alpha J(x) + \beta J(y).$$
因此 J 为线性算子. 由于 $\|g_x\| = \|x\|$, 所以 $\|J(x)\| = \|x\|$. 这说明 J 是从 X 到 $J(X)$ 的等距同构. 在上述典范映射意义下, 我们将视 X 为 X'' 的赋范子空间. 由于典范映射为保范映射, 所以很多在 X 中的范数估计问题通过典范映射可以自然地转化成 X'' 中的范数估计问题, 而一般来讲 X'' 中的问题相对简单一些, 可用的工具也多一些, 因为 X'' 总为 Banach 空间. 这一点我们在本章第 3 节讨论赋范空间中序列的弱收敛性及第 5 章第 1 节有界线性算子的谱论时要用到.

若 X, Y 为赋范空间, $T \in B(X, Y)$. 则 $T^* \in B(Y', X'), T^{**} \in B(X'', Y'')$. 如果通过典范映射 J_X 将 X 视为 X'' 的赋范子空间, 通过典范映射 J_Y 将 Y 视为 Y'' 的赋范子空间, 则 T^{**} 为 T 的延拓, 即图 4.2 是交换的.

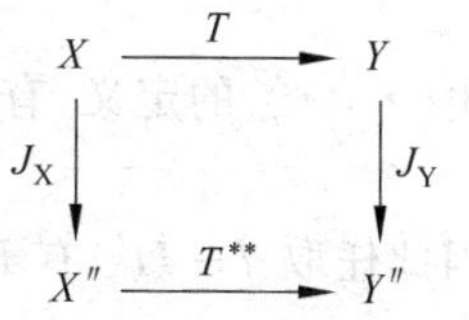

图 4.2

为此仅需证任取 $x \in X$, 有 $J_Y(Tx) = T^{**}(J_X(x))$. 若 $f \in Y'$, 利用共轭算子的定义 (4.13) 有
$$T^{**}(J_X(x))(f) = (T^*)^*(J_X(x))(f) = J_X(x)(T^* f)$$

$$= (T^*(f))(x) = f(Tx)$$
$$= J_Y(Tx)(f).$$

所以 $J_Y(Tx) = T^{**}(J_X(x))$.

典范映射 J 一般不为满射. 称 X 为**自反空间**, 若 J 为满射. 因此 X 为自反空间当且仅当任给 $F \in X''$, 存在 $x \in X$, 使得任取 $f \in X'$, 有 $F(f) = f(x)$. 若 X 为自反的, 则 X 与 X'' 等距同构, 由于 X'' 为 Banach 空间, 所以 X 必为 Banach 空间.

例 4.1.2 设 H 为 Hilbert 空间, 由定理 3.4.1, 任给 $f \in H'$, 存在唯一的 $Af \in H$, 使得
$$f(x) = \langle x, Af \rangle, \quad x \in H.$$
映射
$$A: H' \to H$$
$$f \mapsto Af$$
为共轭线性算子, 且 $\|Af\| = \|f\|$. 若 $f, g \in H'$, 令
$$\langle f, g \rangle_1 = \langle Ag, Af \rangle.$$
下证 $\langle \cdot, \cdot \rangle_1$ 为 H' 上的内积. 任取 $f_1, f_2, g \in H'$, $\alpha, \beta \in \mathbb{K}$, 有
$$\langle \alpha f_1 + \beta f_2, g \rangle_1 = \langle Ag, A(\alpha f_1 + \beta f_2) \rangle$$
$$= \langle Ag, \bar{\alpha} A f_1 + \bar{\beta} A f_2 \rangle$$
$$= \alpha \langle Ag, Af_1 \rangle + \beta \langle Ag, Af_2 \rangle$$
$$= \alpha \langle f_1, g \rangle_1 + \beta \langle f_2, g \rangle_1.$$
若 $f, g \in H'$, 有
$$\langle f, g \rangle_1 = \langle Ag, Af \rangle = \overline{\langle Af, Ag \rangle} = \overline{\langle g, f \rangle_1}.$$
又显然有 $\langle f, f \rangle_1 \geq 0$ 且
$$\langle f, f \rangle_1 = 0 \Leftrightarrow \langle Af, Af \rangle = 0 \Leftrightarrow Af = 0 \Leftrightarrow f = 0.$$
这就证明了 $\langle \cdot, \cdot \rangle_1$ 为 H' 上的内积. 其在 H' 上诱导出来的范数为
$$\langle f, f \rangle_1^{1/2} = \langle Af, Af \rangle^{1/2} = \|Af\| = \|f\|,$$
即为 H' 上固有的范数, 这说明 H' 为 Hilbert 空间.

任取 $F \in H''$, 由定理 3.4.1, 存在 $f_0 \in H'$, 使得
$$F(f) = \langle f, f_0 \rangle_1, \quad f \in H'.$$
由 $\langle \cdot, \cdot \rangle_1$ 的定义, 有
$$\langle f, f_0 \rangle_1 = \langle Af_0, Af \rangle = f(Af_0).$$
因此任取 $f \in H'$, 有 $F(f) = f(Af_0)$. 这就证明了 H 为自反空间.

例 4.1.3 设 $1 < p < \infty$, q 为其共轭指数, $\frac{1}{p} + \frac{1}{q} = 1$. 由例 2.5.7, 任给 $y = (y_i)_{i \geq 1} \in \ell^q$, y 可以自然地定义一个 ℓ^p 上的有界线性泛函 $\phi(y)$:
$$\phi(y)(x) = \sum_{i=1}^{\infty} y_i x_i, \quad x = \{x_i\} \in \ell^p. \tag{4.15}$$

此时映射
$$\phi: \ell^q \to (\ell^p)'$$
为等距同构. 设 $F \in (\ell^p)''$, 即
$$\ell^q \xrightarrow{\phi} (\ell^p)' \xrightarrow{F} \mathbb{K}.$$
由于有界线性算子的复合算子仍为有界线性算子，所以 $F \circ \phi \in (\ell^q)'$. 由例 2.5.7，存在唯一的 $x = \{x_i\} \in \ell^p$，使得
$$F(\phi(y)) = \sum_{i=1}^{\infty} y_i x_i, \quad y = \{y_i\} \in \ell^q.$$
利用映射 ϕ 的定义 (4.15) 有
$$F(\phi(y)) = \phi(y)(x), \quad y = \{y_i\} \in \ell^q.$$
由于 ϕ 为满射，所以任取 $f \in (\ell^p)'$ 有
$$F(f) = f(x).$$
这就证明了 ℓ^p 的自反性.

例 4.1.4 设 X 为有限维赋范空间, $\dim(X) = n < \infty$. 由定理 2.4.3 及例 2.5.3, $X' = X^*$ 且 $\dim(X') = n$. 因此也有 $\dim(X'') = n$. 典范映射 $J: X \to X''$ 为线性算子满足 $\|Jx\| = \|x\|$，因此 J 为单射. 由于 $\dim(X) = \dim(X'') = n$, J 必为满射. 从而 X 是自反空间.

例 4.1.5 c_0 不是自反空间. 事实上, 假设 c_0 为自反的, 则 c_0 与 c_0'' 等距同构. 由于 c_0 为可分的, 从而 c_0'' 必为可分的. 但由例 2.5.5 知 $c_0' = \ell^1$, 由例 2.5.6 有 $(\ell^1)' = \ell^\infty$, 而 ℓ^∞ 不为可分的, 矛盾！因此 c_0 不是自反空间.

为了进一步地研究一些具体赋范空间的自反性, 我们需要证明下述定理, 以后会经常用到这个结果.

定理 4.1.7 设 X 为赋范空间, Y 为 X 的闭线性子空间, $Y \subsetneq X, x_0 \in Y^c$, 令
$$\delta = \rho(x_0, Y) = \inf_{y \in Y} \|x_0 - y\|.$$
则存在 $f \in X'$，使得 $\|f\| = 1, f|_Y = 0, f(x_0) = \delta$.

证明 首先来证明 $\delta > 0$. 若不然, $\delta = 0$, 则存在 $y_n \in Y$, 使得 $\|x_0 - y_n\| \to 0$. 这说明 $y_n \to x_0$. 由于 $y_n \in Y$ 且由假设 Y 为闭集, 因此应用定理 1.3.2 有 $x_0 \in Y$, 矛盾！

Y 为 X 的线性子空间, 所以 $0 \in Y$, 因此 $x_0 \neq 0$. 考虑
$$Z = \mathrm{span}(Y \cup \{x_0\}).$$
则 Z 为 X 的线性子空间, 且任取 $x \in Z$, 存在唯一的 $y \in Y$ 及 $\lambda \in \mathbb{K}$, 使得 $x = y + \lambda x_0$. 在 Z 上定义 $h(y + \lambda x_0) = \lambda \delta$. h 显然是 Z 上的线性泛函, $h(x_0) = \delta, h|_Y = 0$. 又 Y 为 X 的线性子空间, 所以若 $\lambda \neq 0$, 有
$$|h(y + \lambda x_0)| = |\lambda| \delta = |\lambda| \inf_{z \in Y} \|x_0 - z\|$$

$$= |\lambda| \inf_{z \in Y} \| x_0 + z \|$$
$$\leqslant |\lambda| \left\| x_0 + \frac{y}{\lambda} \right\|$$
$$= \| y + \lambda x_0 \|.$$

若 $\lambda = 0$, 上式显然成立. 从而 $h \in Z'$ 且 $\| h \| \leqslant 1$.

存在 $y_n \in Y$, 使得 $\delta_n = \| x_0 - y_n \| \to \delta$. 由 h 的定义有 $h(x_0 - y_n) = \delta$, 因此
$$\| h \| \geqslant \frac{h(x_0 - y_n)}{\| x_0 - y_n \|} = \frac{\delta}{\delta_n} \to 1.$$

所以 $\| h \| = 1$. 由定理 4.1.3 知存在 $f \in x'$ 使得 $\| f \| = \| h \| = 1, f|_Z = h$. 我们有 $f(x_0) = h(x_0) = \delta$, 且任取 $y \in Y, f(y) = h(y) = 0$, 即 $f|_Y = 0$. □

推论 4.1.2 设 X 为赋范空间, X' 为可分空间. 则 X 为可分空间.

证明 考虑 X' 的单位球面
$$M = \{ f \in X' : \| f \| = 1 \}.$$

由于 X' 为可分空间, 由定理 1.2.7, M 也为可分度量空间. 设 $\{ f_n : n \geqslant 1 \} \subset M$ 在 M 中稠密. 任给 $n \geqslant 1$, 存在 $x_n \in X, \| x_n \| = 1, f_n(x_n) \geqslant \frac{1}{2}$. 令
$$Y = \overline{\text{span}\{ x_1, x_2, \cdots \}}.$$

下证 $Y = X$. 若不然, 则 $Y \subsetneqq X$. 由假设 Y 为 X 的闭线性子空间, 若 $x_0 \in Y^c$, 则
$$\delta = \rho(x_0, Y) > 0.$$

由上一定理, 存在 $f \in X', \| f \| = 1, f|_Y = 0, f(x_0) = \delta$. 因此 $f \in M$. 由于 $f|_Y = 0$, 所以 $f(x_n) = 0$. 任取 $n \geqslant 1$, 成立
$$\frac{1}{2} \leqslant | f_n(x_n) | \leqslant | f_n(x_n) - f(x_n) |$$
$$\leqslant \| f_n - f \| \| x_n \| = \| f_n - f \|.$$

这与 $\{ f_n : n \geqslant 1 \}$ 在 M 中的稠密性假设矛盾. 所以
$$\overline{\text{span}\{ x_1, x_2, \cdots \}} = X.$$

若 $K = \mathbb{R}$, 设
$$W = \left\{ \sum_{i=1}^n a_i x_i : n \geqslant 1, a_i \in \mathbb{Q} \right\}.$$

任取 $x \in X, \varepsilon > 0$, 存在 $y \in \text{span}\{ x_1, x_2, \cdots \}$, 使得 $\| x - y \| < \frac{\varepsilon}{2}$, 设 $y = \sum_{i=1}^n a_i x_i$, 其中 $a_i \in \mathbb{R}$. 由 $\mathbb{Q}$ 在 $\mathbb{R}$ 中的稠密性, 存在 $b_i \in \mathbb{Q}$, 使得
$$\left\| \sum_{i=1}^n a_i x_i - \sum_{i=1}^n b_i x_i \right\| < \frac{\varepsilon}{2}.$$

我们有 $\sum_{i=1}^n b_i x_i \in W$, 且

$$\Big\|x-\sum_{i=1}^n b_ix_i\Big\| \leqslant \Big\|x-\sum_{i=1}^n a_ix_i\Big\| + \Big\|\sum_{i=1}^n a_ix_i - \sum_{i=1}^n b_ix_i\Big\|$$
$$< \frac{\varepsilon}{2} + \frac{\varepsilon}{2} = \varepsilon.$$

从而 W 在 X 中稠密. 若 $n \geqslant 1$,考虑
$$W_n = \Big\{\sum_{i=1}^n a_ix_i : a_i \in \mathbb{Q}\Big\}.$$

则 W_n 与 $\mathbb{Q}^n$ 等势,因此 W_n 为可数集. 所以 $W = \bigcup_{n=1}^\infty W_n$ 为可数集. 因此 X 为可分空间. 类似可以给出 $\mathbb{K} = \mathbb{C}$ 情形的证明. □

例 4.1.6 若 $a<b$,则 $C[a,b]$ 不是自反空间. 为此我们首先证明 $C[a,b]'$ 不为可分空间. 对于 $t \in [a,b]$,考虑 $C[a,b]$ 上的线性泛函 δ_t:
$$\delta_t(x) = x(t), \quad x \in C[a,b].$$
易证 $\delta_t \in C[a,b]'$,且 $\|\delta_t\| = 1$. 若 $t_1 \neq t_2$,则 $\|\delta_{t_1} - \delta_{t_2}\| = 2$. 事实上由 $\|\delta_t\| = 1$ 知 $\|\delta_{t_1} - \delta_{t_2}\| \leqslant 2$. 又显然存在连续函数 x,使得 $\|x\| = 1, x(t_1) = 1, x(t_2) = -1$,此时有 $(\delta_{t_1} - \delta_{t_2})(x) = 2$,从而 $\|\delta_{t_1} - \delta_{t_2}\| \geqslant 2$. 于是 $\|\delta_{t_1} - \delta_{t_2}\| = 2$.

若 M 为 $C[a,b]'$ 的稠密子集,则任取 $t \in [a,b]$,存在 $f_t \in M$,使得 $\|\delta_t - f_t\| < \frac{1}{2}$. 若 $t_1, t_2 \in [a,b], t_1 \neq t_2$,假设 $f_{t_1} = f_{t_2}$,则
$$2 = \|\delta_{t_1} - \delta_{t_2}\| \leqslant \|\delta_{t_1} - f_{t_1}\| + \|f_{t_2} - \delta_{t_2}\| < \frac{1}{2} + \frac{1}{2} = 1.$$
矛盾! 因此若 $t_1, t_2 \in [a,b], t_1 \neq t_2$,则必有 $f_{t_1} \neq f_{t_2}$. 考虑映射
$$\phi: [a,b] \to M$$
$$t \mapsto f_t.$$
由上面的讨论知 ϕ 为单射. 又 $[a,b]$ 为不可数集,所以 M 也为不可数集. 这样证明了 $C[a,b]'$ 的任意稠密子集都是不可数集,所以 $C[a,b]'$ 不为可分空间.

假设 $C[a,b]$ 为自反的,则 $C[a,b]$ 与 $C[a,b]''$ 等距同构. 由于 $C[a,b]$ 为可分的,从而 $C[a,b]''$ 必为可分的. 由推论 4.1.2 知 $C[a,b]'$ 为可分的. 矛盾! 因此 $C[a,b]$ 不是自反空间.

例 4.1.7 ℓ^1 不为自反空间. 事实上,假设 ℓ^1 为自反空间,由于 $(\ell^1)' = \ell^\infty$,再利用 ℓ^1 的可分性,$(\ell^\infty)'$ 必为可分空间. 由推论 4.1.2,这可以导出 ℓ^∞ 的可分性,矛盾! 因此 ℓ^1 不为自反空间.

空间 ℓ^∞ 也不是自反空间,这个结果的证明较复杂,要用到自反空间的闭子空间均为自反的这个结果.

利用 Hahn-Banach 泛函延拓定理,还可以给出 $C[a,b]$ 对偶空间的表示. 为此我们引入

闭区间上连续函数 Riemann-Stieltjes 积分的概念.

设 $a<b$,函数 $\omega:[a,b]\to \mathbb{K}$ 称为**有界变差函数**,如果存在常数 $C\geqslant 0$,使得任取 $[a,b]$ 的分划
$$a=t_0<t_1<t_2<\cdots<t_n=b,$$
都有
$$\sum_{i=1}^n |\omega(t_i)-\omega(t_{i-1})|\leqslant C.$$
记所有 $[a,b]$ 上有界变差函数构成的集合为 $BV[a,b]$.

若 $\omega\in BV[a,b]$,$a\leqslant s\leqslant b$,定义 ω 在区间 $[a,s]$ 上的**全变差**为
$$\mathrm{Var}_{[a,s]}(\omega)=\sup\sum_{i=1}^n |\omega(t_i)-\omega(t_{i-1})|,$$
其中的上确界是对所有 $[a,s]$ 的分划来取的. 容易证明若 ω 为 $[a,b]$ 上的单调函数,则 $\omega\in BV[a,b]$,且此时有
$$\mathrm{Var}_{[a,b]}(\omega)=|\omega(b)-\omega(a)|.$$

若 $a\leqslant s_1<s_2\leqslant b$,设 $a=t_0<t_2<\cdots<t_n=s_1$ 为 $[a,s_1]$ 的分划,$s_1=t'_0<t'_1<\cdots<t'_m=s_2$ 为 $[s_1,s_2]$ 的分划,则
$$a=t_0<\cdots<t_n<t'_1<\cdots<t'_m=s_2$$
为 $[a,s_2]$ 的分划. 因此
$$\sum_{i=1}^n |\omega(t_i)-\omega(t_{i-1})|+\sum_{j=1}^m |\omega(t'_j)-\omega(t'_{j-1})|\leqslant \mathrm{Var}_{[a,s_2]}(\omega).$$
所以
$$\mathrm{Var}_{[a,s_1]}(\omega)+\mathrm{Var}_{[s_1,s_2]}(\omega)\leqslant \mathrm{Var}_{[a,s_2]}(\omega).$$
另外,若 $a=t_0<t_1<t_2<\cdots<t_n=s_2$ 为 $[a,s_2]$ 的分划,不妨设 s_1 已经是这个分划的某个分点 t_{i_0}(不然的话可以将 s_1 加入到分点中). 则 $a=t_0<t_1<t_2<\cdots<t_{i_0}=s_1$ 为 $[a,s_1]$ 的分划,$s_1=t_{i_0}<t_{i_0+1}<\cdots<t_n=s_2$ 为 $[s_1,s_2]$ 的分划. 因此
$$\sum_{i=1}^{i_0} |\omega(t_i)-\omega(t_{i-1})|+\sum_{i=i_0+1}^n |\omega(t_i)-\omega(t_{i-1})|$$
$$\leqslant \mathrm{Var}_{[a,s_1]}(\omega)+\mathrm{Var}_{[s_1,s_2]}(\omega).$$
所以有
$$\mathrm{Var}_{[a,s_2]}(\omega)\leqslant \mathrm{Var}_{[a,s_1]}(\omega)+\mathrm{Var}_{[s_1,s_2]}(\omega).$$
从而
$$\mathrm{Var}_{[a,s_2]}(\omega)=\mathrm{Var}_{[a,s_1]}(\omega)+\mathrm{Var}_{[s_1,s_2]}(\omega). \tag{4.16}$$

若 $\omega\in BV[a,b]$,考虑函数 $\phi_\omega(t)=\mathrm{Var}_{[a,t]}(\omega)$. 则 ϕ_ω 为 $[a,b]$ 上的单调递增函数. $\varphi=\phi_\omega-\omega$ 也是 $[a,b]$ 上的单调递增函数,事实上,若 $a\leqslant t_1<t_2\leqslant b$,则由式(4.16),有
$$\varphi(t_2)-\varphi(t_1)=(\phi_\omega-\omega)(t_2)-(\phi_\omega-\omega)(t_1)$$

$$= (\phi_\omega(t_2) - \phi_\omega(t_1)) - (\omega(t_1) - \omega(t_2))$$
$$\geqslant \text{Var}_{[t_1,t_2]}(\omega) - |\omega(t_2) - \omega(t_1)| \geqslant 0.$$

这说明 $\omega = \phi_\omega - (\phi_\omega - \omega)$ 为两个单调递增函数的差. 由于单调函数在任意点均有左极限和右极限, 因此 ω 在任意点也有左极限和右极限, 即任取 $a \leqslant t_0 \leqslant b$,
$$\omega(t_0^+) = \lim_{t > t_0, t \to t_0} \omega(t), \quad \omega(t_0^-) = \lim_{t < t_0, t \to t_0} \omega(t)$$
都存在.

若 $\omega \in BV[a,b]$, 定义
$$\|\omega\|_{bv} = \text{Var}_{[a,b]}(\omega) + |\omega(a)|.$$
则易证 $\|\cdot\|_{bv}$ 为 $BV[a,b]$ 上的范数, 且 $BV[a,b]$ 为 Banach 空间.

设 $x \in C[a,b], \omega \in BV[a,b]$. 若 P 为 $[a,b]$ 的分划, 其分点为
$$a = t_0 < t_1 < t_2 < \cdots < t_n = b.$$
令
$$S(x, \omega, P) = \sum_{i=1}^n x(t_{i-1})(\omega(t_i) - \omega(t_{i-1}))$$
为 x 关于有界变差函数 ω 和分划 P 的 Darboux 和. 记
$$\eta(P) = \max_{1 \leqslant i \leqslant n}(t_i - t_{i-1})$$
为分划 P 的参数. 若存在 $a \in \mathbb{K}$, 使得任给 $\varepsilon > 0$, 存在 $\delta > 0$, 只要 $\eta(P) < \delta$, 就有
$$|a - S(x, \omega, P)| < \varepsilon,$$
则称 x 关于有界变差函数 ω 是 **Riemann-Stieltjes 可积函数**, a 称为 x 关于 ω 的 **Riemann-Stieltjes 积分**, 记为
$$a = \int_a^b x(t) \mathrm{d}\omega(t).$$

当 $\omega(t) = t$ 时, 上面定义的 Riemann-Stieltjes 积分就是通常的 Riemann 积分. 利用闭区间上连续函数的一致连续性, 可以证明任取 $x \in C[a,b], \omega \in BV[a,b]$, x 关于 ω 总是 Riemann-Stieltjes 可积函数. 另外, Riemann-Stieltjes 积分关于 x 和 ω 都是线性的, 即若 $x, y \in C[a,b]$, $\omega, \rho \in BV[a,b], p, q \in \mathbb{K}$, 则有
$$\int_a^b (px(t) + qy(t)) \mathrm{d}\omega(t) = p\int_a^b x(t)\mathrm{d}\omega(t) + q\int_a^b y(t)\mathrm{d}\omega(t),$$
$$\int_a^b x(t) \mathrm{d}(p\omega + q\rho)(t) = p\int_a^b x(t)\mathrm{d}\omega(t) + q\int_a^b x(t)\mathrm{d}\rho(t).$$

由定义, 若 $x \in C[a,b], \omega \in BV[a,b]$, 且
$$a = t_0 < t_1 < t_2 < \cdots < t_n = b$$
为 $[a,b]$ 的分划, 则
$$|S(x, \omega, P)| \leqslant \sum_{i=1}^n |x(t_{i-1})| |\omega(t_i) - \omega(t_{i-1})|$$

$$\leqslant \|x\|_\infty \sum_{i=1}^n |\omega(t_i) - \omega(t_{i-1})|$$
$$\leqslant \|\omega\|_{bv} \|x\|_\infty.$$

因此
$$\left|\int_a^b x(t)\,\mathrm{d}\omega(t)\right| \leqslant \|\omega\|_{bv} \|x\|_\infty.$$

这说明固定 $\omega \in BV[a,b]$,积分
$$\phi_\omega(x) = \int_a^b x(t)\,\mathrm{d}\omega(t), \quad x \in C[a,b]$$

定义了 $C[a,b]$ 上的有界线性泛函,且
$$\|\phi_\omega\| \leqslant \|\omega\|_{bv}. \tag{4.17}$$

我们有如下连续函数空间上有界线性泛函的表示定理.

定理 4.1.8(F. Riesz) 设 $a<b$,则任给 $f \in C[a,b]'$,存在唯一的 $\omega \in BV[a,b]$ 满足 $\omega(a)=0$,ω 在 (a,b) 上右连续,即任取 $a<t_0<b$,有
$$\omega(t_0^+) = \lim_{t>t_0, t\to t_0} \omega(t) = \omega(t_0),$$

使得
$$f(x) = \int_a^b x(t)\,\mathrm{d}\omega(t), \quad x \in C[a,b].$$

此时有 $\|f\| = \|\omega\|_{bv}$.

证明 考虑定义在 $[a,b]$ 上有界函数的全体 $B[a,b]$. 若 $x \in B[a,b]$,令
$$\|x\| = \sup_{a\leqslant t\leqslant b} |x(t)|.$$

容易证明 $\|\cdot\|$ 是 $B[a,b]$ 上的范数,实际上 $(B[a,b], \|\cdot\|)$ 为 Banach 空间. 若 $x \in C[a,b]$,则 x 必在 $[a,b]$ 上有界,即 $x \in B[a,b]$,且
$$\|x\|_\infty = \max_{a\leqslant t\leqslant b} |x(t)| = \|x\|.$$

因此 $(C[a,b], \|\cdot\|_\infty)$ 为 $(B[a,b], \|\cdot\|)$ 的赋范子空间.

由 Hahn-Banach 定理,存在 $F \in B[a,b]'$,使得
$$F|_{C[a,b]} = f, \quad \|F\| = \|f\|.$$

若 $t \in [a,b]$,考虑定义在 $[a,b]$ 上的函数
$$\chi_t(s) = \begin{cases} 1, & a \leqslant s \leqslant t, \\ 0, & t < s \leqslant b. \end{cases}$$

显然 $\chi_t \in B[a,b]$,且 $\|\chi_t\| = 1$. 令 $\alpha(a)=0$,若 $a<t\leqslant b$,取 $\alpha(t)=F(\chi_t)$. 下证 $\alpha \in BV[a,b]$. 若
$$a = t_0 < t_1 < t_2 < \cdots < t_n = b$$

为 $[a,b]$ 的分划,则存在 $\varepsilon_i \in \mathbb{K}$,$|\varepsilon_i|=1$,使得
$$|F(\chi_{t_i}) - F(\chi_{t_{i-1}})| = \varepsilon_i(F(\chi_{t_i}) - F(\chi_{t_{i-1}})).$$

于是有

$$\sum_{i=1}^{n}|\alpha(t_i)-\alpha(t_{i-1})|=|F(\chi_{t_1})|+\sum_{i=2}^{n}|F(\chi_{t_i})-F(\chi_{t_{i-1}})|$$

$$=\varepsilon_1 F(\chi_{t_1})+\sum_{i=2}^{n}\varepsilon_i(F(\chi_{t_i})-F(\chi_{t_{i-1}}))$$

$$=F\left(\varepsilon_1\chi_{t_1}+\sum_{i=2}^{n}\varepsilon_i(\chi_{t_i}-\chi_{t_{i-1}})\right).$$

注意到函数 $\varepsilon_1\chi_{t_1}+\sum_{i=2}^{n}\varepsilon_i(\chi_{t_i}-\chi_{t_{i-1}})$ 在 $[a,t_1]$ 上为 ε_1,在 $(t_{i-1},t_i]$ 上为 ε_i. 从而

$$\left\|\varepsilon_1\chi_{t_1}+\sum_{i=2}^{n}\varepsilon_i(\chi_{t_i}-\chi_{t_{i-1}})\right\|=1.$$

因此

$$\sum_{i=1}^{n}|\alpha(t_i)-\alpha(t_{i-1})|\leqslant\|F\|=\|f\|.$$

从而 $\alpha\in BV[a,b]$,且

$$\|\alpha\|_{bv}\leqslant\|f\|. \tag{4.18}$$

若 $x\in C[a,b]$. 设 P 为 $[a,b]$ 的分划,其分点为

$$a=t_0<t_1<t_2<\cdots<t_n=b.$$

令

$$z(x,P)=x(t_0)\chi_{t_1}+\sum_{i=2}^{n}x(t_{i-1})(\chi_{t_i}-\chi_{t_{i-1}}).$$

则 $z(x,P)\in B[a,b]$,且

$$F(z(x,P))=x(t_0)F(\chi_{t_1})+\sum_{i=2}^{n}x(t_{i-1})F(\chi_{t_i}-\chi_{t_{i-1}})$$

$$=x(t_0)\alpha(t_1)+\sum_{i=2}^{n}x(t_{i-1})(\alpha(t_i)-\alpha(t_{i-1}))$$

$$=S(x,\alpha,P)$$

为 x 关于有界变差函数 α 和分划 P 的 Darboux 和. 在上式中我们用到了 $\alpha(t_0)=\alpha(a)=0$ 这个性质. 当分划的参数 $\eta(P)\to 0$ 时,有

$$S(x,\alpha,P)\to\int_a^b x(t)\mathrm{d}\alpha(t).$$

又 x 为连续函数,因此必为一致连续函数. 任给 $\varepsilon>0$,存在 $\delta>0$,只要 $t,s\in[a,b]$ 满足 $|s-t|<\delta$,就有 $|x(s)-x(t)|<\varepsilon$ 成立. 因此当分划的参数 $\eta(P)<\delta$ 时,任取 $a\leqslant t\leqslant b$,有

$$|x(t)-z(x,P)(t)|\leqslant\varepsilon,$$

或等价地,有 $\|x-z(x,P)\|\leqslant\varepsilon$. 因此 $|F(x)-F(z(x,P))|\leqslant\|F\|\varepsilon$. 这说明当分划的参数 $\eta(P)\to 0$ 时,$S(x,\alpha,P)\to F(x)$. 但 $x\in C[a,b]$,所以 $F(x)=f(x)$. 故有

$$f(x) = \int_a^b x(t) \mathrm{d}\alpha(t). \tag{4.19}$$

设 ω 为 α 的右连续修正,即

$$\omega(t) = \begin{cases} 0, & t=a, \\ \alpha(t^+), & a<t<b, \\ \alpha(b), & t=b. \end{cases}$$

其中 $\alpha(t^+) = \lim\limits_{s>t, s\to t} \alpha(s)$ 为 α 在 s 处的右极限。显然 ω 在 (a,b) 上为右连续的。下证 $\omega \in BV[a,b]$,且任取 $x \in C[a,b]$,有

$$\int_a^b x(t) \mathrm{d}\alpha(t) = \int_a^b x(t) \mathrm{d}\omega(t).$$

由于 α 可以表示为两个单调递增函数的差,所以 α 的不连续点是至多可数的。任取 $\varepsilon > 0$ 及 $a = t_0 < t_1 < \cdots < t_n = b$ 为 $[a,b]$ 的分划,取 $t_i < s_i < t_{i+1}$ ($s_0 = a, s_n = b$),使得 α 在 s_i 处连续且

$$|\alpha(t_i^+) - \alpha(s_i)| < \frac{\varepsilon}{2n}.$$

此时有

$$\sum_{i=1}^n |\omega(t_i) - \omega(t_{i-1})| \leqslant \sum_{i=1}^n |\alpha(t_i^+) - \alpha(s_i)| + \sum_{i=1}^n |\alpha(s_i) - \alpha(s_{i-1})|$$

$$+ \sum_{i=1}^n |\alpha(s_{i-1}) - \alpha(t_{i-1}^+)|$$

$$\leqslant n \frac{\varepsilon}{2n} + \sum_{i=1}^n |\alpha(s_i) - \alpha(s_{i-1})| + n \frac{\varepsilon}{2n}$$

$$\leqslant \mathrm{Var}_{[a,b]}(\alpha) + \varepsilon.$$

因此 $\omega \in BV[a,b]$,且 $\mathrm{Var}_{[a,b]}(\omega) \leqslant \mathrm{Var}_{[a,b]}(\alpha)$。所以 $\|\omega\|_{bv} \leqslant \|\alpha\|_{bv}$。利用式(4.18)有 $\|\omega\|_{bv} \leqslant \|f\|$。

若 $x \in C[a,b]$,设 t_i 为 α 的连续点,则

$$\omega(t_i) - \omega(t_{i-1}) = \alpha(t_i^+) - \alpha(t_{i-1}^+) = \alpha(t_i) - \alpha(t_{i-1}).$$

由于积分 $\int_a^b x(t) \mathrm{d}\alpha(t)$ 和 $\int_a^b x(t) \mathrm{d}\omega(t)$ 都存在,又由于 α 的不连续点为至多可数集,所以可以选取分点为 α 的连续点的分划来做连续函数 x 的 Darboux 和去逼近 x 的 Riemann-Stieltjes 积分 $\int_a^b x(t) \mathrm{d}\alpha(t)$ 和 $\int_a^b x(t) \mathrm{d}\omega(t)$。因此利用式(4.19)则有

$$f(x) = \int_a^b x(t) \mathrm{d}\alpha(t) = \int_a^b x(t) \mathrm{d}\omega(t), \quad x \in C[a,b].$$

再应用式(4.17)可得 $\|f\| \leqslant \|\omega\|_{bv}$。因此有 $\|f\| = \|\omega\|_{bv}$。

下证 ω 为唯一确定的。为此假设 $\beta \in BV[a,b]$,β 在 (a,b) 上右连续,$\beta(a) = 0$,且任取

$x \in C[a,b]$,有

$$\int_a^b x(t)\mathrm{d}\omega(t) = \int_a^b x(t)\mathrm{d}\beta(t). \tag{4.20}$$

首先有 $\omega(a) = 0 = \beta(a)$. 若 t_0 为 α 和 ω 的连续点,则 t_0 也是函数

$$t \to \mathrm{Var}_{[a,t]}(\alpha), \quad t \to \mathrm{Var}_{[a,t]}(\omega)$$

的连续点. 令 $x_n \in C[a,b]$,

$$x_n(t) = \begin{cases} 1, & t \in [a, t_0], \\ \text{线性}, & t \in \left(t_0, t_0 + \frac{1}{n}\right), \\ 0, & t \in \left[t_0 + \frac{1}{n}, b\right]. \end{cases}$$

则

$$\int_a^b x_n(t)\mathrm{d}\omega = \int_a^b x_n(t)\mathrm{d}\beta(t).$$

于是

$$\omega(t_0) + \int_{t_0}^{t_0+\frac{1}{n}} x_n(t)\mathrm{d}\omega(t) = \beta(t_0) + \int_{t_0}^{t_0+\frac{1}{n}} x_n(t)\mathrm{d}\beta(t).$$

因此当 $n \to \infty$ 时,有

$$|\omega(t_0) - \beta(t_0)| \leqslant \int_{t_0}^{t_0+\frac{1}{n}} |x_n(t)||\mathrm{d}\omega(t)| + \int_{t_0}^{t_0+\frac{1}{n}} |x_n(t)||\mathrm{d}\beta(t)|$$

$$\leqslant \mathrm{Var}_{\left[t_0, t_0+\frac{1}{n}\right]}(\omega) + \mathrm{Var}_{\left[t_0, t_0+\frac{1}{n}\right]}(\beta) \to 0.$$

从而有 $\omega(t_0) = \beta(t_0)$. 这样的点 t_0 在 $[a,b]$ 中为稠密的,又 ω, β 在 (a,b) 上为右连续的,因此任取 $t \in (a,b)$ 有 $\omega(t) = \beta(t)$. 在 (4.20) 中取 $x = 1$,有

$$\omega(b) = \omega(b) - \omega(a) = \int_a^b x(t)\mathrm{d}\omega(t) = \int_a^b x(t)\mathrm{d}\beta(t)$$
$$= \beta(b) - \beta(a) = \beta(b).$$

这就证明了 $\omega = \beta$. □

4.2 一致有界性原理

一致有界性原理(也称为 Banach-Steinhauss 定理或共鸣定理)给出了定义在 Banach 空间上的一族有界线性算子在该 Banach 空间单位球上一致有界的一个充分条件.它是研究赋范空间中序列弱收敛性及有界线性泛函弱星收敛性的基础,在傅里叶级数收敛性、序列可和性以及积分的数值解法方面都有着重要应用.

一致有界性原理是建立在非空完备空间上的 Baire 范畴定理基础之上的,为此我们需要引入度量空间中第一范畴子集及第二范畴子集的概念.

定义 4.2.1 设 (X,d) 为度量空间，$M \subset X$. 若 $\overline{M}$ 无内点，则称 M 为**无处稠密子集**. 若 $N \subset X$，称 N 为 X 的**第一范畴子集**，如果 N 可以表示成 X 中可数个无处稠密子集的并集. 不为第一范畴 X 的子集称为**第二范畴子集**.

若 $X = \mathbb{R}$，则有限集总是无处稠密的. 至多可数集为第一范畴的，这是因为这样的集合可以表示成可数个单点集或空集的并.

定理 4.2.1(Baire 范畴定理) 设 (X,d) 为非空完备度量空间，则 X 作为 X 的子集为第二范畴的.

证明 假设 X 不为第二范畴的，即为第一范畴的. 则存在可数个 X 的无处稠密子集 M_i，使得 $X = \bigcup_{i=1}^{\infty} M_i$，$\overline{M_i}$ 无内点. 由于 $M_i \subset \overline{M_i}$，从而

$$X = \bigcup_{i=1}^{\infty} M_i = \bigcup_{i=1}^{\infty} \overline{M_i} \subset X.$$

所以有 $\bigcup_{i=1}^{\infty} \overline{M_i} = X$. 因此不妨假设每个 M_i 都是闭集，且 M_i 无内点.

由于 X 非空，因此 X 的每个点均是 X 的内点. 又 M_1 无内点，所以 $M_1 \subsetneq X$. 取定一个点 $p_1 \in M_1^c$，由于 M_1 为闭集，所以 M_1^c 为开集. 存在 $0 < \varepsilon_1 < \frac{1}{2}$，使得 $B(p_1, \varepsilon_1) \subset M_1^c$，即 $B(p_1, \varepsilon_1) \cap M_1 = \varnothing$.

M_2 无内点，因此 M_2 不可能完全包含 $B\left(p_1, \frac{\varepsilon_1}{2}\right)$，即

$$M_2^c \cap B\left(p_1, \frac{\varepsilon_1}{2}\right) \neq \varnothing.$$

开球 $B\left(p_1, \frac{\varepsilon_1}{2}\right)$ 为开集，M_2 为闭集，从而 M_2^c 为开集. 所以 $M_2^c \cap B\left(p_1, \frac{\varepsilon_1}{2}\right)$ 为非空开集. 取定 $p_2 \in M_2^c \cap B\left(p_1, \frac{\varepsilon_1}{2}\right)$，存在 $0 < \varepsilon_2 < \frac{\varepsilon_1}{2}$，使得

$$B(p_2, \varepsilon_2) \subset M_2^c \cap B\left(p_1, \frac{\varepsilon_1}{2}\right).$$

此时

$$B(p_2, \varepsilon_2) \cap M_2 = \varnothing, \quad B(p_2, \varepsilon_2) \subset B\left(p_1, \frac{\varepsilon_1}{2}\right).$$

如此下去，对任意 $n \geqslant 1$，可以构造 $p_n \in X$，$0 < \varepsilon_n < \frac{\varepsilon_{n-1}}{2}$，使得

$$B(p_{n+1}, \varepsilon_{n+1}) \subset B\left(p_n, \frac{\varepsilon_n}{2}\right), \quad B(p_{n+1}, \varepsilon_{n+1}) \cap M_{n+1} = \varnothing.$$

由于 $\varepsilon_1 < \frac{1}{2}$，$\varepsilon_n < \frac{\varepsilon_{n-1}}{2}$，所以 $\varepsilon_n < \frac{1}{2^n}$. 因此 $\varepsilon_n \to 0$. 又对固定的 $n \geqslant 1$，任取 $k \geqslant 1$，有

$$p_{n+k} \in B\left(p_n, \frac{\varepsilon_n}{2}\right). \tag{4.21}$$

因此 $d(p_{k+n}, p_n) < \frac{\varepsilon_n}{2}$. 这说明 $\{p_n\}$ 为 X 中的柯西列. 由假设 X 为完备度量空间,因此存在 $p \in X, p_n \to p$. 在式(4.21)中令 $k \to \infty$, 则有

$$p \in \overline{B}\left(p_n, \frac{\varepsilon_n}{2}\right) \subset B(p_n, \varepsilon_n).$$

由于 $B(p_n, \varepsilon_n) \cap M_n = \varnothing$, 所以 $p \notin M_n$. 又 $X = \bigcup_{n=1}^{\infty} M_n$, 所以 $p \notin X$, 矛盾! 这就证明了 X 必为第二范畴的. □

上述 Baire 范畴定理最直接的应用就是下述的一致有界性原理,也被称为 Banach-Steinhauss 定理或共鸣定理.

定理 4.2.2(一致有界性原理) 设 X 为 Banach 空间, Y 为赋范空间, $(T_i)_{i \in I} \subset B(X, Y)$, I 为指标集. 若任取 $x \in X$, 有

$$\sup_{i \in I} \|T_i x\| < \infty,$$

则 $\sup_{i \in I} \|T_i\| < \infty$.

证明 任取 $n \geqslant 1$, 令

$$M_n = \{x \in X : \sup_{i \in I} \|T_i x\| \leqslant n\}.$$

任取 $x \in X$, 由假设条件 $\sup_{i \in I} \|T_i x\| < \infty$, 因此存在 $n \geqslant 1$, 使得

$$\sup_{i \in I} \|T_i x\| \leqslant n,$$

此时有 $x \in M_n$. 所以 $X = \bigcup_{n=1}^{\infty} M_n$.

下证 M_n 为闭集. 为此设 $x_k \in M_n, x_k \to x \in X$. 我们有

$$\|T_i x_k\| \leqslant n, \quad i \in I. \tag{4.22}$$

因为 T_i 为连续映射. 在式(4.22)中令 $k \to \infty$, 则有 $\|T_i x\| \leqslant n$. 即 $x \in M_n$. 由定理 1.3.2, M_n 为闭集.

由于 $X = \bigcup_{n=1}^{\infty} M_n$, 利用 X 的完备性及定理 4.2.1, 存在 $n_0 \geqslant 1$, 使得 M_{n_0} 不为无处稠密子集. 即 M_{n_0} 有内点. 设 x_0 为 M_{n_0} 的内点, 则存在 $r > 0, B(x_0, r) \subset M_{n_0}$. 任给 $y \in X, \|y\| \leqslant 1$ 有

$$x_0, x_0 + \frac{r}{2} y \in B(x_0, r) \subset M_{n_0},$$

从而对于 $i \in I$, 有

$$\|T_i x_0\| < n_0, \quad \left\|T_i\left(x_0 + \frac{r}{2} y\right)\right\| < n_0.$$

因此

$$\left\|T_i\left(\frac{r}{2}y\right)\right\| \leqslant \left\|T_i\left(x_0+\frac{r}{2}y\right)\right\| + \|T_ix_0\| < 2n_0.$$

所以
$$\|T_iy\| \leqslant \frac{4n_0}{r}, \quad \|y\| \leqslant 1.$$

这说明 $\|T_i\| \leqslant \frac{4n_0}{r}$. 因此有 $\sup_{i\in I}\|T_i\| \leqslant \frac{4n_0}{r}$. □

若 X 为 Banach 空间，Y 为赋范空间，设 $(T_i)_{i\in I} \subset B(X,Y)$ 满足
$$\sup_{i\in I}\|T_i\| = \infty.$$

由有界线性算子范数的定义，任取 $i\in I$, 存在 $x_i\in X$, $\|x_i\|=1$, 使得 $\|T_ix_i\| \geqslant \frac{1}{2}\|T_i\|$. 因此有
$$\sup_{i\in I}\|T_ix_i\| = \infty.$$

而如果应用一致有界性原理的逆否命题，若 $\sup_{i\in I}\|T_i\| = \infty$, 则存在 $x_0\in X$, 使得
$$\sup_{i\in I}\|T_ix_0\| = \infty.$$

x_0 称为 $(T_i)_{i\in I}$ 的共鸣点. 即可以将以上的 x_i 取为同一个点 x_0, 因此上述一致有界性原理也称为共鸣定理.

下面我们给出一致有界性原理的一个应用.

例 4.2.1（周期连续函数 Fourier 级数的收敛问题） 考虑 $[0,2\pi]$ 上的周期连续实函数空间
$$C_{\text{per}}[0,2\pi] = \{x\in C[0,2\pi]: x(0)=x(2\pi)\}.$$

$C_{\text{per}}[0,2\pi]$ 上赋予范数
$$\|x\|_\infty = \max_{0\leqslant t\leqslant 2\pi}|x(t)|.$$

则 $C_{\text{per}}[0,2\pi]$ 为 $C[0,2\pi]$ 的线性子空间. 若 $x_n\in C_{\text{per}}[0,2\pi]$, $x_n\to x\in C[0,2\pi]$. 则
$$\lim_{n\to\infty}(\max_{0\leqslant t\leqslant 2\pi}|x_n(t)-x(t)|) = 0.$$

从而
$$\lim_{n\to\infty}x_n(0) = x(0), \quad \lim_{n\to\infty}x_n(2\pi) = x(2\pi).$$

而 $x_n\in C_{\text{per}}[0,2\pi]$, 故 $x_n(0)=x_n(2\pi)$. 因此 $x(0)=x(2\pi)$. 由定理 1.3.2 知 $C_{\text{per}}[0,2\pi]$ 为 $C[0,2\pi]$ 的闭线性子空间. 由于 $C[0,2\pi]$ 为 Banach 空间，利用定理 1.3.7 知 $C_{\text{per}}[0,2\pi]$ 也为 Banach 空间.

若 $x\in C_{\text{per}}[0,2\pi]$, 定义 x 的 Fourier 系数
$$a_m(x) = \frac{1}{\pi}\int_0^{2\pi}x(t)\cos(mt)\mathrm{d}t, \quad m\geqslant 1,$$

$$b_m(x) = \frac{1}{\pi}\int_0^{2\pi} x(t)\sin(mt)\mathrm{d}t, \quad m \geqslant 1,$$

$$a_0(x) = \frac{1}{2\pi}\int_0^{2\pi} x(t)\mathrm{d}t.$$

称

$$a_0(x) + \sum_{m\geqslant 1} a_m(x)\cos(mt) + \sum_{m\geqslant 1} b_m(x)\sin(mt)$$

为 x 的 **Fourier 级数**. 一个很自然的问题是 x 的 Fourier 级数是否点点收敛到 x, 即是否任给 $t \in [0, 2\pi]$, 成立

$$\lim_{n\to\infty}\Big(a_0(x) + \sum_{m=1}^n a_m(x)\cos(mt) + \sum_{m=1}^n b_m(x)\sin(mt)\Big) = x(t).$$

应用一致有界性原理, 可以给出这个问题否定的回答. 事实上, 我们将证明存在 $x \in C_{\text{per}}[0, 2\pi]$, 使得 x 的 Fourier 级数在 $t = 0$ 处不收敛.

若 $n \geqslant 1$, 考虑 x 的 Fourier 级数前 n 项和在 $t = 0$ 点的值

$$f_n(x) = a_0(x) + \sum_{m=1}^n a_m(x).$$

显然 f_n 为 $C_{\text{per}}[0, 2\pi]$ 上的线性泛函.

$$f_n(x) = \frac{1}{2\pi}\int_0^{2\pi}\Big(1 + 2\sum_{m=1}^n \cos(mt)\Big) x(t)\mathrm{d}t = \frac{1}{2\pi}\int_0^{2\pi} Q_n(t)x(t)\mathrm{d}t,$$

其中

$$Q_n(t) = 1 + 2\sum_{m=1}^n \cos(mt) = \frac{\sin\left(n + \frac{1}{2}\right)t}{\sin\frac{1}{2}t}.$$

在上式的计算中用到了三角函数的积化合差公式. 因为

$$|f_n(x)| \leqslant \frac{1}{2\pi}\int_0^{2\pi} |Q_n(t)||x(t)|\mathrm{d}t$$

$$\leqslant \frac{1}{2\pi}\int_0^{2\pi} |Q_n(t)|\mathrm{d}t \,\|x\|_\infty.$$

因此

$$\|f_n\| \leqslant \frac{1}{2\pi}\int_0^{2\pi} |Q_n(t)|\mathrm{d}t.$$

三角函数 $Q_n(t)$ 在 $[0, 2\pi]$ 上仅有有限个零点, 因此任取 $\varepsilon > 0$, 可以找到 $[0, 2\pi]$ 上的连续函数 $\phi_n \in C_{\text{per}}[0, 2\pi]$, 使得

$$-1 \leqslant \phi_n(t) \leqslant 1, \quad t \in [0, 2\pi],$$

$$\left|\int_0^{2\pi}(\operatorname{sgn}(Q_n(t)) - \phi_n(t))Q_n(t)\mathrm{d}t\right| < \varepsilon.$$

此时有

$$f_n(\phi_n) = \frac{1}{2\pi}\int_0^{2\pi} Q_n(t)\phi_n(t)\,dt \geqslant \frac{1}{2\pi}\int_0^{2\pi} |Q_n(t)|\,dt - \varepsilon.$$

由于 $\|\phi_n\|_\infty \leqslant 1$，因此有

$$\|f_n\| \geqslant \frac{1}{2\pi}\int_0^{2\pi} |Q_n(t)|\,dt - \varepsilon.$$

所以

$$\|f_n\| = \frac{1}{2\pi}\int_0^{2\pi} |Q_n(t)|\,dt.$$

由于 $\sin\left(\frac{1}{2}t\right)$ 在 $[0, 2\pi]$ 上为非负的且 $\sin\left(\frac{1}{2}t\right) \leqslant \frac{1}{2}t$，所以

$$\left|\int_0^{2\pi} Q_n(t)\right|dt \geqslant \int_0^{2\pi}\frac{\left|\sin\left(n+\frac{1}{2}\right)t\right|}{\sin\left(\frac{1}{2}t\right)}dt \geqslant 2\int_0^{2\pi}\frac{\left|\sin\left(n+\frac{1}{2}\right)t\right|}{t}dt$$

$$= 2\int_0^{(2n+1)\pi}\frac{|\sin t|}{t}dt \geqslant 2\sum_{k=0}^{2n}\int_{k\pi}^{(k+1)\pi}\frac{|\sin t|}{t}dt$$

$$\geqslant 2\sum_{k=0}^{2n}\int_{k\pi+\frac{1}{4}\pi}^{k\pi+\frac{3}{4}\pi}\frac{|\sin t|}{t}dt \geqslant \sqrt{2}\sum_{k=0}^{2n}\int_{k\pi+\frac{1}{4}\pi}^{k\pi+\frac{3}{4}\pi}\frac{1}{t}dt$$

$$\geqslant \sum_{k=0}^{2n}\frac{\sqrt{2}\pi}{2k\pi+\frac{3}{4}\pi} = \sum_{k=0}^{2n}\frac{4\sqrt{2}}{8k+3}.$$

因此

$$\sup_{n\geqslant 1}\|f_n\| = \infty.$$

由一致有界性原理，存在 $x_0 \in C_{\text{per}}[0, 2\pi]$，使得

$$\sup_{n\geqslant 1}|f_n(x_0)| = \infty.$$

这说明 x_0 的 Fourier 级数在 $t=0$ 处不收敛.

一致有界性原理中赋范空间 X 的完备性假设是必要条件. 为此可以考虑 X 为所有多项式构成的集合. 若 $p(t) = a_0 + a_1 t + \cdots + a_n t^n$，定义

$$\|p\| = \max_{0\leqslant i\leqslant n}|a_i|.$$

则 $\|\cdot\|$ 为 X 上范数. 若 $n\geqslant 1$，定义 X 上的线性泛函

$$f_n(p) = \sum_{i=0}^n a_i, \quad p(t) = a_0 + a_1 t + \cdots + a_m t^m.$$

我们有

$$|f_n(p)| \leqslant \sum_{i=0}^n |a_i| \leqslant (n+1)\|p\|.$$

因此 $f_n \in X'$. 任取 $p \in X$, $p(t) = a_0 + a_1 t + \cdots + a_m t^m$，有

$$\sup_{n\geqslant 1}|f_n(p)|\leqslant \sum_{i=0}^{m}|a_i|.$$

因此有界线性泛函族$(f_n)_{n\geqslant 1}$为点点有界的. 若考虑 $p_n(t)=1+t+\cdots+t^n$, 则 $\|p_n\|=1$, 但 $f_n(p)=n+1$. 从而 $\|f_n\|\geqslant n+1$. 所以有 $\sup_{n\geqslant 1}\|f_n\|=\infty$.

这个例子并不与一致有界性原理矛盾, 事实上, $(X,\|\cdot\|)$ 不为 Banach 空间. 为此, 考虑多项式

$$p_n(t)=1+\frac{1}{2}t+\cdots+\frac{1}{n+1}t^n.$$

若 $n>m$, 则 $\|p_m-p_n\|=\dfrac{1}{n+1}$. 这说明 $\{p_n\}$ 为 X 中的柯西列. 假设存在 $p\in X, p_n\to p, p(t)=a_0+a_1 t+\cdots+a_N t^N$, 则当 $n>N$ 时有 $\|p_n-p\|\geqslant \dfrac{1}{N+1}$. 矛盾! 从而 $(X,\|\cdot\|)$ 不为 Banach 空间.

4.3　强收敛与弱收敛

一致有界性原理可以应用到赋范空间中序列的弱收敛性、有界线性泛函的弱星收敛性以及有界线性算子的收敛性研究中. 它们在分析中有着重要的应用.

定义 4.3.1　设 X 为赋范空间, $x_n, x\in X$. 若 $x_n\to x$, 即 $\|x_n-x\|\to 0$, 则称 $\{x_n\}$ 在 X 中**强收敛**到 x. 若任取 $f\in X'$, 有 $f(x_n)\to f(x)$, 则称 $\{x_n\}$ **弱收敛**到 x, 记为 $x_n\rightharpoonup x$, 或 $w\text{-}\lim_{n\to\infty} x_n = x$, x 称为 $\{x_n\}$ 的**弱极限**.

下面这个定理给出了弱收敛序列的一些基本性质.

定理 4.3.1　设 X 为赋范空间, $x_n, x\in X, x_n\rightharpoonup x$. 则

(1) 弱极限 x 唯一;

(2) $\{x_n\}$ 的任意子列均弱收敛到 x;

(3) $\{x_n:n\geqslant 1\}$ 为 X 中的有界集.

证明　第二条显然成立, 我们仅给出第一条和第三条的证明.

(1) 设 $x_n\rightharpoonup y$. 则任给 $f\in X'$, 有
$$f(x_n)\to f(x),\quad f(x_n)\to f(y).$$
从而 $f(x)=f(y)$. 由 Hahn-Banach 定理有 $x=y$.

(2) 考虑典范映射 $J: X\to X''$. 则 $J(x_n)\in X''$. 任取 $f\in X'$, 由 $x_n\rightharpoonup x$ 有
$$J(x_n)(f)=f(x_n)\to f(x).$$
因此 $\sup_{n\geqslant 1}|J(x_n)(f)|<\infty$. 由于 X' 总为 Banach 空间, 利用一致有界性原理可得
$$\sup_{n\geqslant 1}\|J(x_n)\|<\infty.$$

由典范映射的性质，$\|J(x_n)\| = \|x_n\|$. 因此有 $\sup\limits_{n\geqslant 1}\|x_n\| < \infty$. □

定理 4.3.2 设 X 为赋范空间，$x_n, x \in X$.

(1) 若 $\{x_n\}$ 强收敛到 x，则 $\{x_n\}$ 必弱收敛到 x.

(2) 当 $\dim(X) < \infty$，则 $\{x_n\}$ 强收敛到 x 当且仅当 $\{x_n\}$ 弱收敛到 x.

证明

(1) 若 $\{x_n\}$ 强收敛到 x，则任取 $f \in X'$，有
$$|f(x_n) - f(x)| \leqslant \|f\| \|x_n - x\|.$$
因此有 $f(x_n) \to f(x)$，即 $x_n \rightharpoonup x$.

(2) 设 $\dim(X) = n < \infty$. $\{e_1, e_2, \cdots, e_n\}$ 为 X 的 Hamel 基. 若
$$x_k, \quad x \in X, \quad x_k \rightharpoonup x,$$
存在 $\alpha_i^{(k)}, \alpha_i \in \mathbb{K}$，使得
$$x_k = \sum_{i=1}^n \alpha_i^{(k)} e_i, \quad x = \sum_{i=1}^n \alpha_i e_i.$$
若 $1 \leqslant j \leqslant n$，令
$$\phi_j\Big(\sum_{i=1}^n y_i e_i\Big) = y_j.$$
则 $\phi_j \in X^*$. 由于 $\dim(X) < \infty$，由定理 2.4.3 知 $\phi_j \in X'$. 由弱收敛的定义，$\phi_j(x_k) \to \phi_j(x)$. 即 $\alpha_j^{(k)} \to \alpha_j$. 此时有
$$\|x_k - x\| = \Big\|\sum_{i=1}^n (\alpha_i^{(k)} - \alpha_i) e_i\Big\| \leqslant \sum_{i=1}^n |\alpha_i^{(k)} - \alpha_i| \|e_i\|.$$
因此 $\{x_k\}$ 强收敛到 x. □

例 4.3.1 定理 4.3.2 的第二个命题在 $\dim(X) = \infty$ 时不成立. 为此可以考虑可分无穷维 Hilbert 空间 H，设 $\{e_1, e_2, \cdots\}$ 为 H 的标准正交集，任给 $x \in H$，由 Bessel 不等式 (3.11)，有
$$\sum_{n=1}^\infty |\langle x, e_n \rangle|^2 \leqslant \|x\|^2.$$
因此
$$\lim_{n \to \infty} \langle e_n, x \rangle = \lim_{n \to \infty} \langle x, e_n \rangle = 0. \tag{4.23}$$
任取 $f \in H'$，由定理 3.4.1，存在 $x \in H$，使得 $f(y) = \langle y, x \rangle$. 因此，式 (4.23) 意味着 $e_n \rightharpoonup 0$. 但 $\|e_n\| = 1$，因此 e_n 不强收敛到 0.

我们有下述弱收敛性的刻画，它在研究实际问题中序列的弱收敛性时是十分有用的.

定理 4.3.3 设 X 为赋范空间，$x_n, x \in X$. 则 $x_n \rightharpoonup x$ 当且仅当

(1) $\sup\limits_{n \geqslant 1} \|x_n\| < \infty$；

(2) 存在 $M \subset X'$ 为完全集,使得任取 $f \in M$ 有 $f(x_n) \to f(x)$.

证明 必要性可由定理 4.3.1 直接得到. 现假设 $C = \sup\limits_{n \geqslant 1} \|x_n\| < \infty$, $M \subset X'$ 为完全集,且任取 $f \in M$ 有 $f(x_n) \to f(x)$. 易证任取 $f \in \text{span}(M)$,也有 $f(x_n) \to f(x)$.

由于 M 为完全集,所以 $\overline{\text{span}(M)} = X'$. 若 $f \in X'$,任给 $j \geqslant 1$,存在 $f_j \in \text{span}(M)$,使得 $\|f - f_j\| \leqslant \dfrac{1}{j}$. 于是有

$$|f(x_n) - f(x)| \leqslant |f(x_n) - f_j(x_n)| + |f_j(x_n) - f_j(x)| + |f_j(x) - f(x)|$$
$$\leqslant \|f - f_j\|(\|x_n\| + \|x\|) + |f_j(x_n) - f_j(x)|$$
$$\leqslant \frac{1}{j}(\|x\| + C) + |f_j(x_n) - f_j(x)|. \tag{4.24}$$

任给 $\varepsilon > 0$,存在 $j_0 \geqslant 1$,使得

$$\frac{1}{j_0}(\|x\| + C) < \frac{\varepsilon}{2}.$$

又 $f_{j_0} \in \text{span}(M)$,因此 $f_{j_0}(x_n) \to f_{j_0}(x)$. 存在 $N \geqslant 1$,任取 $n \geqslant N$,有

$$|f_{j_0}(x_n) - f_{j_0}(x)| < \frac{\varepsilon}{2}.$$

此时由式(4.24)有

$$|f(x_n) - f(x)| < \varepsilon.$$

即 $f(x_n) \to f(x)$. 从而 $x_n \rightharpoonup x$. □

例 4.3.2 若 $1 < p < \infty$,考虑 p-阶可和的数列空间 ℓ^p. 若
$$x_n = (x_1^{(n)}, x_2^{(n)}, \cdots) \in \ell^p,$$
$$x = (x_1, x_2, \cdots) \in \ell^p.$$

由例 2.5.7 知 $(\ell^p)' = \ell^q$,其中 $\dfrac{1}{p} + \dfrac{1}{q} = 1$. 考虑 $M = \{e_n : n \geqslant 1\} \subset \ell^q$,其中 $e_n = \{\delta_{ni}\}$. 易证 $\overline{\text{span}(M)} = \ell^q$,即 M 为 ℓ^q 的完全集. 任取 $n \geqslant 1, e_n \in \ell^q$ 在 ℓ^p 上定义的有界线性泛函为
$$\phi_n(y) = y_n, \quad y = (y_1, y_2, \cdots) \in \ell^p.$$
应用定理 4.3.3 可得 $x_n \rightharpoonup x$ 当且仅当 $\sup\limits_{n \geqslant 1} \|x_n\|_p < \infty$ 且任取 $i \geqslant 1$ 有 $x_i^{(n)} \to x_i$,即 $\{x_n\}$ 依坐标收敛到 x.

定义 4.3.2 设 X 为赋范空间,$f_n, f \in X'$. 称 $\{f_n\}$ **弱星收敛**到 f,若任取 $x \in X$,$f_n(x) \to f(x)$,记为 $f = w^*\text{-}\lim\limits_{n \to \infty} f_n$,$f$ 称为 $\{f_n\}$ 的**弱星极限**.

类似于定理 4.3.2,我们有如下结论.

定理 4.3.4 设 X 为赋范空间,$f_n, f \in X'$,$w^*\text{-}\lim\limits_{n \to \infty} f_n = f$. 则
(1) 弱星极限 f 唯一;
(2) $\{f_n\}$ 的任意子列均弱星收敛到 f;

(3) 若 X 为 Banach 空间，则 $\{f_n: n \geqslant 1\}$ 在 X' 中为有界集.

证明 这个定理的前两条是显然成立的. 为证第三条，设 $w^* - \lim\limits_{n \to \infty} f_n = f$，则任取 $x \in X, f_n(x) \to f(x)$. 因此
$$\sup_{n \geqslant 1} |f_n(x)| < \infty.$$
由于 X 为 Banach 空间，利用一致有界性原理可得 $\sup\limits_{n \geqslant 1} \|f_n\| < \infty$. □

对于弱星收敛性我们也有类似于定理 4.3.3 的简单刻画.

定理 4.3.5 设 X 为 Banach 空间，$f_n, f \in X'$. 则 $w^* - \lim\limits_{n \to \infty} f_n = f$ 当且仅当

(1) $\sup\limits_{n \geqslant 1} \|f_n\| < \infty$；

(2) 存在 $M \subset X$ 为完全集，使得任取 $x \in M$ 有 $f_n(x) \to f(x)$.

证明 由上一定理知必要性是显然成立的. 假设 $C = \sup\limits_{n \geqslant 1} \|f_n\| < \infty$，且存在 $M \subset X$ 为完全集，使得任取 $x \in M$ 有 $f_n(x) \to f(x)$. 下证 $w^* - \lim\limits_{n \to \infty} f_n = f$. 首先易证任取 $x \in \text{span}(M)$，也有 $f_n(x) \to f(x)$.

由于 M 为完全集，所以 $\overline{\text{span}(M)} = X$. 若 $x \in X$，任给 $j \geqslant 1$，存在 $x_j \in \text{span}(M)$，使得 $\|x - x_j\| \leqslant \frac{1}{j}$. 于是有

$$\begin{aligned}
|f_n(x) - f(x)| &\leqslant |f_n(x) - f_n(x_j)| + |f_n(x_j) - f(x_j)| + |f(x_j) - f(x)| \\
&\leqslant \|x - x_j\|(\|f_n\| + \|f\|) + |f_n(x_j) - f(x_j)| \\
&\leqslant \frac{1}{j}(\|f\| + C) + |f_n(x_j) - f(x_j)|.
\end{aligned} \tag{4.25}$$

任给 $\varepsilon > 0$，存在 $j_0 \geqslant 1$，使得
$$\frac{1}{j_0}(\|f\| + C) < \frac{\varepsilon}{2}.$$

又 $x_{j_0} \in \text{span}(M)$，因此 $f_n(x_{j_0}) \to f(x_{j_0})$. 存在 $N \geqslant 1$，任取 $n \geqslant N$，有
$$|f_n(x_{j_0}) - f(x_{j_0})| < \frac{\varepsilon}{2}.$$

此时由式 (4.25) 有
$$|f_n(x) - f(x)| < \varepsilon.$$

即 $f_n(x) \to f(x)$. 从而 $w^* - \lim\limits_{n \to \infty} f_n = f$. □

对于赋范空间之间的有界线性算子，我们可以自然地考虑三种收敛性. 这三种收敛性在实际问题中都很常用的.

定义 4.3.3 设 X, Y 为赋范空间，$T_n \in B(X, Y)$，$T: X \to Y$ 为线性算子.

(1) 称 $\{T_n\}$ **一致收敛**到 T，如果 $\|T_n - T\| \to 0$.

(2) 称 $\{T_n\}$ **强收敛**到 T，如果任取 $x \in X, T_n x \to Tx$.

(3) 称 $\{T_n\}$ **弱收敛**到 T，如果任取 $x \in X, f \in Y'$，$f(T_n x) \to f(Tx)$.

由定义容易看出，如果 $\{T_n\}$ 一致收敛到 T，则 $\{T_n\}$ 必强收敛到 T；如果 $\{T_n\}$ 强收敛到 T，则 $\{T_n\}$ 必弱收敛到 T. 下面我们举例说明这两个命题的逆命题都不成立.

例 4.3.3 设 $n \geq 1$，考虑
$$T_n: \ell^2 \to \ell^2$$
$$(x_1, x_2, \cdots) \mapsto (\underbrace{0, 0, \cdots, 0}_{n \text{项}}, x_1, x_2, \cdots).$$

T_n 显然为线性算子. 另外 $\|Tx\|_2 = \|x\|_2$. 因此 $T_n \in B(\ell^2)$ 且 $\|T_n\| = 1$.

任取 $f \in \ell^2$，由定理 3.4.1，存在 $y \in \ell^2, y = (y_1, y_2, \cdots)$，使得
$$f(x) = \langle x, y \rangle = \sum_{n \geq 1} x_n \bar{y}_n, \quad x = (x_1, x_2, \cdots) \in \ell^2.$$

因此
$$f(T_n x) = \sum_{i \geq 1} x_i \, y_{n+i}, \quad x = (x_1, x_2, \cdots) \in \ell^2.$$

利用 Cauchy-Schwarz 不等式(1.3)，有
$$|f(T_n x)| \leq \|x\|_2 \Big(\sum_{i=n+1}^{\infty} |y_i|^2 \Big)^{1/2} \to 0.$$

所以 $\{T_n\}$ 弱收敛到 0. 但 $\|T_n x - 0\| = \|T_n x\| = \|x\|_2$，因此 $\{T_n\}$ 不强收敛到 0.

例 4.3.4 设 $n \geq 1$，考虑
$$T_n: \ell^2 \to \ell^2$$
$$(x_1, x_2, \cdots) \mapsto (\underbrace{0, 0, \cdots, 0}_{n \text{项}}, x_{n+1}, x_{n+2}, \cdots).$$

T_n 显然为线性算子. 另外
$$\|Tx\|_2 = \Big(\sum_{i=n+1}^{\infty} |x_i|^2 \Big)^{1/2} \leq \|x\|_2.$$

因此 $T_n \in B(\ell^2)$ 且 $\|T_n\| \leq 1$. 又显然有 $T_n e_{n+1} = e_{n+1}$，因此 $\|T_n\| \geq 1$. 从而有 $\|T_n\| = 1$.

任取 $x \in \ell^2, x = (x_1, x_2, \cdots)$，有
$$\|Tx\|_2 = \Big(\sum_{i=n+1}^{\infty} |x_i|^2 \Big)^{1/2} \to 0.$$

因此 $\{T_n\}$ 强收敛到 0. 但 $\|T_n - 0\| = \|T_n\| = 1$，这说明 $\{T_n\}$ 不一致收敛到 0.

设 X, Y 为赋范空间，$T_n \in B(X, Y), T: X \to Y$ 为线性算子. 若 $\{T_n\}$ 一致收敛到 T，则 $\|T_n - T\| \to 0$. 对于 $\varepsilon = 1$，存在 $N \geq 1$，使得 $\|T - T_N\| < 1$. 因此
$$\|T\| \leq \|T - T_N\| + \|T_N\| \leq 1 + \|T_N\| < \infty.$$

所以 $T \in B(X, Y)$. 这说明有界线性算子的一致收敛极限一定还是有界线性算子. 若 $\{T_n\}$ 强收敛到 T，则 T 未必还是有界线性算子. 为此我们考虑赋范空间
$$X = \{\{x_i\} \in \ell^2 : \exists N \geq 1, \forall n > N, x_n = 0\}.$$

在 X 上赋予 ℓ^2 诱导出来的范数. 若 $n \geqslant 1$, 考虑
$$T_n: X \to X$$
$$(x_1, x_2, \cdots) \mapsto (x_1, 2x_2, 3x_3, \cdots, nx_n, x_{n+1}, x_{n+2}, \cdots).$$
T_n 显然为线性算子. 易见 $T_n \in B(X)$ 且 $\|T_n\| = n$. 容易验证 $\{T_n\}$ 强收敛到线性算子
$$T: X \to X$$
$$(x_1, x_2, \cdots) \mapsto (x_1, 2x_2, 3x_3, \cdots, nx_n, \cdots).$$
由于 $Te_n = ne_n$, 所以 T 不为有界线性算子.

定理 4.3.6 设 X 为 Banach 空间, Y 为赋范空间, $T_n \in B(X, Y)$, $T: X \to Y$ 为线性算子. 设 $\{T_n\}$ 弱收敛到 T. 则 $\sup\limits_{n \geqslant 1} \|T_n\| < \infty$, $T \in B(X, Y)$ 且
$$\|T\| \leqslant \sup_{n \geqslant 1} \|T_n\|.$$

证明 固定 $x \in X$, 任取 $f \in Y'$, 由于 $\{T_n\}$ 弱收敛到 T, 有
$$f(T_n x) \to f(Tx).$$
考虑典范映射 $J: Y \to Y''$, 上式意味着
$$J(T_n x)(f) \to J(Tx)(f), \quad f \in Y'.$$
由于 Y' 总为 Banach 空间, 利用一致有界性原理有
$$\sup_{n \geqslant 1} \|T_n x\| = \sup_{n \geqslant 1} \|J(T_n x)\| < \infty.$$
由假设 X 为 Banach 空间, 再次利用一致有界性原理可得
$$C = \sup_{n \geqslant 1} \|T_n\| < \infty.$$
任取 $x \in X, f \in Y'$, 有
$$|f(T_n x)| \leqslant \|f\| \|T_n\| \|x\| \leqslant C \|f\| \|x\|.$$
令 $n \to \infty$ 有 $|f(Tx)| \leqslant C \|f\| \|x\|$. 因此由 Hahn-Banach 定理, 有
$$\|Tx\| = \sup_{f \in Y', \|f\| \leqslant 1} |f(Tx)| \leqslant C \|x\|.$$
这说明 $\|T\| \leqslant C$, 即 $\|T\| \leqslant \sup\limits_{n \geqslant 1} \|T_n\|$. □

类似于定理 4.3.5 的证明方法, 容易证明下述强收敛的刻画. 读者可以自己完成其证明.

定理 4.3.7 设 X 为 Banach 空间, Y 为赋范空间, $T_n, T \in B(X, Y)$. 则 $\{T_n\}$ 强收敛到 T 当且仅当

(1) $\sup\limits_{n \geqslant 1} \|T_n\| < \infty$;

(2) 存在 $M \subset X$ 为完全集, 使得任取 $x \in M$ 有 $T_n(x) \to T(x)$.

在本节的最后部分里, 我们给出一致有界性原理和弱星收敛性在数列可求和性和积分的数值解法方面的两个应用.

例 4.3.5(数列的可求和性) 设 $\{x_n\}$ 为数列, 若 $\{x_n\}$ 不在 $\mathbb{R}$ 中收敛, 我们希望定义这个数列的广义极限. 例如数列 $x = (0, 1, 0, 1, \cdots)$ 在 $\mathbb{R}$ 不收敛, 但若取其前 n 项的算术平均值

$y_n = \dfrac{x_1 + x_2 + \cdots + x_n}{n}$,则 $y_1 = 0, y_2 = \dfrac{1}{2}, y_3 = \dfrac{1}{3}, \cdots$,易见 $y_n \to \dfrac{1}{2}$.

设 $A = (a_{nm})_{n,m \geqslant 1}$ 为无穷矩阵,若 $\{x_n\}$ 为无穷数列,考虑数列 $\{y_n\}$,其中

$$y_n = \sum_{m=1}^{\infty} a_{nm} x_m. \tag{4.26}$$

即如果视 x, y 为列向量,则式(4.26)形式上可以写为 $y = Ax$. 若任给 $n \geqslant 1$,式(4.26)中定义 y_n 级数为收敛的,且 $\{y_n\}$ 收敛到 a,则称 a 为 $\{x_n\}$ 的 A-极限,同时称 $\{x_n\}$ 为 A-可和的. 所有 A-可和的数列之集称为 A-方法的区域. 称 A-方法为正则的,若

(1) A-方法的区域包含所有收敛列;

(2) 任取 $\{x_n\}$ 为收敛列,式(4.26)中定义的 y_n 满足

$$\lim_{n \to \infty} y_n = \lim_{n \to \infty} x_n.$$

考虑无穷矩阵

$$A = \begin{bmatrix} 1 & 0 & 0 & 0 & \cdots \\ 1/2 & 1/2 & 0 & 0 & \cdots \\ 1/3 & 1/3 & 1/3 & 0 & \cdots \\ 1/4 & 1/4 & 1/4 & 1/4 & \cdots \\ \vdots & \vdots & \vdots & \vdots & \end{bmatrix}.$$

若 $\{x_n\}$ 为数列,且 y_n 如式(4.26)中定义,则

$$y_n = \dfrac{x_1 + x_2 + \cdots + x_n}{n}.$$

若 $x_n \to x$,则 $\{y_n\}$ 也收敛且 $y_n \to x$. 因此 A-方法为正则的.

在给出 A-方法为正则的充要条件之前,我们首先研究收敛数列空间 c 的性质. 设 c 为所有收敛数列所构成的集合,由于收敛列均为有界列,因此 $c \subset \ell^{\infty}$,且易证 c 为 ℓ^{∞} 的线性子空间. 下证 c 为 ℓ^{∞} 的闭线性子空间. 为此设 $x^{(n)} \in c, x^{(n)} \to x \in \ell^{\infty}$,

$$x^{(n)} = \{x_k^{(n)}\}, \quad x = \{x_k\}.$$

任取 $\varepsilon > 0$,存在 $N \geqslant 1$,使得只要 $n \geqslant N$,就有

$$\sup_{k \geqslant 1} |x_k^{(n)} - x_k| < \dfrac{\varepsilon}{2}.$$

即任取 $k \geqslant 1$,有

$$|x_k^{(n)} - x_k| < \dfrac{\varepsilon}{3}.$$

特别地,有

$$|x_k^{(N)} - x_k| < \dfrac{\varepsilon}{3}. \tag{4.27}$$

但 $x_N \in c$,从而 $\{x_N\}$ 为柯西列,存在 $K \geqslant 1$,任取 $k, h \geqslant K$,有

$$|x_k^{(N)} - x_h^{(N)}| < \dfrac{\varepsilon}{3}. \tag{4.28}$$

此时利用式(4.27)及式(4.28)有
$$|x_k - x_h| \leqslant |x_k - x_k^{(N)}| + |x_k^{(N)} - x_h^{(N)}| + |x_h^{(N)} - x_h|$$
$$< \frac{\varepsilon}{3} + \frac{\varepsilon}{3} + \frac{\varepsilon}{3} = \varepsilon.$$

这说明$\{x_k\}$为柯西列,由于$\mathbb{K}$为完备的,从而$\{x_k\}$为收敛列,即$x \in c$. 由定理1.3.2, c为ℓ^∞的闭线性子空间. 因此c为Banach空间.

定理 4.3.8(O. Toeplitz) 设 $A = (a_{nm})_{n,m \geqslant 1}$ 为无穷矩阵. 则 A-方法为正则的当且仅当

(1) 任取 $m \geqslant 1$, $\lim\limits_{n \to \infty} a_{nm} = 0$;

(2) $\lim\limits_{n \to \infty} \sum\limits_{m=1}^{\infty} a_{nm} = 1$;

(3) 存在 $C \geqslant 0$, 任取 $m \geqslant 1$, 有 $\sum\limits_{m=1}^{\infty} |a_{nm}| \leqslant C$.

证明 假设 A-方法为正则的. 取 x_m 为第 m 项为1, 其余项都为0的数列. 显然这是一个收敛到0的数列. 易见$\{a_{nm}\} = Ax_m$, 由于A-方法为正则的, 所以$\lim\limits_{n \to \infty} a_{nm} = 0$.

另外, 若考虑恒为1的数列 x, 此时 $\left\{\sum\limits_{m=1}^{\infty} a_{nm}\right\} = Ax$, 由于$A$-方法为正则的, 所以级数 $\sum\limits_{m=1}^{\infty} a_{nm}$ 在 $\mathbb{K}$ 中收敛, 且 $\lim\limits_{n \to \infty} \sum\limits_{m=1}^{\infty} a_{nm} = 1$.

任取 $n, k \geqslant 1$, 在 c 上定义
$$f_{n,k}(x) = \sum_{m=1}^{k} a_{nm} x_m, \quad x = \{x_m\} \in c,$$
$$f_n(x) = \sum_{m=1}^{\infty} a_{nm} x_m, \quad x = \{x_m\} \in c.$$

由于A-方法为正则的, 所以定义$f_n(x)$的级数在$\mathbb{K}$中收敛, 因此$f_n(x)$有意义. 又
$$|f_{n,k}(x)| \leqslant \sum_{m=1}^{k} |a_{nm}||x_m| \leqslant \left(\sum_{m=1}^{k} |a_{nm}|\right) \|x\|.$$

因此 $f_{n,k} \in c'$. 若 $x \in c$, 则当 $k \to \infty$, 有
$$f_{n,k}(x) \to f_n(x).$$

所以有 $\sup\limits_{k \geqslant 1} |f_{n,k}(x)| < \infty$. 由于$c$为Banach空间, 应用一致有界性原理有
$$c_n = \sup_{k \geqslant 1} \|f_{n,k}\| < \infty.$$

我们有
$$|f_n(x)| = \lim_{k \to \infty} |f_{n,k}(x)| \leqslant \lim_{k \to \infty} \|f_{n,k}\| \|x\| \leqslant c_n \|x\|.$$

因此 $f_n \in c'$. 若 $x = \{x_n\} \in c$, 则由于 A-方法为正则的, 有
$$\lim_{n \to \infty} f_n(x) = \lim_{n \to \infty} x_n.$$

特别地,有 $\sup\limits_{n\geq 1}|f_n(x)|<\infty$. 再次应用一致有界性原理有
$$C = \sup_{n\geq 1}\|f_n\| < \infty.$$
对于固定的 $k,n\geq 1$,考虑数列 $\xi^{(n,k)}=\{\xi_m^{(n,k)}\}$,其中
$$\xi_m^{(n,k)} = \begin{cases} \dfrac{|a_{nm}|}{a_{nm}}, & m\leq k \text{ 且 } a_{nm}\neq 0, \\ 0, & \text{否则}, \end{cases}$$
则 $\xi^{(n,k)}\in c$,且 $\|\xi^{(n,k)}\|_\infty \leq 1$. 由 $\xi^{(n,k)}$ 的定义易见
$$f_n(\xi^{(n,k)}) = \sum_{m=1}^{k} a_{nm}\xi_m^{(n,k)} = \sum_{m=1}^{k}|a_{nm}|.$$
所以
$$\sum_{m=1}^{k}|a_{nm}| \leq \|f_n\| \leq C.$$
令 $k\to\infty$ 有
$$\sum_{m=1}^{\infty}|a_{nm}| \leq \|f_n\| \leq C.$$
这就证明了定理给出的条件是必要的.

反之,假设(1)、(2)及(3)成立. 定义
$$f(x) = \lim_{n\to\infty} x_n, \quad x=\{x_n\}\in c.$$
f 为 c 上的线性泛函,且
$$|f(x)| \leq \lim_{n\to\infty}|x_n| \leq \|x\|_\infty.$$
所以 $f\in c'$,且 $\|f\|\leq 1$. 令
$$M = \{\{x_n\}: \exists N\geq 1, \forall n\geq N, x_n = x_N\}.$$
下证 M 在 c 中稠密. 为此设 $x\in c, x=\{x_n\}$. 设 $x_n\to\xi$. 任给 $\varepsilon>0$,存在 $N\geq 1$,任取 $n\geq N$ 有 $|x_n-\xi|<\dfrac{\varepsilon}{2}$. 考虑数列
$$x' = (x_1, x_2, \cdots, x_N, \xi, \xi, \cdots) \in M,$$
我们有
$$\|x-x'\|_\infty = \sup_{n\geq N+1}|x_n-\xi| \leq \dfrac{\varepsilon}{2} < \varepsilon.$$
从而 $x'\in B(x,\varepsilon)\bigcap M$. 这说明 $B(x,\varepsilon)\bigcap M\neq\varnothing$. 因此 $\overline{M}=c$. 即 M 在 c 中稠密.

若 $x=\{x_n\}\in M$,则存在 $N\geq 1, \xi\in\mathbb{K}$,任取 $n\geq N$,有 $x_n=\xi$. 此时有 $f(x)=\xi$. 若 $y=Ax, y=\{y_n\}$. 则
$$y_n = \sum_{m=1}^{N-1} a_{nm} x_m + \xi\sum_{m=N}^{\infty} a_{nm}$$
$$= \sum_{m=1}^{N-1} a_{nm}(x_m-\xi) + \xi\sum_{m=1}^{\infty} a_{nm}.$$

由假设条件(1)和(2)知
$$y_n \to \xi = \lim_{n\to\infty} x_n = f(x). \tag{4.29}$$
由假设，存在 $C \geqslant 0$，使得
$$\sum_{m=1}^{\infty} |a_{nm}| \leqslant C. \tag{4.30}$$
任取 $x = \{x_n\} \in c$，若
$$y_n^{(k)} = \sum_{m=1}^{k} a_{nm} x_m,$$
则任取 $k > h \geqslant 1$，有
$$|y_n^{(k)} - y_n^{(h)}| \leqslant \left(\sum_{m=h+1}^{k} |a_{nm}|\right) \|x\|_\infty.$$
由式(4.30)知 $\{y_n^{(k)}\}$ 为 $\mathbb{K}$ 中的柯西列. 从而 $\{y_n^{(k)}\}$ 在 $\mathbb{K}$ 中收敛，即级数 $\sum_{m=1}^{\infty} a_{nm} x_m$ 收敛. 令
$$f_n(x) = \sum_{m=1}^{\infty} a_{nm} x_m, \quad x = \{x_n\} \in c.$$
则 f_n 为 c 上的线性泛函，且
$$|f_n(x)| \leqslant \sum_{m=1}^{\infty} |a_{nm}| |x_m| \leqslant C \|x\|_\infty.$$
因此 $f_n \in c'$，且 $\|f_n\| \leqslant C$. 而式(4.29)意味着任取 $x \in M$，有 $f_n(x) \to f(x)$. 利用 M 在 c 中的稠密性及定理 4.3.5，我们有 $f = w^* \text{-} \lim_{n\to\infty} f_n$. 即任取 $x = \{x_n\} \in c$，有
$$\sum_{m=1}^{\infty} a_{nm} x_m \to f(x) = \lim_{n\to\infty} x_n.$$
因此 A-方法为正则的. □

例 4.3.6(求积分的数值方法) 考虑连续函数空间 $C[a,b]$，其上赋予范数
$$\|x\|_\infty = \max_{a \leqslant t \leqslant b} |x(t)|.$$
则 $(C[a,b], \|\cdot\|_\infty)$ 为 Banach 空间. 在 $C[a,b]$ 上定义线性泛函
$$f(x) = \int_a^b x(t) dt, \quad x \in C[a,b].$$
易见 $f \in C[a,b]'$，且 $\|f\| = b - a$.

我们希望用数值方法求积分 $\int_a^b x(t) dt$：在 $[a,b]$ 上取 $n+1$ 个结点
$$a \leqslant t_0^{(n)} < t_1^{(n)} < \cdots < t_n^{(n)} \leqslant b,$$
取 $n+1$ 个实数 $a_0^{(n)}, a_1^{(n)}, \cdots, a_n^{(n)}$. 作和式
$$f_n(x) = \sum_{k=0}^{n} a_k^{(n)} x(t_k^{(n)}).$$

希望用 $f_n(x)$ 去逼近积分 $f(x) = \int_a^b x(t) dt$.

上面定义的 f_n 显然是 $C[a,b]$ 上的线性泛函，且

$$|f_n(x)| \leq \left(\sum_{k=0}^n |a_k^{(n)}|\right) \|x\|_\infty.$$

因此 $f_n \in C[a,b]'$，且

$$\|f_n\| \leq \sum_{k=0}^n |a_k^{(n)}|.$$

容易构造 $x \in C[a,b]$，使得当 $0 \leq k \leq n$ 时，有

$$x(t_k^{(n)}) a_k^{(n)} = |a_k^{(n)}|, \quad \|x\|_\infty = 1.$$

此时有

$$f_n(x) = \sum_{k=0}^n |a_k^{(n)}|.$$

因此 $\|f_n\| \geq \sum_{k=0}^n |a_k^{(n)}|$. 从而

$$\|f_n\| = \sum_{k=0}^n |a_k^{(n)}|.$$

由于多项式在区间 $[a,b]$ 上的积分是可以精确计算的，所以我们要求上面定义的积分值 $f_n(x)$ 对次数小于等于 n 的多项式 x 是精确的，即任取 p 为次数小于等于 n 的多项式有

$$f_n(p) = f(p) = \int_a^b p(t) dt. \tag{4.31}$$

由于单项式集合 $\{1, t, t^2, \cdots, t^n\}$ 构成次数小于等于 n 的多项式空间的 Hamel 基，所以式 (4.31) 成立当且仅当将 p 取为 $1, t, t^2, \cdots, t^n$ 时式 (4.31) 成立，这等价于说

$$\begin{cases} a_0^{(n)} + a_1^{(n)} + \cdots + a_n^{(n)} = b - a, \\ a_0^{(n)} t_0^{(n)} + a_1^{(n)} t_1^{(n)} + \cdots + a_n^{(n)} t_n^{(n)} = \dfrac{b^2 - a^2}{2}, \\ \cdots \quad \cdots \quad \cdots \quad \vdots \quad \cdots \quad \cdots \quad \cdots \\ a_0^{(n)} {t_0^{(n)}}^n + a_1^{(n)} {t_1^{(n)}}^n + \cdots + a_n^{(n)} {t_n^{(n)}}^n = \dfrac{b^{n+1} - a^{n+1}}{n+1}. \end{cases}$$

现在假设结点 $a \leq t_0^{(n)} < t_1^{(n)} < \cdots < t_n^{(n)} \leq b$ 固定. 上式可以视为以

$$a_0^{(n)}, a_1^{(n)}, \cdots, a_n^{(n)}$$

为未知数由 $n+1$ 个方程组成的非齐次线性方程组. 由于范德蒙行列式

$$\begin{vmatrix} 1 & 1 & 1 & \cdots & 1 \\ t_0^{(n)} & t_1^{(n)} & t_2^{(n)} & \cdots & t_n^{(n)} \\ {t_0^{(n)}}^2 & {t_1^{(n)}}^2 & {t_2^{(n)}}^2 & \cdots & {t_n^{(n)}}^2 \\ \vdots & \vdots & \vdots & & \vdots \\ {t_0^{(n)}}^n & {t_1^{(n)}}^n & {t_2^{(n)}}^n & \cdots & {t_n^{(n)}}^n \end{vmatrix} \neq 0$$

因此存在唯一的系数 $a_0^{(n)}, a_1^{(n)}, \cdots, a_n^{(n)}$ 满足上式，即满足式(4.31). 我们希望找到关于系数 $a_0^{(n)}, a_1^{(n)}, \cdots, a_n^{(n)}$ 的其他条件使得当 $x \in C[a,b]$ 时，也有 $f_n(x) \to f(x)$. 即 $\{f_n\}$ 弱星收敛到 f.

由 Stone-Weierstrass 定理，多项式之集在 $C[a,b]$ 中为稠密的. 而若 p 为次数为 N 的多项式，则由式(4.31)，只要 $n \geqslant N$，就有 $f_n(p) = f(p) = \int_a^b x(t) dt$. 因此 $f_n(p) \to f(p)$. 应用定理 4.3.5 有如下结论.

定理 4.3.9 (G. Polya)   设数值积分 f_n 满足条件(4.31)，则任取 $x \in C[a,b]$，$f_n(x) \to f(x)$ 当且仅当存在常数 $C \geqslant 0$，使得任取 $n \geqslant 1$，有
$$\sum_{k=1}^n |a_k^{(n)}| \leqslant C.$$

4.4 开映射定理和闭图像定理

本节将要建立的开映射定理和闭图像定理是泛函分析中十分重要的结果. 它们是泛函分析进一步理论研究的基础，闭图像定理在第 5 章闭算子的谱论研究中更是不可缺少的工具. 开映射定理最重要的推论是逆算子定理，它给出 Banach 空间之间有界线性算子的逆算子仍为有界线性算子的一个充分条件. 闭图像定理则给出 Banach 空间之间的线性算子成为有界线性算子的等价条件，它在分析中有着十分重要的应用. 事实上，很多实际中遇到的线性算子的有界性都可以由闭图像定理轻松得到，而直接用定义去证明该线性算子的有界性往往是十分困难的，有时甚至是不可能的.

定义 4.4.1 设 X,Y 为度量空间，$T: X \to Y$ 为映射. 称 T 为**开映射**，如果 T 将开集映为开集，即任取 $G \subset X$ 为开集，
$$T(G) = \{Tx : x \in G\}$$
为 Y 的开集.

由定理 1.2.6 若 X,Y 为度量空间，$T: X \to Y$ 为连续映射当且仅当任给 $G \subset Y$，G 通过 T 的逆像 $T^{-1}(G)$ 为 X 的开集. 这与 T 为开映射是不同的.

下面定理的第二个结论有时也称为逆算子定理.

定理 4.4.1(开映射定理)   设 X,Y 为 Banach 空间，若 $T \in B(X,Y)$ 为满射，则 T 必为开映射. 特别地，若 T 为一一映射，则 $T^{-1} \in B(Y,X)$.

引理 4.4.1   设 X 为赋范空间，$\lambda \in \mathbb{K}$，$\lambda \neq 0$.
(1) 若 $x_0 \in X, r > 0$，则 $\lambda B(x_0, r) = B(\lambda x_0, |\lambda| r)$.
(2) 若 $M \subset X$，则 $\overline{\lambda M} = \lambda \overline{M}$.
(3) 若 $M \subset X$，则 $(\lambda M)^\circ = \lambda M^\circ$.

证明

(1) 设 $x\in\lambda B(x_0,r)$，则存在 $y\in B(x_0,r), x=\lambda y$. 因此
$$\|x-\lambda x_0\| = \|\lambda y-\lambda x_0\| = |\lambda|\,\|y-x_0\| < |\lambda|\,r.$$
即 $x\in B(\lambda x_0,|\lambda|r)$. 这就证明了 $\lambda B(x_0,r)\subset B(\lambda x_0,|\lambda|r)$.

反之，若 $x\in B(\lambda x_0,|\lambda|r)$. 令 $x=\lambda y$，则
$$\|y-x_0\| = \left\|\frac{x}{\lambda}-x_0\right\| = \frac{1}{|\lambda|}\|x-\lambda x_0\| < r.$$
即 $y\in B(x_0,r)$. 从而 $x\in\lambda B(x_0,r)$. 这说明 $B(\lambda x_0,|\lambda|r)\subset\lambda B(x_0,r)$. 从而有 $\lambda B(x_0,r)=B(\lambda x_0,|\lambda|r)$.

(2) 设 $x\in\overline{\lambda M}$，由定理 1.3.2，存在 $x_n\in\lambda M, x_n\to x$. 存在 $y_n\in M, x_n=\lambda y_n$. 因此 $y_n\to x/\lambda$. 由定理 1.3.2 知 $x/\lambda\in\overline{M}$，即 $x\in\lambda\overline{M}$. 这就证明了 $\overline{\lambda M}\subset\lambda\overline{M}$.

反之，若 $x\in\lambda\overline{M}$，则存在 $y\in\overline{M}$，使得 $x=\lambda y$. 由定理 1.3.2，存在 $y_n\in M$，使得 $y_n\to y$. 此时有 $\lambda y_n\to\lambda y=x$，而 $\lambda y_n\in\lambda M$. 由定理 1.3.2 知 $x\in\overline{\lambda M}$. 这说明 $\lambda\overline{M}\subset\overline{\lambda M}$. 因此 $\overline{\lambda M}=\lambda\overline{M}$.

(3) 设 $x\in(\lambda M)^\circ$，则存在 $r>0$，使得 $B(x,r)\subset\lambda M$，或等价地，有 $\frac{1}{\lambda}B(x,r)\subset M$. 而由已证结果 $\frac{1}{\lambda}B(x,r)=B\left(\frac{x}{\lambda},\frac{r}{|\lambda|}\right)$. 因此 $B\left(\frac{x}{\lambda},\frac{r}{|\lambda|}\right)\subset M$，从而 $\frac{x}{\lambda}\in M^\circ$，或等价地，有 $x\in\lambda M^\circ$. 这说明 $(\lambda M)^\circ\subset\lambda M^\circ$.

反之，若 $x\in\lambda M^\circ$，则存在 $y\in M^\circ$，使得 $x=\lambda y$. 存在 $r>0$，使得 $B(y,r)\subset M^\circ$. 因此由已证结果 $B(x,|\lambda|r)=\lambda B(y,r)\subset\lambda M$. 所以 $x\in(\lambda M)^\circ$. 这就证明了 $\lambda M^\circ\subset(\lambda M)^\circ$. 因此有 $(\lambda M)^\circ=\lambda M^\circ$. $\square$

引理 4.4.2 设 X,Y 为 Banach 空间，$T\in B(X,Y)$ 为满射. 则 X 的单位开球 $B_X(0,1)$ 在 T 下的像 $T(B_X(0,1))$ 包含一个 Y 中以 0 为中心的开球.

证明 设 $B_n=B_X\left(0,\frac{1}{2^n}\right)$. 下证 $\overline{T(B_1)}$ 包含 Y 的某个开球. 由定义 $B_1=B_X\left(0,\frac{1}{2}\right)$，从而 $X=\bigcup_{k=1}^{\infty}kB_1$. 由于 T 为线性算子且为满射，因此
$$Y=\bigcup_{k=1}^{\infty}kT(B_1).$$
由于 $kT(B_1)\subset\overline{kT(B_1)}$，所以
$$Y=\bigcup_{k=1}^{\infty}kT(B_1)\subset\bigcup_{k=1}^{\infty}\overline{kT(B_1)}\subset Y.$$
从而有
$$Y=\bigcup_{k=1}^{\infty}\overline{kT(B_1)}.$$
Y 为 Banach 空间，由 Baire 范畴定理 Y 作为 Y 的子集为第二范畴的，即存在 $k_0\geqslant 1$，使得

$\overline{(k_0 T(B_1))}^\circ \neq \varnothing$. 即存在 $y_0 \in Y, r>0$，使得
$$B_Y(y_0, r) \subset \overline{k_0 T(B_1)}.$$
由上一引理，$\overline{k_0 T(B_1)} = k_0 \overline{T(B_1)}$. 因此
$$B_Y(y_0, r) \subset k_0 \overline{T(B_1)}.$$
再次应用上一引理有 $B_Y\left(\dfrac{y_0}{k_0}, \dfrac{r}{k_0}\right) \subset \overline{T(B_1)}$. 即 $\overline{T(B_1)}$ 包含某个开球 $B_Y(y_1, r_1)$.

下证 $B_Y(0, r_1) \subset \overline{T(B_0)}$. 为此任取 $y \in B_Y(0, r_1)$，则
$$y_1, y_1 + y \in B_Y(y_1, r_1).$$
由已证结论 $B_Y(y_1, r_1) \subset \overline{T(B_1)}$，存在 $u_n, v_n \in B_1$，使得
$$T(u_n) \to y_1 + y, \quad T(v_n) \to y_1.$$
由于 $\|u_n\| < \dfrac{1}{2}, \|v_n\| < \dfrac{1}{2}$，所以 $\|u_n - v_n\| < 1$. 又
$$T(u_n - v_n) = T(u_n) - T(v_n) \to y_1 + y - y_1 = y.$$
这说明 $y \in \overline{T(B_0)}$. 从而 $B_Y(0, r_1) \subset \overline{T(B_0)}$.

最后来证明 $B_Y\left(0, \dfrac{r_1}{2}\right) \subset T(B_0)$. 由已证的结论 $B_Y(0, r_1) \subset \overline{T(B_0)}$ 及上一引理知任取 $n \geqslant 1$，有 $B_Y\left(0, \dfrac{r_1}{2^n}\right) \subset \overline{T(B_n)}$. 固定 $y \in B_Y\left(0, \dfrac{r_1}{2}\right)$，由于 $B_Y\left(0, \dfrac{r_1}{2}\right) \subset \overline{T(B_1)}$，存在 $x_1 \in B_1$，使得
$$\|y - Tx_1\| < \dfrac{r_1}{2^2},$$
即 $y - Tx_1 \in B_Y\left(0, \dfrac{r_1}{2^2}\right)$. 而 $B_Y\left(0, \dfrac{r_1}{2^2}\right) \subset \overline{T(B_2)}$，因此存在 $x_2 \in B_2$，使得
$$\|y - Tx_1 - Tx_2\| < \dfrac{r_1}{2^3}.$$
如此下去，对任意的 $n \geqslant 1$，可以找到 $x_n \in B_n$，使得
$$\|y - Tx_1 - Tx_2 - \cdots - Tx_n\| < \dfrac{r_1}{2^{n+1}}. \tag{4.32}$$
令 $s_n = x_1 + x_2 + \cdots + x_n \in X$. 则任取 $m > n$，有
$$\|s_m - s_n\| = \|x_{n+1} + x_{n+2} + \cdots + x_m\|$$
$$\leqslant \|x_{n+1}\| + \|x_{n+2}\| + \cdots + \|x_m\|$$
$$< \dfrac{1}{2^{n+1}} + \dfrac{1}{2^{n+2}} + \cdots + \dfrac{1}{2^m} < \dfrac{1}{2^n}.$$
因此 $\{s_n\}$ 为柯西列，设 $s_n \to s \in X$. 由式 (4.32) 有 $\|y - Ts_n\| < \dfrac{r_1}{2^{n+1}}$. 令 $n \to \infty$ 可得 $y = Ts$. 而

$$\|s\| \leqslant \sum_{n=1}^{\infty} \|x_n\| < \sum_{n=1}^{\infty} \frac{1}{2^n} = 1.$$

因此 $s \in B_0$,所以 $y \in T(B_0)$. 这就证明了 $B_Y\left(0, \frac{r_1}{2}\right) \subset T(B_0)$. □

定理 4.4.1 的证明 设 $T: X \to Y$ 为满射,$G \subset X$ 为开集. 任取 $y \in T(G)$,存在 $x \in G$,使得 $Tx = y$. G 为开集,所以存在 $r > 0$ 使得 $B_X(x, r) \subset G$. 而 $B_X(x, r) = x + B_X(0, r)$,再利用 T 的线性性质有

$$Tx + T(B_X(0, r)) \subset T(G).$$

由于 $Tx = y$,这说明

$$y + T(B_X(0, r)) \subset T(G).$$

由上一引理,存在 $\varepsilon > 0$,使得 $B_Y(0, \varepsilon) \subset T(B_X(0, 1))$,利用 T 的线性性质有 $B_Y(0, r\varepsilon) \subset T(B_X(0, r))$. 从而 $y + B_Y(0, r\varepsilon) \subset T(G)$,或等价地,有 $B_Y(y, r\varepsilon) \subset T(G)$. 这就证明了 $T(G)$ 为 Y 的开集.

设 $T \in B(X, Y)$ 为一一映射,下证 $T^{-1}: Y \to X$ 为连续映射. 设 W 为 X 的开集,W 在映射 T^{-1} 下取逆像与 W 在映射 T 下的像集是相等的. 由已证的结果知 T 为开映射,因此 W 在映射 T 下的像集为 Y 的开集,从而 W 在映射 T^{-1} 下取逆像也为 Y 的开集. 利用定理 1.2.5 就可以得到 T 的连续性,因此 $T^{-1} \in B(Y, X)$. □

推论 4.4.1 设 X 为线性空间,$\|\cdot\|_1$ 和 $\|\cdot\|_2$ 为 X 上的范数,且 $(X, \|\cdot\|_1)$ 和 $(X, \|\cdot\|_2)$ 都为 Banach 空间. 若存在常数 $\alpha > 0$,使得

$$\|x\|_1 \leqslant \alpha \|x\|_2, \quad x \in X, \tag{4.33}$$

则存在 $\beta > 0$,使得

$$\|x\|_2 \leqslant \beta \|x\|_1, \quad x \in X.$$

即 $\|\cdot\|_1$ 和 $\|\cdot\|_2$ 为等价范数.

证明 考虑映射

$$T: (X, \|\cdot\|_2) \to (X, \|\cdot\|_1)$$
$$x \mapsto x.$$

T 显然为线性算子. 条件 (4.33) 意味着 T 为有界线性算子. T 显然为一一映射且为满射. 由定理 4.4.1 知 T^{-1} 也为有界线性算子. 任给 $x \in X$,有

$$\|x\|_2 = \|T^{-1} x\|_2 \leqslant \|T^{-1}\| \|x\|_1.$$
□

在本节的最后一部分,我们来证明闭图像定理. 设 X, Y 为赋范空间,令

$$Z = X \times Y = \{(x, y): x \in X, y \in Y\}$$

为 X 与 Y 的笛卡儿乘积. 则 Z 为线性空间. 若 $(x, y) \in Z$,定义

$$\|(x, y)\| = \|x\|_X + \|y\|_Y.$$

容易证明 $\|\cdot\|$ 为 Z 上的范数. 若 X, Y 均为 Banach 空间,则 Z 也为 Banach 空间. 为此,设数

列 $z_n=(x_n,y_n)\in Z$ 为柯西列,则任取 $\varepsilon>0$,存在 $N\geq 1$,只要 $m,n\geq N$,就有 $\|z_m-z_n\|<\varepsilon$. 此时有
$$\|x_m-x_n\|_X<\varepsilon,\quad \|y_m-y_n\|_Y<\varepsilon.$$
这说明 $\{x_n\}$ 为 X 中的柯西列,$\{y_n\}$ 为 Y 中的柯西列. 由假设 X 和 Y 均完备,所以存在 $x\in X, y\in Y$,使得 $x_n\to x, y_n\to y$. 令 $z=(x,y)\in Z$,则当 $n\to\infty$ 时,成立
$$\begin{aligned}\|z_n-z\|&=\|(x_n,y_n)-(x,y)\|\\ &=\|x_n-x\|_X+\|y_n-y\|_Y\to 0.\end{aligned}$$
即 $z_n\to z$. 因此 Z 为 Banach 空间.

定义 4.4.2 设 X,Y 为赋范空间,$D(T)\subset X$ 为线性子空间,$T:D(T)\to Y$ 为线性算子. 称 T 为**闭算子**,如果 T 的图像
$$G_T=\{(x,Tx)\in X\times Y:x\in D(T)\}$$
在 $X\times Y$ 中为闭集.

例 4.4.1 若 $D(T)=X$,且 $T\in B(X,Y)$,则 T 为闭算子. 为此假设 $x_n\in X$,使得在 $X\times Y$ 中 $(x_n,Tx_n)\to(x,y)\in X\times Y$. 则由乘积空间 $X\times Y$ 中范数的定义有 $x_n\to x, Tx_n\to y$. 利用 T 在 x 处的连续性有 $Tx_n\to Tx$. 由极限的唯一性知 $y=Tx$. 因此 $(x,y)=(x,Tx)\in G_T$. 这就证明了 G_T 在 $X\times Y$ 中为闭集,因此 T 为闭算子.

例 4.4.2 设 $X=Y=C[0,1]$,其上赋予范数 $\|x\|_\infty=\max\limits_{0\leq t\leq 1}|x(t)|$. 设 $D(T)=C^1[0,1]$,定义
$$T:C^1[0,1]\to C[0,1]$$
$$x\mapsto x'.$$
则 T 为线性算子. 设 $x_n\in C^1[0,1]$,使得 $(x_n,x_n')\to(x,y)\in C[0,1]\times C[0,1]$. 则 $x_n\to x, x_n'\to y$. 这说明 $\{x_n\}$ 在 $[0,1]$ 上一致地收敛到 x,$\{x_n'\}$ 在 $[0,1]$ 上一致地收敛到 y. 若 $t\in[0,1]$,则
$$\begin{aligned}\int_0^t y(s)\mathrm{d}s&=\int_0^t \lim_{n\to\infty}x_n'(s)\mathrm{d}s\\ &=\lim_{n\to\infty}\int_0^t x_n'(s)\mathrm{d}s\\ &=\lim_{n\to\infty}(x_n(t)-x_n(0))\\ &=x(t)-x(0).\end{aligned}$$
由于 $y\in C[0,1]$,所以 $t\mapsto\int_0^t y(s)\mathrm{d}s$ 为连续可导函数,因此 $x\in C^1[0,1]=D(T)$,且 $x'=y$. 这说明 $(x,y)=(x,x')\in G_T$. 从而 T 为闭算子. 由例 2.4.7,T 不为有界线性算子.

例 4.4.3 设 X 为赋范空间,Y 为 X 的稠密线性子空间,且 $Y\subsetneq X$. 考虑映射 T,其定义域 $D(T)=Y$,有

$$T: Y \to X$$
$$x \mapsto x.$$

显然 $T \in B(Y, X)$，事实上 $\|T\| = 1$. 但 T 不为闭算子. 为此取 $x \in Y^c$，存在 $x_n \in Y$，使得 $x_n \to x$. 此时 $(x_n, x_n) \in G_T$，$(x_n, x_n) \to (x, x)$，但 $(x, x) \notin G_T$，这是因为 (x, x) 的第一个坐标 x 不在 T 的定义域 Y 中.

以上几个例子说明当 $D(T) \subsetneq X$ 时，T 为闭算子和 T 为有界线性算子没有任何必然联系. 但当 X, Y 为 Banach 空间且 $D(T)$ 在 X 为闭子空间时，这两个概念是有必然联系的.

定理 4.4.2（闭图像定理） 设 X, Y 为 Banach 空间，$D(T) \subset X$ 为闭线性子空间，$T: D(T) \to Y$ 为闭线性算子. 则 T 为有界线性算子.

证明 由 T 为线性算子，易证 G_T 为 $X \times Y$ 的线性子空间. 由假设 T 为闭算子，所以 G_T 为 $X \times Y$ 的闭线性子空间. 由于 X, Y 为 Banach 空间，所以 $X \times Y$ 也为 Banach 空间，因此 G_T 为 Banach 空间. 又由于 $D(T)$ 为 Banach 空间 X 的闭子空间，从而 $D(T)$ 也为 Banach 空间. 考虑映射
$$P: G_T \to D(T)$$
$$(x, Tx) \mapsto x.$$

P 显然为线性算子，由于
$$\|x\|_X \leqslant \|x\|_X + \|Tx\|_Y = \|(x, Tx)\|, \quad x \in D(T).$$
所以 P 为有界线性算子，P 显然为一一映射. 由定理 4.4.1，P^{-1} 为有界线性算子. 从而
$$\|x\|_X + \|Tx\|_Y = \|(x, Tx)\| = \|P^{-1} x\| \leqslant \|P^{-1}\| \|x\|_X.$$
特别地，有 $\|Tx\|_Y \leqslant \|P^{-1}\| \|x\|_X$. 这就证明了 T 为有界线性算子. □

定理 4.4.2 最常见的应用是在 $D(T) = X$ 情形，此时 $D(T)$ 一定是 X 的闭线性子空间，则定理 4.4.2 可以表述为：若 X, Y 为 Banach 空间，$T: X \to Y$ 为闭线性算子，则 T 必为有界线性算子.

下面我们来说明证明一个线性算子为闭算子较证明它为有界线性算子要简单得多. 要证 T 为有界线性算子，需证 T 处处连续，即任给 $x_n, x \in X$，若 $x_n \to x$，则 $Tx_n \to Tx$，此时有两个命题要证明：首先需要证明 $\{Tx_n\}$ 在 Y 中收敛，然后需要证明其收敛的极限为 Tx. 而证明算子 T 为闭算子则要简单得多，事实上 T 为闭算子当且仅当任给 $x_n \in X$，假设 $(x_n, Tx_n) \to (x, y)$，则必有 $y = Tx$，这等价于说任给 $x_n \in X$，假设 $x_n \to x$，$Tx_n \to y$，则必有 $y = Tx$. 注意到此时 $\{Tx_n\}$ 的收敛性是已知条件，仅需证 $\{Tx_n\}$ 的极限等于 Tx 即可.

4.5　在逼近论中的应用

设 X 为赋范空间，M 为 X 的非空子集. 对于 $x_0 \in X$，x_0 到 M 的距离定义为
$$\rho(x_0, M) = \inf_{y \in M} \|x_0 - y\|.$$

我们希望找到 $y_0 \in M$，使得 $\rho(x_0, M) = \|x_0 - y_0\|$. 这样的 y_0 为 x_0 在 M 中的最佳逼近元. 如果这样的最佳逼近元 y_0 存在，我们还希望它是唯一的. 但这不一定总能做到.

例 4.5.1 考虑 $X = \{x \in C[0,1]: x(0) = 0\}$，其上赋予范数
$$\|x\|_\infty = \max_{0 \leqslant t \leqslant 1} |x(t)|.$$
容易验证 X 为 Banach 空间. 若 $x \in X$，令 $f(x) = \int_0^1 x(t)\mathrm{d}t$，则易证 $f \in X'$，因此其零空间 $N(f)$ 为 X 的闭线性子空间. 设 $x_0 \in X$ 定义为 $x_0(t) = t$. 设 $d = \rho(x_0, N(f))$. 任给 $y \in N(f)$，有 $\int_0^1 y(t)\mathrm{d}t = 0$，因此
$$\|x_0 - y\|_\infty \geqslant \int_0^1 (x_0(t) - y(t))\mathrm{d}t = \frac{1}{2}. \tag{4.34}$$
这说明 $d \geqslant \frac{1}{2}$. 另外，若 $x_n(t) = t^{1/n}$，则 $x_n \in X, f(x_n) = \frac{n}{n+1}$. 因此
$$x_0 - \frac{(n+1)x_n}{2n} \in N(f).$$
所以
$$d \leqslant \left\|\frac{(n+1)x_n}{2n}\right\|_\infty = \frac{(n+1)}{2n}.$$
从而 $d \leqslant \frac{1}{2}$. 因此 $d = \frac{1}{2}$. 假设存在 $y_0 \in N(f)$，使得 $\|x_0 - y_0\|_\infty = \frac{1}{2}$. 则由式(4.34)，任取 $0 \leqslant t \leqslant 1$，应有 $x_0(t) - y_0(t) = \frac{1}{2}$. 而这在 $t = 0$ 时是不可能成立的. 所以 x_0 在 $N(f)$ 中的最佳逼近元不存在.

下一个例子说明，即使点 x_0 在 M 中的最佳逼近元 y_0 存在. 这样的最佳逼近元 y_0 也未必是唯一的.

例 4.5.2 在 $\mathbb{R}^2$ 上赋予范数
$$\|(x, y)\|_\infty = \max\{|x|, |y|\}.$$
考虑 $M = \{0\} \times \mathbb{R}, x_0 = (1, 0) \in \mathbb{R}^2$. 则
$$\rho(x_0, M) = \inf_{y \in \mathbb{R}} \|(1, -y)\|_\infty = \inf_{y \in \mathbb{R}} \max\{1, |y|\} = 1.$$
由上面的计算过程可以看出，只要 $|y| \leqslant 1$，就有
$$\rho(x_0, M) = \|(1, 0) - (0, y)\|_\infty.$$
即任取 $|y| \leqslant 1, (0, y)$ 都是 $(1, 0)$ 在 M 中的最佳逼近元.

例 4.5.3 若 H 为 Hilbert 空间，M 为 H 的闭线性子空间，则任取 $x_0 \in H$，由定理 3.2.2，存在唯一的 $y_0 \in M$，使得 $\rho(x_0, M) = \|x_0 - y_0\|$. 此时还有 $x_0 - y_0 \in M^\perp$.

我们首先来研究最佳逼近元存在时，所有最佳逼近元所构成集合的性质.

定理 4.5.1 设 X 为赋范空间，M 为 X 的线性子空间，$x_0 \in X$. 则 x_0 在 M 中的最佳逼近元构成的集合是 M 的凸集.

证明 设 $d = \rho(x_0, M)$，且
$$C = \{y \in M: \|x_0 - y\| = d\}.$$
不妨假设 C 非空. 若 $y_1, y_2 \in C$，则
$$d = \|x_0 - y_1\| = \|x_0 - y_2\|.$$
若 $0 \leqslant \lambda \leqslant 1$，则
$$\|x_0 - (\lambda y_1 + (1-\lambda)y_2)\| = \|\lambda(x_0 - y_1) + (1-\lambda)y_2\|$$
$$\leqslant \lambda \|x_0 - y_1\| + (1-\lambda)\|x_0 - y_2\|$$
$$= d.$$
因此 $\lambda y_1 + (1-\lambda) y_2 \in C$. 所以 C 为凸集. □

若 X 为赋范空间，$y_1, y_2 \in X$. 称集合
$$\{\lambda y_1 + (1-\lambda) y_2 : 0 \leqslant \lambda \leqslant 1\}$$
为连接 y_1, y_2 的线段，记为 $[y_1, y_2]$. 若 $y_1 \neq y_2$，则称 $[y_1, y_2]$ 为非平凡线段. 若 M 为 X 的线性子空间，$x_0 \in X$，$d = \rho(x_0, M)$. 假设存在 x_0 在 M 中的最佳逼近元 $y_0, y_1 \in M$，$y_0 \neq y_1$. 则由上一定理，非平凡线段 $[y_0, y_1]$ 中的点均是 x_0 在 M 中的最佳逼近元. 特别地，X 中以 x_0 为中心 d 为半径的球面包含非平凡的线段 $[y_0, y_1]$. 从而以 0 为中心 r 为半径的球面包含非平凡线段 $[y_0 - x_0, y_1 - x_0]$. 因此以 0 为中心 1 为半径的球面包含非平凡线段 $\left[\dfrac{y_0 - x_0}{r}, \dfrac{y_1 - x_0}{r}\right]$. 这说明若赋范空间 X 的单位球面不包含非平凡的线段，则 X 中的点 x_0 在 X 线性子空间 M 中的最佳逼近元最多只有一个. 这就提示我们引入如下概念.

定义 4.5.1 设 X 为赋范空间. 称 X 为**严格凸赋范空间**，如果任给 $x, y \in X$，$\|x\| = \|y\| = 1$ 且 $x \neq y$，则 $\left\|\dfrac{x+y}{2}\right\| < 1$.

由上面的讨论，有下述结果.

推论 4.5.1 设 X 为严格凸赋范空间，M 为 X 的线性子空间，$x_0 \in X$. 则 x_0 在 M 中至多只有一个最佳逼近元.

例 4.5.4 Hilbert 空间 H 是严格凸的. 事实上，若 $x, y \in H$，$\|x\| = \|y\| = 1$ 且 $x \neq y$，则由平行四边形等式 (3.5)，得
$$\|x + y\|^2 = 2(\|x\|^2 + \|y\|^2) - \|x - y\|^2 < 4.$$
因此 $\left\|\dfrac{x+y}{2}\right\| < 1$. 即 H 为严格凸赋范空间.

若 $1 < p < \infty$，可以证明 ℓ^p 为严格凸赋范空间. 例 4.5.2 说明 $(\mathbb{R}^2, \|\cdot\|)$ 不为严格凸赋范空间，从而 c_0, c 及 ℓ^∞ 也不为严格凸赋范空间. 若在 $\mathbb{R}^2$ 上考虑范数

$$\|(x,y)\|_1 = |x| + |y|.$$

则 $(\mathbb{R}^2, \|\cdot\|_1)$ 不为严格凸赋范空间,事实上 $(1,0),(0,1)$ 在其单位球面上,且连接这两点的线段也在其单位球面上. 因此 ℓ^1 也不为严格凸赋范空间.

$C[a,b]$ 不为严格凸的. 为此可以考虑 $a=0, b=1$ 情形,取 $x(t)=1, y(t)=t$,则 $(x+y)(t)=1+t$. 我们有 $\|x\|_\infty = \|y\|_\infty = 1, x \neq y$,但 $\left\|\dfrac{x+y}{2}\right\| = 1$.

若 M 为 $C[a,b]$ 的有限维子空间,任取 $x_0 \in C[a,b]$,由例 2.3.1 存在 $y_0 \in M$ 为 x_0 在 M 中的最佳逼近元. 既然 $C[a,b]$ 不为严格凸的,那么这样的最佳逼近元 y_0 一般不唯一. 下面将利用关于 M 的 Haar 条件完全刻画最佳逼近元唯一的 $C[a,b]$ 的有限维线性子空间 M.

考虑实连续函数空间 $C[a,b], t_0 \in [a,b]$ 称为 $x \in C[a,b]$ 的**极值点**,如果 $|x(t_0)| = \|x\|_\infty$. 此时或者有 $x(t_0) = \|x\|_\infty$,或者有 $x(t_0) = -\|x\|_\infty$.

定义 4.5.2 设 M 为实空间 $C[a,b]$ 的 n 维线性子空间. 称 M 满足 **Haar 条件**,如果 M 的每个非零元至多在 $[a,b]$ 上有 $n-1$ 个零点.

为了下面讨论的需要,我们给出 Haar 条件的一个等价条件:实空间 $C[a,b]$ 的 n 维线性子空间 M 满足 Haar 条件当且仅当对于 M 的每个 Hamel 基 $\{y_1, y_2, \cdots, y_n\}$ 及区间 $[a,b]$ 的任意 n 个不等的点 $t_1, t_2, \cdots, t_n$,有

$$\begin{vmatrix} y_1(t_1) & y_1(t_2) & \cdots & y_1(t_n) \\ y_2(t_1) & y_2(t_2) & \cdots & y_2(t_n) \\ \vdots & \vdots & & \vdots \\ y_n(t_1) & y_n(t_2) & \cdots & y_n(t_n) \end{vmatrix} \neq 0. \tag{4.35}$$

事实上,每个 M 中的元素可以唯一地表示为 $y_1, y_2, \cdots, y_n$ 的线性组合

$$y = \sum_{j=1}^n \alpha_j y_j.$$

M 满足 Haar 条件当且仅当在 $[a,b]$ 上至少有 n 个零点 $t_1, t_2, \cdots, t_n$ 的 y 为 M 中的零元,这等价于线性方程组

$$y(t_i) = \sum_{j=1}^n \alpha_j y_j(t_i) = 0, \quad i=1,2,\cdots,n \tag{4.36}$$

仅有零解 $\alpha_1 = \alpha_2 = \cdots = \alpha_n = 0$. 利用线性方程组解的性质,这等价于方程组 (4.36) 的系数行列式 (4.35) 非零.

引理 4.5.1 设 M 为实空间 $C[a,b]$ 满足 Haar 条件的 n 维线性子空间,$x \in C[a,b]$,$y \in M$. 若 $x-y$ 的极值点少于等于 n 个,则 y 不为 x 在 M 中的最佳逼近元.

证明 由假设函数 $v = x-y$ 有 m 个极值点 $t_1, t_2, \cdots, t_m$,且 $m \leqslant n$. 若 $m < n$,可以选取 $t_{m+1}, t_{m+2}, \cdots, t_n$,使得 $t_1, t_2, \cdots, t_n$ 成为 $[a,b]$ 的 n 个不同点. 考虑线性方程组

$$\sum_{k=1}^{n} \beta_k y_k(t_i) = v(t_i), \quad i = 1, 2, \cdots, n. \tag{4.37}$$

由假设 M 满足 Haar 条件,因此式(4.35)成立,所以线性方程组(4.37)有唯一的解 β_1, $\beta_2, \cdots, \beta_n \in \mathbb{R}$. 令

$$y_0 = \beta_1 y_1 + \beta_2 y_2 + \cdots + \beta_n y_n \in M, \quad \tilde{y} = y + \varepsilon y_0 \in M.$$

下面将证明对于充分小的 $\varepsilon > 0$,有

$$\|x - y\|_\infty > \|x - \tilde{y}\|_\infty. \tag{4.38}$$

从而 y 不为 x 在 M 中的最佳逼近元.

由假设 $\{t_1, t_2, \cdots, t_m\}$ 为 v 的极值点之集. 由于 v 仅有有限个零点,因此 $v \neq 0$. 所以 $|v(t_i)| = \|v\|_\infty > 0$. 由式(4.37)有 $v(t_i) = y_0(t_i)$. 利用 v 和 y_0 的连续性,存在 t_i 的开邻域 N_i,使得若 $N = \bigcup_{i=1}^{n} N_i$,则

$$\mu = \inf_{t \in N} |v(t)| > 0, \quad \inf_{t \in N} |y_0(t)| \geqslant \frac{\|v\|_\infty}{2}. \tag{4.39}$$

由于 $y_0(t_i) = v(t_i) \neq 0$,利用上式的估计,对 $t \in N$ 必有 $\dfrac{y_0(t)}{v(t)} > 0$,即 $y_0(t)$ 与 $v(t)$ 同号,因此

$$\frac{y_0(t)}{v(t)} = \frac{|y_0(t)|}{|v(t)|} \geqslant \frac{\inf_{t \in N} |y_0(t)|}{\|v\|_\infty} \geqslant \frac{1}{2}. \tag{4.40}$$

令 $M_0 = \sup_{t \in N} |y_0(t)|$,则 $M_0 > 0$. 若 $0 < \varepsilon < \dfrac{\mu}{M_0}$,则对于 $t \in N$ 有

$$0 < \frac{\varepsilon y_0(t)}{v(t)} = \frac{\varepsilon |y_0(t)|}{|v(t)|} \leqslant \frac{\varepsilon M_0}{\mu} < 1. \tag{4.41}$$

由于

$$\tilde{v} = x - \tilde{y} = x - y - \varepsilon y_0 = v - \varepsilon y_0,$$

对于 $t \in N$,利用式(4.40)及式(4.41)可得

$$|\tilde{v}(t)| = |v(t) - \varepsilon y_0(t)| = |v(t)| \left|1 - \frac{\varepsilon y_0(t)}{v(t)}\right|$$
$$\leqslant \|v\| \left(1 - \frac{\varepsilon}{2}\right) < \|v\|_\infty. \tag{4.42}$$

下面在 $K = [a, b] \setminus N$ 上考虑 $\tilde{v}$. 由于 N 为开集,所以 K 为紧集. 由于 v 和 y_0 为连续函数,所以

$$M_1 = \sup_{t \in K} |y_0(t)| < \infty, \quad M_2 = \sup_{t \in K} |v(t)| < \infty.$$

由于 N 已经含有 v 的所有极值点,因此 $M_2 < \|v\|_\infty$. 设 $\eta > 0$ 满足 $\|v\|_\infty = M_2 + \eta$. 存在 $0 < \varepsilon < \dfrac{\eta}{M_1}$ (此时有 $\varepsilon M_1 < \eta$),使得若 $t \in K$,则

$$|\tilde{v}(t)| \leqslant |v(t)| + \varepsilon |y_0(t)| \leqslant M_2 + \varepsilon M_1$$

$$< M_2 + \eta = \|v\|_\infty. \tag{4.43}$$

上式说明 $|\tilde{v}(t)|$ 在 K 上有 $M_2 + \varepsilon M_1$ 作为上界且此上界严格地小于 $\|v\|_\infty$. 联合式(4.42)及式(4.43)，只要将 $\varepsilon > 0$ 选得足够小，就可以保证 $\|\tilde{v}\|_\infty < \|v\|_\infty$，即式(4.38)成立. 从而 y 不为 x 在 M 中的最佳逼近元. □

下面这个结果完全刻画了实空间 $C[a,b]$ 中的点到其有限维线性子空间 M 最佳逼近元的唯一性.

定理 4.5.2 设 M 为实空间 $C[a,b]$ 的有限维线性子空间. 则任给 $x \in C[a,b]$，存在唯一 x 在 M 中的最佳逼近元当且仅当 M 满足 Haar 条件.

证明 假设 M 满足 Haar 条件，$\dim(M) = n$. 又设 $y_1, y_2 \in M$ 都为 $x \in C[a,b]$ 在 M 中的最佳逼近元. 令

$$v_1 = x - y_1, \quad v_2 = x - y_2.$$

则有

$$\delta = \|v_1\|_\infty = \|v_2\|_\infty = \rho(x, M).$$

由定理 4.5.1，$y = \dfrac{y_1 + y_2}{2}$ 也为 x 在 M 中的最佳逼近元. 利用引理 4.5.1 可知，函数

$$v = x - y = \frac{v_1 + v_2}{2}$$

在区间 $[a,b]$ 上至少有 $n+1$ 个极值点 $t_1, t_2, \cdots, t_{n+1}$. 对于 $1 \leqslant i \leqslant n+1$，则有

$$|v(t_i)| = \|v\|_\infty = \delta.$$

而由 v 的定义

$$2|v(t_i)| = |v_1(t_i) + v_2(t_i)| = 2\delta,$$

再利用 $|v_1(t_i)| \leqslant \delta$ 及 $|v_2(t_i)| \leqslant \delta$，可知 $v_1(t_i)$ 与 $v_2(t_i)$ 必同号且

$$v_1(t_i) = v_2(t_i) = \delta,$$

或者

$$v_1(t_i) = v_2(t_i) = -\delta.$$

而这意味着 $y_1 - y_2 = v_1 - v_2$ 在 $[a,b]$ 上至少有 $n+1$ 个零点 $t_1, t_2, \cdots, t_{n+1}$. 利用 M 满足 Haar 条件这个假设，可得 $y_1 - y_2 = 0$，或等价地 $y_1 = y_2$. 这就证明了 x 在 M 中最佳逼近元的唯一性. x 在 M 中最佳逼近元的存在性可以应用例 2.3.1 直接得到.

现在假设 M 不满足 Haar 条件，由上面已经证明的 Haar 条件的等价条件，存在 $y_1, y_2, \cdots, y_n \in M$ 使得 $\{y_1, y_2, \cdots, y_n\}$ 为 M 的 Hamel 基，存在 $t_1, t_2, \cdots, t_n$ 为 $[a,b]$ 的 n 个不同点，使得式(4.35)中定义的行列式为零. 因此齐次线性方程组

$$\gamma_1 y_k(t_1) + \gamma_2 y_k(t_2) + \cdots + \gamma_n y_k(t_n) = 0, \quad k = 1, 2, \cdots, n \tag{4.44}$$

有非零解 $\gamma_1, \gamma_2, \cdots, \gamma_n \in \mathbb{R}$. 设 $\alpha_1, \alpha_2, \cdots, \alpha_n \in \mathbb{R}$，考虑

$$y = \alpha_1 y_1 + \alpha_2 y_2 \cdots + \alpha_n y_n \in M,$$

则有

$$\sum_{j=1}^{n} \gamma_j y(t_j) = \sum_{k=1}^{n} \alpha_k \sum_{j=1}^{n} \gamma_j y_k(t_j) = 0. \tag{4.45}$$

齐次线性方程组(4.44)的转置线性方程组

$$\beta_1 y_1(t_j) + \beta_2 y_2(t_j) + \cdots + \beta_n y_n(t_j) = 0, \quad j = 1, 2, \cdots, n$$

也有非零解 $\beta_1, \beta_2, \cdots, \beta_n \in \mathbb{R}$. 令

$$y_0 = \sum_{k=1}^{n} \beta_k y_k \in M.$$

则利用 $\{y_1, y_2, \cdots, y_n\}$ 线性无关这个假设可知 $y_0 \neq 0$，且显然 $t_1, t_2, \cdots, t_n$ 为 y_0 的零点.

设 $\lambda \in \mathbb{R}$ 满足 $\lambda \neq 0$，$\|\lambda y_0\|_\infty \leqslant 1$，又设 $z \in C[a,b]$ 满足 $\|z\|_\infty = 1$ 且 $z(t_i) = \mathrm{sgn}(\gamma_i)$. 令

$$x(t) = z(t)(1 - |\lambda y_0(t)|), \quad t \in [a,b].$$

则 $x \in C[a,b]$，且由 $\|\lambda y_0\|_\infty \leqslant 1$ 知 $\|x\|_\infty \leqslant 1$. 由于 $y_0(t_i) = 0$，所以 $x(t_i) = z(t_i) = \mathrm{sgn}(\gamma_i)$. 因此 $\|x\|_\infty = 1$. 下证 x 在 M 中有无穷多个最佳逼近元.

设 $t \in [a,b]$，利用 $|z(t)| \leqslant \|z\|_\infty = 1$ 及 $|\lambda y_0(t)| \leqslant 1$，对 $-1 \leqslant \varepsilon \leqslant 1$，有

$$|x(t) - \varepsilon \lambda y_0(t)| \leqslant |x(t)| + \varepsilon |\lambda y_0(t)|$$
$$\leqslant |z(t)|(1 - |\lambda y_0(t)|) + \varepsilon |\lambda y_0(t)|$$
$$\leqslant 1 - |\lambda y_0(t)| + |\lambda y_0(t)|$$
$$\leqslant 1.$$

因此

$$\|x - \varepsilon \lambda y_0\|_\infty \leqslant 1.$$

如果能够证明任取 $y \in M$，都有 $\|x - y\|_\infty \geqslant 1$，则上式说明任给 $-1 \leqslant \varepsilon \leqslant 1$，$\varepsilon \lambda y_0$ 都是 x 在 M 中的最佳逼近元，也就完成了定理的证明.

假设存在 $\tilde{y} \in M$，使得 $\|x - \tilde{y}\|_\infty < 1$. 则由条件

$$x(t_i) = \mathrm{sgn}(\gamma_i), \quad |x(t_i) - \tilde{y}(t_i)| \leqslant \|x - \tilde{y}\|_\infty < 1$$

知对所有的 $\gamma_i \neq 0$ 有

$$\mathrm{sgn}(\tilde{y}(t_i)) = \mathrm{sgn}(x(t_i)) = \mathrm{sgn}(\gamma_i).$$

而由式(4.45)及上式有

$$0 = \sum_{j=1}^{n} \gamma_j \tilde{y}(t_j) = \sum_{j=1}^{n} \gamma_j \mathrm{sgn}(\gamma_j) = \sum_{j=1}^{n} |\gamma_j| \neq 0.$$

上式的最后一个式子成立是由于 γ_j 不全为零. 矛盾！这就完成了定理的证明. □

设 M 为次数小于等于 $n-1$ 的多项式构成的实空间 $C[a,b]$ 的线性子空间. 由于任意次数小于等于 $n-1$ 的多项式最多只有 $n-1$ 个根，因此 M 满足 Haar 条件. 由例 2.3.1 及上一定理，任给 $x_0 \in C[a,b]$，存在唯一的 $y_0 \in M$，使得 y_0 为 x_0 在 M 中的最佳逼近元. 即任给 $y \in M$，$y \neq y_0$，有

$$\|x_0 - y\|_\infty > \|x_0 - y_0\|_\infty.$$

例 4.5.5(Chebyshev 多项式) 由定理 4.5.2,若实空间 $C[a,b]$ 的有限维线性子空间 M 满足 Haar 条件,则任取 $x \in C[a,b]$, x 在 M 中有唯一的最佳逼近元. 一般来讲,要得到这个最佳逼近元的表达式是一件困难的事情,仅仅对少数几个函数 x 才能得到这个最佳逼近元的显式表示. 在这方面,交错集是一个很有用的工具.

定义 4.5.3 $[a,b]$ 中的 $n+1$ 个点 $t_0 < t_1 < \cdots < t_n$ 称为 $x \in C[a,b]$ 的**交错集**,如果函数 x 在这些点上的值依次交错地取 $\|x\|_\infty$ 和 $-\|x\|_\infty$.

交错集的重要性反映在下面这个定理里面,粗略地讲这个定理是说, $x-y$ 足够大交错集的存在性可以保证 y 是 x 在 M 中的最佳逼近元.

定理 4.5.3 设 M 为实空间 $C[a,b]$ 满足 Haar 条件的 n 维线性子空间, $x \in C[a,b]$, $y \in M$, 设 $x-y$ 有一个包含 $n+1$ 个点 $t_0 < t_1 < \cdots < t_n$ 的交错集. 则 y 为 x 在 M 中的最佳逼近元.

证明 由定理 4.5.2, x 在 M 中的最佳逼近元 y_0 总存在. 假设 $y \neq y_0$, 即有
$$\|x-y\|_\infty > \|x-y_0\|_\infty.$$
这意味着在 $t_0 < t_1 < \cdots < t_n$ 上函数
$$y_0 - y = (x-y) - (x-y_0)$$
与 $x-y$ 具有相同的符号,这是由于由假设在这些点上 $x-y$ 的值或者等于 $\|x-y\|_\infty$, 或者等于 $-\|x-y\|_\infty$, 而等式右端的另一项 $x-y_0$ 在这些点的值总是严格地介于 $-\|x-y\|_\infty$ 和 $\|x-y\|_\infty$ 之间. 因此函数 $y_0 - y$ 在交错集 $t_0 < t_1 < \cdots < t_n$ 上也依次交错地为正和负. 由于 $y_0 - y$ 为连续函数,所以 $y_0 - y$ 在 $[a,b]$ 上至少有 n 个零点. 又由假设 M 满足 Haar 条件,所以必有 $y - y_0 = 0$, 即 $y = y_0$. □

下面给出定理 4.5.3 的一个典型应用. 考虑实连续函数空间 $C[-1,1]$ 中的元 $x(t) = t^n$, M 为次数小于等于 $n-1$ 实系数多项式所构成的 $C[-1,1]$ 的 n 维线性子空间,即
$$M = \text{span}\{1, t, t^2, \cdots, t^{n-1}\}.$$
我们希望找到 x 在 M 中的最佳逼近元 y (由例 2.3.1 及定理 4.5.2, 这样的 y 总是唯一存在的), 即找到系数 $a_0, a_1, \cdots, a_{n-1} \in \mathbb{R}$, 使得最高次项系数为 1 的 n 次多项式
$$z(t) = t^n - (a_{n-1} t^{n-1} + \cdots + a_1 t + a_0)$$
在 $[-1,1]$ 中具有最小的范数. 由定理 4.5.3, 由于 M 满足 Haar 条件,为此仅需找到系数 $a_0, a_1, \cdots, a_{n-1} \in \mathbb{R}$, 使得 z 在 $[-1,1]$ 上有一个由 $n+1$ 个点组成的交错集.

考虑 $t = \cos\theta$, 其中 $\theta \in [0, \pi]$. $\cos$ 为从 $[0, \pi]$ 到 $[-1,1]$ 上的一一映射, $\arccos$ 为从 $[-1,1]$ 到 $[0, \pi]$ 上的一一映射. 另外函数 $\cos(n\theta)$ 在 $[0, \pi]$ 上有 $n+1$ 个极值点,并且在这些极值点上依次交错地取值 1 和 -1. 利用数学归纳法容易证明,存在常数 $\beta_{nj} \in \mathbb{R}$, 使得
$$\cos(n\theta) = 2^{n-1} \cos^n\theta + \sum_{j=0}^{n-1} \beta_{nj} \cos^j\theta. \tag{4.46}$$

考虑

$$T_n(t) = \cos(n\theta), \quad \theta = \arccos(t), \quad t \in [-1,1].$$

T_n 称为第一类 **n 阶 Chebyshev 多项式**. 利用式(4.46)易见 T_n 为关于变量 t 的 n 次实系数多项式,其最高次项的系数为 2^{n-1},即

$$T_n(t) = 2^{n-1} t^n - (a_{n-1}t^{n-1} + \cdots + a_1 t + a_0),$$

T_n 在区间 $[-1,1]$ 上有 $n+1$ 个极值点,并且在这些极值点上依次交错地取值 1 和 -1,也就是说, T_n 在 $[-1,1]$ 上有由 $n+1$ 个点组成的交错集. 由定理 4.5.3,次数小于等于 $n-1$ 的实系数多项式

$$t^n - \frac{1}{2^{n-1}} T_n(t) = \frac{1}{2^{n-1}} (a_{n-1} t^{n-1} + \cdots + a_1 t + a_0)$$

为 $x(t) = t^n$ 在 M 中的最佳逼近元.

如果 $\tilde{x}$ 为任一 n 次实系数多项式,其最高次项系数为 β_n,我们还是希望找到 $\tilde{x}$ 在 M 中的最佳逼近元 $\tilde{y}$. 考虑 $\tilde{x} = \beta_n x$,则 x 为 n 次多项式,且其最高次项系数为 1. 由上面的讨论易知 $\tilde{y}$ 一定满足

$$\frac{1}{\beta_n}(\tilde{x} - \tilde{y}) = \frac{1}{2^{n-1}} T_n(t).$$

因此

$$\tilde{y} = \tilde{x} - \frac{\beta_n}{2^{n-1}} T_n$$

为 $\tilde{x}$ 在 M 中的最佳逼近元.

前几个低阶 Chebyshev 多项式的表达式容易得到

$$T_0(t) = 1, \quad T_1(t) = t, \quad T_2(t) = 2t^2 - 1,$$
$$T_3(t) = 4t^3 - 3t, \quad T_4(t) = 8t^4 - 8t^2 + 1.$$

一般地,有

$$T_n(t) = \frac{n}{2} \sum_{j=0}^{[n/2]} (-1)^j \frac{(n-j-1)!}{j!(n-2j)!} (2t)^{n-2j}, \quad n \geqslant 1,$$

其中若 n 为偶数,取 $[n/2] = n/2$,若 n 为奇数,则取 $[n/2] = (n-1)/2$.

例 4.5.6(最小二乘法) 在实际观测问题中,经常会遇到实际观测数据的处理问题:已知量 y 与另外 n 个量 $x_1, x_2, \cdots, x_n$ 之间为线性关系,即存在常数 $\lambda_1, \lambda_2, \cdots, \lambda_n$,使得

$$y = \lambda_1 x_1 + \lambda_2 x_2 + \cdots + \lambda_n x_n.$$

但这些常数 $\lambda_1, \lambda_2, \cdots, \lambda_n$ 是未知的. 为了确定这 n 个常数,可以观测 m 次,即得到 m 组数据:

$y^{(1)}$	$x_1^{(1)}$	$x_2^{(1)}$	$\cdots$	$x_n^{(1)}$
$y^{(2)}$	$x_1^{(2)}$	$x_2^{(2)}$	$\cdots$	$x_n^{(2)}$
$\vdots$				
$y^{(m)}$	$x_1^{(m)}$	$x_2^{(m)}$	$\cdots$	$x_n^{(m)}$

如果每次的观测都是绝对精确的,原则上只要测量 n 次,通过解 n 个变元 n 个方程的线性方程组就可以求解出常数 $\lambda_1, \lambda_2, \cdots, \lambda_n$. 但实际中任何观测都是有误差的,由于这个原因一般都多测几次,即 $m > n$. 于是线性方程的个数就大于未知数的个数. 下面按下述原则来确定系数 $\lambda_1, \lambda_2, \cdots, \lambda_n$:

$$\min_{(a_1,a_2,\cdots,a_n)\in\mathbb{R}^n}\sum_{j=1}^m\left|y^{(j)}-\sum_{i=1}^n a_i x_i^{(j)}\right|^2 = \sum_{j=1}^m\left|y^{(j)}-\sum_{i=1}^n \lambda_i x_i^{(j)}\right|^2.$$

确定系数 $\lambda_1, \lambda_2, \cdots, \lambda_n$ 这个问题实际上就化成了在空间 $\mathbb{R}^m$ 中,求上表第一个列向量 $y\in\mathbb{R}^m$ 在后 n 个列向量 $x_1, x_2, \cdots, x_n\in\mathbb{R}^m$ 生成的线性子空间中的最佳逼近元问题. 实际上,这个问题可以抽象为 Hilbert 空间中的一个最佳逼近元问题:设 H 为 Hilbert 空间,$x_1, x_2, \cdots, x_n$, $y\in H$,求解系数 $\lambda_1, \lambda_2, \cdots, \lambda_n \in \mathbb{K}$ 使得

$$\min_{(a_1,a_2,\cdots,a_n)\in\mathbb{K}^n}\left\|y-\sum_{i=1}^n a_i x_i\right\| = \left\|y-\sum_{i=1}^n \lambda_i x_i\right\|.$$

即求解系数 $\lambda_1, \lambda_2, \cdots, \lambda_n$,使得 $\sum_{i=1}^n \lambda_i x_i$ 为 y 在 $\operatorname{span}\{x_1, x_2, \cdots, x_n\}$ 中的最佳逼近元. 不妨假设 $\{x_1, x_2, \cdots, x_n\}$ 线性无关. 由定理 3.2.2,$\lambda_1, \lambda_2, \cdots, \lambda_n \in \mathbb{K}$ 为上述问题的解当且仅当

$$\langle y - y_0, x_j\rangle = 0, \quad 1\leqslant j\leqslant n,$$

其中 $y_0 = \sum_{i=1}^n \lambda_i x_i$. 等价地,有

$$\sum_{i=1}^n \lambda_i\langle x_i, x_j\rangle = \langle y, x_j\rangle, \quad 1\leqslant j\leqslant n.$$

由于 y 在 $\operatorname{span}\{x_1, x_2, \cdots, x_n\}$ 中的最佳逼近元存在且唯一,并且我们已经假设 $\{x_1, x_2, \cdots, x_n\}$ 线性无关,所以解 $\lambda_1, \lambda_2, \cdots, \lambda_n \in \mathbb{K}$ 是唯一确定的,从而上面的线性方程组的系数行列式不为 0,因此可以求得

$$\lambda_i = \frac{\begin{vmatrix} \langle x_1, x_1\rangle & \cdots & \langle y, x_1\rangle & \cdots & \langle x_n, x_1\rangle \\ \langle x_1, x_2\rangle & \cdots & \langle y, x_2\rangle & \cdots & \langle x_n, x_2\rangle \\ \vdots & & \vdots & & \vdots \\ \langle x_1, x_n\rangle & \cdots & \langle y, x_n\rangle & \cdots & \langle x_n, x_n\rangle \end{vmatrix}}{\begin{vmatrix} \langle x_1, x_1\rangle & \cdots & \langle x_i, x_1\rangle & \cdots & \langle x_n, x_1\rangle \\ \langle x_1, x_2\rangle & \cdots & \langle x_i, x_2\rangle & \cdots & \langle x_n, x_2\rangle \\ \vdots & & \vdots & & \vdots \\ \langle x_1, x_n\rangle & \cdots & \langle x_i, x_n\rangle & \cdots & \langle x_n, x_n\rangle \end{vmatrix}}.$$

例 4.5.7(三次样条函数) 给定区间 $[a,b]$ 及其上的实值函数 x,对于 $[a,b]$ 的某一固定分划,希望用分段多项式 y 去逼近 x,即 y 在该分划的每个子区间上都为多项式,y 和 x 在该分划的每个子区间端点处取相同的值,并且 y 在该分划子区间的端点处是若干次可微的. 如此得到的 x 的逼近函数 y 虽然失去了解析性,但在很多逼近和插值问题中还是很适

用的. 如果该分划有 n 个子区间, 经典的插值方法是利用插值公式得到一个 n 次多项式, 它在该分划子区间的端点处的值与 x 相同. 在区间的端点附近这样的插值函数可以很好地逼近 x, 但对于离子区间端点较远的点, 则可能产生相当大的误差.

我们来考虑 $[a,b]$ 的三次样条. 给定区间 $[a,b]$ 的一个分划 P_n:
$$a = t_0 < t_1 < \cdots < t_n = b.$$
$t_0, t_1, \cdots, t_n$ 称为分划 P_n 的结点. 分划 P_n 对应的**三次样条** $Y(P_n)$ 是 $[a,b]$ 上的所有二阶连续可微实值函数 $y \in C^2[a,b]$, 使得在分划 P_n 的每一个子区间上 y 为次数不超过 3 的多项式. 易见 $Y(P_n)$ 为 $C^2[a,b]$ 的线性子空间.

给定 $[a,b]$ 上的实函数 x 及 $[a,b]$ 的分划 P_n, 我们希望用 $Y(P_n)$ 中的函数来逼近 x, 一个很自然的要求是 y 与 x 在所有结点 t_i 处取相同的值. 我们将发现这样的 y 总是存在的, 并且如果指定 y 在端点 a 和 b 处的导数, 这样的 y 还是唯一的.

定理 4.5.4 设 x 是区间 $[a,b]$ 上的实值函数, P_n 为 $[a,b]$ 的分划, $t_0, t_1, \cdots, t_n$ 为其结点, 且 k_0', k_n' 为给定常数. 则存在唯一的 $y \in Y(P_n)$, 使得
$$y(t_i) = x(t_i), \quad 0 \leqslant i \leqslant n, \tag{4.47}$$
$$y'(t_0) = k_0', \quad y'(t_n) = k_n'. \tag{4.48}$$

证明 在每个子区间 $[t_i, t_{i+1}]$ 上, 样条函数 y 为次数小于等于 3 的多项式 p_i, 它必须满足
$$p_i(t_i) = x(t_i), \quad p_i(t_{i+1}) = x(t_{i+1})$$
及
$$p_i'(t_i) = k_i', \quad p_i'(t_{i+1}) = k_{i+1}'.$$
其中 k_0', k_n' 已经给定, 而 $k_1', k_2', \cdots, k_{n-1}'$ 待定. 下面将证明满足上述四个条件的 $k_1', k_2', \cdots, k_{n-1}'$ 总是存在的. 直接计算可以证明, 满足上述四个条件的次数小于等于 3 的多项式 p_i 是唯一确定的, 且由下式给出:
$$\begin{aligned} p_i(t) = &\, x(t_i) \tau_i^2 (t - t_{i+1})^2 [1 + 2\tau_i(t - t_i)] \\ &+ x(t_{i+1}) \tau_i^2 (t - t_i)^2 [1 - 2\tau_i(t - t_{i+1})] \\ &+ k_i' \tau_i^2 (t - t_i)(t - t_{i+1})^2 \\ &+ k_{i+1}' \tau_i^2 (t - t_i)^2 (t - t_{i+1}), \end{aligned}$$
其中 $\tau_i = \dfrac{1}{t_{i+1} - t_i}$. 求导两次可得:
$$p_i''(t_i) = -6\tau_i^2 x(t_i) + 6\tau_i^2 x(t_{i+1}) - 4\tau_i k_i' - 2\tau_i k_{i+1}', \tag{4.49}$$
$$p_i''(t_{i+1}) = 6\tau_i^2 x(t_i) - 6\tau_i^2 x(t_{i+1}) + 2\tau_i k_i' + 4\tau_i k_{i+1}'. \tag{4.50}$$
由于样条函数 y 属于 $C^2[a,b]$, 因此 y 在结点 t_i 处两个相邻接的三次多项式 p_{i-1} 和 p_i 的二阶导数一定相同, 即有
$$p_{i-1}''(t_i) = p_i''(t_i), \quad 1 \leqslant i \leqslant n-1.$$
利用式 (4.49) 及式 (4.50), 这等价于

$$\tau_{i-1}k'_{i-1} + 2(\tau_i+\tau_i)k'_i + \tau_i k'_{i+1} = 3[\tau_{i-1}^2 \Delta x_i + \tau_i^2 \Delta x_{i+1}],$$

其中 $1 \leqslant i \leqslant n-1$, $\Delta x_i = x(t_i)-x(t_{i-1})$, $\Delta x_{i+1}=x(t_{i+1})-x(t_i)$. 上面这个关于 $n-1$ 个未知数 $k'_1, k'_2, \cdots, k'_{n-1}$ 的 $n-1$ 个线性方程组成的方程组有唯一的解. 事实上, 上述方程组的系数矩阵都是非负的, 且对角线的元素均严格大于同一行余下元素的和, 即上述方程组的系数矩阵满足行和判据, 因此由定理 1.4.4 知该系数矩阵为可逆的. 这就完成了定理的证明. □

最后来证明三次样条函数 y 的一个极小性质. 假设在上述定理中的函数 x 属于 $C^2[a,b]$, 并且条件 (4.48) 取如下的形式:

$$y'(a)=x'(a), \quad y'(b)=x'(b). \tag{4.51}$$

则 $x'-y'$ 在端点 a,b 处为 0. 利用分部积分公式可得

$$\int_a^b y''(t)[x''(t)-y''(t)]dt = -\int_a^b y'''(t)[x'(t)-y'(t)]dt.$$

由于 y 在每个子区间 $[t_i, t_{i+1}]$ 上为次数不超过 3 的多项式, 所以 y''' 在每个子区间 $[t_i,t_{i+1}]$ 上为常函数. 因此上式中右端积分为 0, 此处用到了假设条件 (4.47). 因此有

$$\int_a^b [x''(t)-y''(t)]^2 dt = \int_a^b x''(t)^2 dt - \int_a^b y''(t)^2 dt.$$

而上式左端为非负的, 因此有

$$\int_a^b x''(t)^2 dt \geqslant \int_a^b y''(t)^2 dt,$$

并且当且仅当 x 为三次样条函数 y 时等号成立. 事实上, 如果 $y=x$, 则上述不等式等号自然成立. 另外, 假设上述不等式等号成立, 则

$$\int_a^b [x''(t)-y''(t)]^2 dt = 0.$$

由于 $x''-y''$ 为连续实值函数, 所以对所有 $t \in [a,b]$ 有 $x''(t)=y''(t)$, 从而存在常数 $c \in \mathbb{R}$ 使得 $x'(t)=y'(t)+c$ 在 $[a,b]$ 上成立. 利用假设条件 (4.51) 可得 $c=0$, 即 $x'(t)=y'(t)$. 再利用 (4.47) 则有 $x(t)=y(t)$, 即 $x=y$.

高阶样条函数及多变量样条函数问题要复杂得多, 我们不在这里讨论.

习 题 4

1. 设 p 为赋范空间 X 上的次线性泛函, 满足 $p(0)=0$, 且在 0 处连续. 求证: p 为连续映射.

2. 设 X 为线性空间, $p: X \to \mathbb{R}$, 使得任取 $x, y \in X, \lambda \in \mathbb{K}$, 有
$$p(x+y) \leqslant p(x)+p(y), \quad p(\lambda x) = |\lambda| p(x).$$
求证: p 为 X 上的半范数.

3. 设 $a_1, a_2 \in \mathbb{R}$ 固定, 考虑 $\mathbb{R}^3$ 的线性子空间
$$Z = \{(x_1,x_2,x_3) \in \mathbb{R}^3 : x_3=0\},$$
及 Z 上的线性泛函 $f(x_1,x_2,x_3)=a_1x_1+a_2x_2$. 求出所有 f 到 $\mathbb{R}^3$ 上的线性延拓及相应线性

泛函的范数,其中 $\mathbf{R}^3$ 赋予范数 $\|(x_1,x_2,x_3)\|_2=(|x_1|^2+|x_2|^2+|x_3|^2)^{1/2}$.

4. 设 X 为赋范空间,M 为 X 的线性子空间,$x_0 \in X$. 求证 $x_0 \in \overline{M}$ 当且仅当任取 $f \in X'$, $f|_M=0$, 都有 $f(x_0)=0$.

5. 设 X 为可分赋范空间,求证: 存在 X' 单位球面的可数子集 N, 使得任取 $x \in X$, 有 $\|x\|=\sup\limits_{f \in N}|f(x)|$.

6. 设 X 为赋范空间,$f \in X^*$. 求证: $f \in X'$ 当且仅当 $N(f)$ 为 X 的闭线性子空间.

7. 设 X 为赋范空间,M 为 X' 的非空子集,求证: 若 $\overline{\mathrm{span}(M)}=X'$, 则
$$\bigcap_{f \in M} N(f)=\{0\}.$$

8. 设 X 为赋范空间,M 为 X 的线性子空间,$x \in X$, 求证:
$$\rho(x,M) \geqslant \sup\{|f(x)|: f \in X', \|f\| \leqslant 1, f|_M=0\}.$$

9. 考虑 c_0 的线性子空间 $M=\{\{x_n\} \in c_0: \sum\limits_{n=1}^{\infty} \dfrac{x_n}{2^n}=0\}$. 求证: 任取 $x \notin M$, x 在 M 中无最佳逼近元.

10. 设 X 为赋范空间,M 为 X 的线性子空间,令 $^\perp M=\{f \in X': f|_M=0\}$. 若 M_1,M_2 为 X 的闭线性子空间,且 $M_1 \neq M_2$. 求证: $^\perp M_1 \neq {}^\perp M_2$.

11. 设赋范空间 X 包含 n 个线性无关的元素,求证: X' 也包含至少 n 个线性无关的元素.

12. 设 M 为赋范空间 X 的非空子集,求证: M 在 X 中为完全集当且仅当在 M 上恒为 0 的 $f \in X'$ 在 X 上也恒为 0.

13. 设 X,Y 为赋范空间, $T \in B(X,Y)$, $T^* \in B(Y',X')$ 为其共轭算子. 求证: $^\perp R(T)=N(T^*)$.

14. 设 (X,d) 为度量空间. 求证: $M \subset X$ 为无处稠密子集当且仅当 $(\overline{M})^c$ 为 X 的稠密子集.

15. 证明: 非空完备度量空间的第一范畴子集的余集必为第二范畴子集.

16. 设 x_n 为赋范空间 X 中的一列元,任给 $f \in X'$, $f(x_n)$ 都为纯量有界列. 求证: $\{x_n\}$ 为有界列.

17. 设 X 为 Banach 空间,Y 为赋范空间, $T_n \in B(X,Y)$ 为一列有界线性算子,设任取 $x \in X$, $\{T_n x\}$ 都是 Y 中的柯西列,求证: 存在常数 $C \geqslant 0$, 使得任取 $n \geqslant 1$, $\|T_n\| \leqslant C$.

18. 在上题中又设 Y 为 Banach 空间,求证: 存在 $T \in B(X,Y)$, 使得任取 $x \in X$, $T_n x \to T x$, 且 $\|T\| \leqslant \sup\limits_{n \geqslant 1}\|T_n\|$.

19. 设 X 为 Banach 空间,Y 为赋范空间, $T_n \in B(X,Y)$ 为一列有界线性算子. 证明下述命题相互等价:

(1) 存在 $C \geqslant 0$, $\|T_n\| \leqslant C$;

(2) 任取 $x \in X$, $\{T_n x\}$ 为 Y 中的有界列;

(3) 任取 $x \in X$, $f \in Y'$, $\{f(T_n x)\}$ 为纯量有界列.

20. 设 X 为赋范空间,$x_n,x \in X$, $x_n \rightharpoonup x$. 求证: $x \in \overline{\mathrm{span}\{x_n: n \geqslant 1\}}$.

21. 设 X 为赋范空间,$x_n,x\in X, x_n \xrightarrow{w} x$. 求证:存在 y_n 为 $x_1,x_2,\cdots$ 的线性组合,使得 $y_n \to x$.

22. 设 $x_n, x \in C[0,1], x_n \xrightarrow{w} x$. 求证:$\{x_n\}$ 点点收敛到 x,即任取 $t \in [0,1]$,有 $x_n(t) \to x(t)$.

23. 设 X,Y 为赋范空间,$T \in B(X,Y), x_n, x \in X, x_n \xrightarrow{w} x$. 求证:$Tx_n \xrightarrow{w} Tx$.

24. 设 X 为赋范空间,$x_n, y_n, x, y \in X, \alpha_n, \alpha \in \mathbb{K}$,假设 $x_n \xrightarrow{w} x, y_n \xrightarrow{w} y, \alpha_n \to \alpha$,求证:$x_n + y_n \xrightarrow{w} x+y, \alpha_n x_n \xrightarrow{w} \alpha x$.

25. 设 X 为可分 Banach 空间,$M \subset X'$ 为有界集. 求证:M 中任意序列均有子列弱星收敛到 X' 中某元.

26. 设 X,Y 为赋范空间,$T: X \to Y$ 为闭线性算子,求证:

(1) $N(T)$ 为 X 的闭线性子空间;

(2) 若 T 为一一映射,则 $T^{-1}: Y \to X$ 也为闭线性算子;

(3) T 将 X 的紧集映射到 Y 的闭集;

(4) Y 中紧集通过 T 的逆像为 X 的闭集.

27. 设 H 为 Hilbert 空间,$A: H \to H$ 为线性算子,满足
$$\langle Ax, y \rangle = \langle x, Ay \rangle, \quad x, y \in H.$$
求证:$A \in B(H)$.

28. 设 X 为 Banach 空间,X_1, X_2 为 X 的闭线性子空间,假设任取 $x \in X$,存在唯一的 $x_1 \in X_1, x_2 \in X_2$,使得 $x = x_1 + x_2$. 求证:存在 $a > 0$,使得
$$\|x_1\| \leq a\|x_1 + x_2\|, \quad \|x_2\| \leq a\|x_1+x_2\|, \quad x_1 \in X_1, x_2 \in X_2.$$

29. 设 X,Y 为赋范空间,$T: X \to Y$ 为线性算子,求证:T 为闭算子当且仅当任取 $x_n \in X, x_n \to 0, Tx_n \xrightarrow{w} y$,都有 $y=0$.

30. 设 X,Y 为赋范空间,$T \in B(X,Y), S: X \to Y$ 为闭算子. 求证:$S+T$ 为闭算子.

31. 设 X 为 Banach 空间,Y 为赋范空间,$D(T) \subset X$ 为线性子空间,$T: D(T) \to Y$ 为闭算子,假设 T 为一一映射且 $T^{-1} \in B(Y,X)$,求证:$R(T)$ 为 Y 的闭线性子空间.

32. 设 X,Y 为 Banach 空间,$D(T) \subset X$ 为线性子空间,$T: D(T) \to Y$ 为线性算子. 求证下述命题相互等价:

(1) 存在闭算子 $\tilde{T}$,使得 $G_{\tilde{T}} = \overline{G_T}$(此时称 $\tilde{T}$ 为 T 的**闭延拓**);

(2) 若 $(0, y) \in \overline{G_T}$,则 $y=0$.

33. 设 X,Y 为 Banach 空间,$T: X \to Y$ 为有界线性算子且为单射. 求证:$T^{-1}: R(T) \to X$ 为有界线性算子当且仅当 $R(T)$ 为 Y 的闭线性子空间.

34. 设 X,Y 为 Banach 空间,$T: X \to Y$ 为有界线性算子且为一一映射. 求证:存在常数 $\alpha, \beta > 0$,使得
$$\alpha \|x\| \leq \|Tx\| \leq \beta \|x\|, \quad x \in X.$$

35. 设 X,Y 为 Banach 空间,$T: X \to Y$ 为线性算子. 设任给 $x_n \in X, x_n \to 0$,对每个 $f \in Y'$,都有 $f(Tx_n) \to 0$. 求证:$T \in B(X,Y)$.

36. 设 x_n 为 Banach 空间 X 中的序列,任取 $f \in X'$,都有 $\sum_{n=1}^{\infty} |f(x_n)| < \infty$. 求证:存在常数 $M \geqslant 0$,使得
$$\sum_{n=1}^{\infty} |f(x_n)| \leqslant M \|f\|, \quad f \in X'.$$

37. 设 $\{y_n\}$ 为数列,假设任取 $\{x_n\} \in \ell^1$,级数 $\sum_{n \geqslant 1} y_n x_n$ 均收敛. 求证:$\{y_n\} \in \ell^{\infty}$.

38. 设 X 为自反 Banach 空间,M 为 X 的闭线性子空间. 求证:M 也为自反 Banach 空间.

39. 设 X 为自反 Banach 空间,M 为 X 的闭线性子空间. 求证:商空间 X/M 也为自反 Banach 空间.

40. 设 X 为 Banach 空间,$f_n \in X'$. 假设任取 $x \in X$,都有 $\sum_{n=1}^{\infty} |f_n(x)| < \infty$. 求证:存在 $C \geqslant 0$,使得任取 $F \in X''$,有
$$\sum_{n=1}^{\infty} |F(f_n)| \leqslant C \|F\|.$$

41. 设 X, Y 为赋范空间,$T: X \to Y$ 为线性算子,$S: Y' \to X'$ 也为线性算子. 假设任取 $f \in Y', x \in X$,有 $S(f)(x) = f(Tx)$. 求证:S, T 均为有界线性算子.

42. 设 X 为严格凸赋范空间. 求证:任取 $x, y \in X$ 满足 $\|x\| = \|y\| = 1, x \neq y$ 及 $0 < \lambda < 1$,均有 $\|\lambda x + (1-\lambda) y\| < 1$ 成立.

43. 设 X 为严格凸赋范空间. 求证:如果 X 的非零元 x, y 满足 $\|x+y\| = \|x\| + \|y\|$,则必存在正数 c,使得 $x = cy$.

44. 设 X 为赋范空间,假设任取 X 的非零元 x, y 满足 $\|x+y\| = \|x\| + \|y\|$,必存在正数 c,使得 $x = cy$. 求证:X 为严格凸的.

45. 求证:Chebyshev 多项式 T_n 是微分方程
$$(1-t^2) y'' - ty' + n^2 y = 0$$
的一个解.

46. 求证:Chebyshev 多项式 T_n 的所有零点均是实数,总在 $[-1, 1]$ 中,且均为单重的.

47. 求证:Chebyshev 多项式 T_n 与 T_{n-1} 没有公共零点.

48. 设区间 $[a, b]$ 的分划 P_n 的结点为 $a = t_0 < t_1 < \cdots < t_n = b$. 求证:存在唯一的 $n+1$ 个三次样条 $y_0, y_1, \cdots, y_n$,使得
$$y_i(t_k) = \delta_{ik}, \quad y_i'(a) = y_i'(b) = 0, \quad (0 \leqslant i, k \leqslant n).$$
问:$\{y_0, y_1, \cdots, y_n\}$ 在线性空间 $Y(P_n)$ 中线性无关吗?

49. 若区间 $[a, b]$ 上的三次样条 y 为三阶连续可导函数,求证:y 必为多项式.

50. 在 $[a, b]$ 的相邻子区间上,样条函数用同一个多项式来表示是可能的,试举例说明. 对应于区间 $\left[-\frac{\pi}{2}, \frac{\pi}{2}\right]$ 的分划 $\left\{-\frac{\pi}{2}, 0, \frac{\pi}{2}\right\}$,求 $x(t) = \sin(t)$ 的满足条件 (4.47) 及 (4.51) 的三次样条函数 y.

第 5 章 线性算子的谱论

谱论是泛函分析的主要分支之一,它是研究与某个算子有关的一些逆算子的性质及它们与原算子的关系. 谱论在求解线性方程、积分方程、微分方程中有十分重要的应用. 算子的谱论对于研究算子本身的性质也是很重要的. 在本章的第 1 节里,我们建立算子谱论的一般性质,在第 2 节里,我们研究紧算子的谱理论. 而最后一节则主要建立 Hilbert 空间上自伴算子的谱理论.

5.1 基本概念及例子

在这一节里我们将要介绍的闭线性算子特征值和特征向量的概念是高等数学中矩阵特征值和特征向量的自然推广,但对于一般复 Banach 空间上闭线性算子的谱理论较矩阵特征值和特征向量的研究要复杂得多. 由于在谱论研究中需要利用复变函数的知识,所以在研究谱论时总是假设问题所在的 Banach 空间为复 Banach 空间. 实 Banach 空间上算子的谱论也是存在的,但远没有复 Banach 空间上算子的谱论完美.

线性算子的谱论起源于线性方程解存在性和唯一性问题的研究. 设 $k \in C([a,b]^2)$,对于 $x \in C[a,b]$,考虑

$$(Tx)(s) = \int_a^b k(s,t)x(t)\mathrm{d}t, \quad s \in [a,b].$$

则易见 $Tx \in C[a,b]$ 且 $T \in B(C[a,b])$. 如果 $\lambda \in \mathbb{C}, y \in C[a,b]$,我们希望求解 $x \in C[a,b]$ 满足积分方程

$$(\lambda - T)x(s) = y(s), \quad s \in [a,b].$$

我们希望知道对什么样的 $y \in C[a,b]$,上述积分方程在 $C[a,b]$ 中有解,在有解的情况下什么时候解才是唯一的. 我们还希望知道对怎样的 λ,任取 $y \in C[a,b]$,上述方程有唯一的解 $x \in C[a,b]$. 这是谱论里面要讨论的标准问题.

若 $T: \mathbb{C}^n \to \mathbb{C}^n$ 为线性算子,可以研究 T 的特征值和特征向量问题. 对于 Banach 空间上的线性算子,也有类似的概念. 这里仅仅讨论闭线性算子的谱理论,一般线性算子的谱理论要复杂得多且应用较少.

定义 5.1.1 设 X 为非零复 Banach 空间,$D(A)$ 为 X 的线性子空间,$A: D(A) \to X$ 为闭线性算子,$\lambda \in \mathbb{C}$. 则用 $\lambda - A$ 来简单表示算子 $\lambda I_X - A$,其中 I_X 为 X 上的恒等映射.

(1) 称 λ 为 A 的**特征值**,也称为**本征值**,如果存在 $x_0 \in D(A), x_0 \neq 0$,使得 $Ax_0 = \lambda x_0$. x_0 称为 A 相对于特征值 λ 的**特征向量**. 所有相对于特征值 λ 的特征向量组成的集合称为 A 相

对于特征值 λ 的**特征空间**. 所有 A 的特征值之集称为 A 的**点谱**,记为 $\sigma_p(A)$.

(2) 若 $\lambda-A: D(A) \to X$ 为一一映射,则称 λ 为 A 的**正则值**, A 的所有正则值之集称为 A 的**预解集**,记为 $\rho(A)$.

若 $\lambda \in \mathbb{C}$, $A: D(A) \to X$ 为闭算子. 则 $\lambda-A: D(A) \to X$ 也为闭算子. 事实上, 若 $x_n \in D(A)$, 使得
$$(x_n,(\lambda-A)x_n) \to (x,y) \in X \times X,$$
即 $x_n \to x, (\lambda-A)x_n \to y$. 则 $\lambda x_n \to \lambda x$, 因此 $Ax_n \to y-\lambda x$. 从而 $(x_n, Ax_n) \to (x, y-\lambda x)$. 利用 A 为闭算子这个假设可得 $x \in D(A), Ax = y-\lambda x$, 或等价地, 有 $(\lambda-A)x = y$, 这说明 $(x,y) \in G_{\lambda-A}$, 因此 $\lambda-A$ 为闭算子.

若 $\lambda \in \rho(A)$, 则由定义 $\lambda-A: D(A) \to X$ 为一一映射. 因此其逆映射 $(\lambda-A)^{-1}: X \to X$ 有意义且为线性算子. 利用 $\lambda-A$ 为闭算子这个事实, 易证 $(\lambda-A)^{-1}$ 也为闭算子. 事实上, $(x,y) \in G_{\lambda-A}$ 当且仅当 $(y,x) \in G_{(\lambda-A)^{-1}}$. 由于 X 为 Banach 空间, 由闭图像定理有 $(\lambda-A)^{-1} \in B(X)$.

若 X 为有限维赋范空间, $D(A) = X, A: X \to X$ 为线性算子, $\lambda \in \mathbb{C}$. 若 λ 不为 A 的特征值, 即 $\lambda \notin \sigma_p(A)$ 则 $\lambda-A: X \to X$ 为单射, 由于 $\dim(X) < \infty$, 所以 $\lambda-A$ 也必为满射. 因此 $\lambda-A$ 为一一映射. 由定义有 $\lambda \in \rho(A)$. 因此任意固定 $\lambda \in \mathbb{C}$, 或者为 A 的特征值, 或者为 A 的正则值, 此时还有 $(\lambda-A)^{-1} \in B(X)$. 换句话讲, $\mathbb{C} = \sigma_p(A) \cup \rho(A)$, 且 $\sigma_p(A) \cap \rho(A) = \varnothing$. 若 X 为无穷维 Banach 空间, 除了上述两种情况, 还会有另外两种情况可能发生.

定义 5.1.2 设 X 为非零复 Banach 空间, $D(A)$ 为 X 的线性子空间, $A: D(A) \to X$ 为闭线性算子, $\lambda \in \mathbb{C}$. 设 $\lambda-A$ 为单射, 且不为满射 (即 $\lambda \notin \sigma_p(A) \cup \rho(A)$).

(1) 若 $\overline{R(\lambda-A)} = X$, 则称 λ 为 A 的**连续谱点**, 所有 A 的连续谱点之集称为 A 的**连续谱**, 记为 $\sigma_c(A)$.

(2) 若 $\overline{R(\lambda-A)} \subsetneq X$, 则称 λ 为 A 的**剩余谱点**, 所有 A 的剩余谱点之集称为 A 的**剩余谱**, 记为 $\sigma_r(A)$.

(3) 记 $\sigma(A) = \sigma_p(A) \cup \sigma_c(A) \cup \sigma_r(A)$, 称 $\sigma(A)$ 为 A 的**谱**, 也称为 A 的**谱集**.

由定义可以看出, $\sigma(A) = \sigma_p(A) \cup \sigma_c(A) \cup \sigma_r(A)$ 为不交的并, 且 $\mathbb{C} = \rho(A) \cup \sigma(A)$ 也为不交的并. 也就是说, 复平面 $\mathbb{C}$ 一方面可以分割为两部分, 即 $\sigma(A)$ 和 $\rho(A)$, 另一方面可以分割为四部分, 即 $\sigma_p(A), \sigma_c(A), \sigma_r(A)$ 和 $\rho(A)$. 下面我们举例来说明 $\sigma_c(A)$ 和 $\sigma_r(A)$ 都可能不是空集.

例 5.1.1 考虑连续函数空间 $C[0,1]$, 其上赋予范数
$$\|x\|_\infty = \max_{0 \leq t \leq 1} |x(t)|, \quad x \in C[0,1].$$
则 $C[0,1]$ 为 Banach 空间. 考虑算子 $A: C[0,1] \to C[0,1]$,
$$(Ax)(t) = tx(t), \quad t \in [0,1].$$

显然 A 有意义且为线性算子. 由于

$$|(Ax)(t)|\leqslant t|x(t)|\leqslant \|x\|_\infty,$$

所以 $A\in B(C[0,1])$, 且 $\|A\|\leqslant 1$. 取 $x=1$, 则有 $\|x\|_\infty=1,(Ax)(t)=t,\|Ax\|_\infty=1$. 从而 $\|A\|\geqslant 1$. 因此 $\|A\|=1$.

若 $\lambda\in\mathbb{C},x\in C[0,1]$ 满足 $(\lambda-A)x=0$. 则任取 $t\in[0,1],(\lambda-t)x(t)=0$. 这说明 x 仅可能在一点不为 0, 由于 x 为连续函数, 所以 $x=0$. 因此 $\lambda-A$ 为单射. 这说明 $\sigma_p(A)=\emptyset$.

若 $\lambda\in\mathbb{C}\setminus[0,1]$, 则任取 $y\in C[0,1]$, 考虑 $x(t)=\dfrac{y(t)}{\lambda-t}$. 易见 $x\in C[0,1]$, 且 $(\lambda-A)x=y$. 这说明 $\lambda-A$ 为满射, 又由上面的讨论知 $\lambda-A$ 总是单射, 从而 $\lambda-A$ 为一一映射. 即 $\lambda\in\rho(A)$. 因此 $\mathbb{C}\setminus[0,1]\subset\rho(A)$.

若 $\lambda\in[0,1]$. 任取 $y\in R(\lambda-A)$, 存在 $x\in C[0,1]$ 使得 $\lambda x-Ax=y$. 因此 $y(t)=(\lambda-t)\cdot x(t)$. 所以 $y(\lambda)=0$. 若 $z\in\overline{R(\lambda-A)}$, 则存在 $z_n\in R(\lambda-A)$, 使得 $\|z-z_n\|_\infty\to 0$. 这可以推出 $z_n(\lambda)\to z(\lambda)$. 由于 $z_n(\lambda)=0$, 所以 $z(\lambda)=0$. 这说明 $\overline{R(\lambda-A)}\subsetneqq C[0,1]$, 事实上, 恒为 1 的连续函数不在 $\overline{R(\lambda-A)}$ 中, 这是由于恒为 1 的函数在 λ 点不为 0. 这说明 $\lambda\in\sigma_r(A)$. 因此 $[0,1]\subset\sigma_r(A)$. 由于 $(\mathbb{C}\setminus[0,1])\cup[0,1]=\mathbb{C}$, 且 $\rho(A),\sigma_r(A),\sigma_c(A),\sigma_p(A)$ 两两不交, 所以

$$\rho(A)=\mathbb{C}\setminus[0,1],\quad \sigma(A)=\sigma_r(A)=[0,1],\quad \sigma_c(A)=\sigma_p(A)=\emptyset.$$

若 $\lambda\in\mathbb{C}\setminus[0,1],x\in C[0,1]$, 则逆算子 $(\lambda-A)^{-1}$ 为有界线性算子且由下式给出

$$[(\lambda-A)^{-1}x](t)=\dfrac{x(t)}{\lambda-t},\quad t\in[0,1].$$

例 5.1.2 设 $\{\alpha_n\}$ 为严格单调递减到 0 的数列. $A\in B(\ell^2)$ 定义为

$$A(x_1,x_2,x_3,\cdots)=(\alpha_1 x_1,\alpha_2 x_2,\alpha_3 x_3,\cdots).$$

A 显然有意义, 且易证 $\|A\|=\alpha_1$. 设 $e_n=\{\delta_{nj}\}\in\ell^2$ 为第 n 项为 1, 其余项都为 0 的数列. 则显然有 $Ae_n=\alpha_n e_n$. 这说明 $\alpha_n\in\sigma_p(A)$. 因此 $\{\alpha_n:n\geqslant 1\}\subset\sigma_p(A)$.

A 显然是单射. 但 $R(A)\subsetneqq\ell^2$, 事实上若 A 为满射, 则 A 为一一映射, 由开映射定理, $A^{-1}\in B(\ell^2)$, 但 $A^{-1}e_n=\dfrac{1}{\alpha_n}e_n$, 因此 $\|A\|\geqslant\dfrac{1}{\alpha_n}$. 由假设 $\alpha_n\to 0$ 有 $\dfrac{1}{\alpha_n}\to\infty$. 矛盾! 因此 A 不为满射. 从而 $0\in\sigma(A)$.

任给 $\varepsilon>0,y=(y_1,y_2,y_3,\cdots)\in\ell^2$, 存在 $n_0\geqslant 1$, 使得若

$$y^{(n_0)}=(x_1,x_2,\cdots,x_{n_0},0,0,\cdots)\in\ell^2,$$

则 $\|y-y^{(n_0)}\|_2<\varepsilon$. 令

$$x^{(n_0)}=\left(\dfrac{x_1}{\alpha_1},\dfrac{x_2}{\alpha_2},\cdots,\dfrac{x_{n_0}}{\alpha_{n_0}},0,0,\cdots\right)\in\ell^2,$$

则易证 $Ax^{(n_0)}=y^{(n_0)}$. 这说明 $y^{(n_0)}\in R(A)$. 因此 $\overline{R(A)}=\ell^2$. 于是 $0\in\sigma_c(A)$.

若 $\lambda\notin\{\alpha_n:n\geqslant 1\}$, 且 $\lambda\neq 0$. 则存在常数 $C\geqslant 0$, 使得任取 $n\geqslant 1$, 成立

$$\dfrac{1}{|\lambda-\alpha_n|}\leqslant C. \tag{5.1}$$

我们有
$$(\lambda - A)(x_1, x_2, x_3, \cdots) = ((\lambda - \alpha_1)x_1, (\lambda - \alpha_2)x_2, (\lambda - \alpha_3)x_3, \cdots).$$
易证 $\lambda - A$ 为单射. 任取 $y = \{y_n\} \in \ell^2$, 令 $x = \left\{\dfrac{y_n}{\lambda - \alpha_n}\right\}$. 则由式(5.1)知 $x \in \ell^2$. 容易验证 $(\lambda - A)x = y$. 因此 A 为满射, 从而 A 为一一映射. 这说明 $\lambda \in \rho(A)$. 这样就证明了
$$\mathbb{C} \setminus (\{\alpha_n : n \geq 1\} \cup \{0\}) \subset \rho(A).$$
因此 $\sigma_p(A) = \{\alpha_n : n \geq 1\}, \sigma_c(A) = \{0\}, \sigma_r(A) = \emptyset$, 且
$$\rho(A) = \mathbb{C} \setminus (\{\alpha_n : n \geq 1\} \cup \{0\}).$$

若 X 为复 Banach 空间, $A: D(A) \to X$ 为闭算子. 称
$$R(\lambda, A) = (\lambda - A)^{-1}, \quad \lambda \in \rho(A)$$
为 A 的**预解式**. 由上面的讨论知此时 $R(\lambda, A) \in B(X)$. 下面证明一个关于预解式的著名等式, 它是进一步研究闭算子谱论的基础.

定理 5.1.1(预解式等式)   设 X 为复 Banach 空间, $A: D(A) \to X$ 为闭线性算子. 则任给 $\lambda, \mu \in \rho(A)$, 有
$$R(\lambda, A) - R(\mu, A) = (\mu - \lambda) R(\lambda, A) R(\mu, A).$$

证明   由于 $\mu \in \rho(A)$, 所以 $\lambda - A: D(A) \to X$ 为一一映射, $R(\mu, A) \in B(X)$, 且 $(\mu - A) R(\mu, A) = I_X$. 因此
$$\begin{aligned}
R(\lambda, A) &= R(\lambda, A) I_X = R(\lambda, A)(\mu - A) R(\mu, A) \\
&= R(\lambda, A)((\lambda - A) + (\mu - \lambda)) R(\mu, A) \\
&= (I_X + (\mu - \lambda) R(\lambda, A)) R(\mu, A) \\
&= R(\mu, A) + (\mu - \lambda) R(\lambda, A) R(\mu, A).
\end{aligned}$$
因此有
$$R(\lambda, A) - R(\mu, A) = (\mu - \lambda) R(\lambda, A) R(\mu, A). \qquad \square$$

引理 5.1.1(J. von Neumann)   设 X 为复 Banach 空间, $A \in B(X)$ 满足 $\|A\| < 1$. 则 $1 - A$ 在 $B(X)$ 中可逆, 即 $1 - A$ 为一一映射, $R(1, A) \in B(X)$. 进一步地, 有
$$\|R(1, A)\| \leq \frac{1}{1 - \|A\|}.$$

证明   对于 $n \geq 1$, 令
$$S_n = 1 + A + A^2 + \cdots + A^n \in B(X).$$
若 $m, n \geq 1$, 有
$$\begin{aligned}
\|S_{m+n} - S_n\| &= \|A^{n+1} + A^{n+2} + \cdots + A^{n+m}\| \\
&\leq \|A^{n+1}\| + \|A^{n+2}\| + \cdots + \|A^{n+m}\| \\
&\leq \|A\|^{n+1} + \|A\|^{n+2} + \cdots + \|A\|^{n+m} \\
&\leq \frac{\|A\|^{n+1}}{1 - \|A\|}.
\end{aligned}$$

由假设 $\|A\|<1$,所以 $\|A\|^{n+1}\to 0$. 因此 $\{S_n\}$ 为 $B(X)$ 中的柯西列. 由于 X 为 Banach 空间,所以 $B(X)$ 也为 Banach 空间. 存在 $S\in B(X)$,使得 $S_n\to S$. 又

$$S(1-A)=\lim_{n\to\infty}S_n A = \lim_{n\to\infty}(1+A+A^2+\cdots+A^n)(1-A)$$
$$=\lim_{n\to\infty}(1-A^{n+1})=I_X.$$

在上式中我们用到了 $\|A^{n+1}\|\leqslant\|A\|^{n+1}\to 0$ 这个事实. 类似可证 $(1-A)S=I_X$. 因此 $1-A$ 为一一映射,且 $(1-A)^{-1}=S\in B(X)$. 另外

$$\|(1-A)^{-1}\|=\|S\|=\lim_{n\to\infty}\|S_n\|\leqslant\lim_{n\to\infty}(1+\|A\|+\|A\|^2+\cdots+\|A\|^n)$$
$$\leqslant\frac{1}{1-\|A\|}.$$
□

定理 5.1.2 设 X 为复 Banach 空间,$A:D(A)\to X$ 为闭线性算子. 则 $\rho(A)$ 为 $\mathbb{C}$ 的开集.

证明 我们不妨设 $\rho(A)\neq\varnothing$. 设 $\lambda_0\in\rho(A)$. 则 $\lambda_0-A:D(A)\to X$ 为一一映射,且

$$(\lambda_0-A)R(\lambda_0,A)=I_X.$$

若 $\lambda\in\mathbb{C}$. 则

$$\lambda-A=\lambda_0-A+(\lambda-\lambda_0)=(1+(\lambda-\lambda_0)R(\lambda_0,A))(\lambda_0-A). \tag{5.2}$$

由上一引理,当 $|\lambda-\lambda_0|<\dfrac{1}{\|R(\lambda_0,A)\|}$,或等价地,$|\lambda-\lambda_0|\|R(\lambda_0,A)\|<1$ 时,$1+(\lambda-\lambda_0)R(\lambda_0,A)$ 为从 X 到 X 的一一映射. 由于 λ_0-A 为从 $D(A)$ 到 X 的一一映射,所以此时 $\lambda-A$ 为从 $D(A)$ 到 X 的一一映射. 即 $\lambda\in\rho(A)$. 这样证明了只要

$$|\lambda-\lambda_0|<\frac{1}{\|R(\lambda_0,A)\|},$$

就有 $\lambda\in\rho(A)$,即复平面中以 λ_0 为中心以 $\dfrac{1}{\|R(\lambda_0,A)\|}$ 为半径的开圆盘包含在 $\rho(A)$ 中. 因此 $\rho(A)$ 是 $\mathbb{C}$ 的开集. □

为了进一步地研究闭算子的谱,需要引入向量值连续函数和向量值解析函数的概念,这可以视为纯量连续函数和纯量解析函数概念的推广.

定义 5.1.3 设 $\Omega\subset\mathbb{C}$ 为开集,X 为复 Banach 空间,$f:\Omega\to X$ 为映射,$t_0\in\Omega$. 若任取 $\varepsilon>0$,存在 $\delta>0$,任给 $t\in\Omega,|t-t_0|<\delta$,都有

$$\|f(t)-f(t_0)\|<\varepsilon,$$

则称 f 在 t_0 处**连续**. 若 F 在 Ω 上处处连续,则称 f 为**连续函数**. 若存在 $a\in X$,使得任取 $\varepsilon>0$,存在 $\delta>0$,任给 $t\in\Omega,0<|t-t_0|<\delta$,都有

$$\left\|\frac{f(t)-f(t_0)}{t-t_0}-a\right\|<\varepsilon,$$

则称 f 在 t_0 处**可导**,称 a 为 f 在 t_0 处的**导数**,记为 $f'(t_0)$. 若 f 为处处可导的,则称 f 为 Ω

上的**解析函数**.

当 $X=\mathbb{K}$ 时,上面定义的连续性和可导性与纯量情形已有的定义吻合. 若 $f: \Omega \to X$ 为解析函数,则任取 $\phi \in X'$,$\phi \circ f$ 为定义在 Ω 上取值于 $\mathbb{C}$ 中的解析函数,由定义易证此时 f 必为连续函数. 另外,若 $f: \Omega \to X$ 为连续函数,则任取 $\phi \in X'$,$\phi \circ f$ 为定义在 Ω 上取值于 $\mathbb{C}$ 中的连续函数.

定理 5.1.3 设 X 为复 Banach 空间,$A: D(A) \to X$ 为闭线性算子. 则 A 的预解式
$$\rho(A) \to B(X)$$
$$\lambda \mapsto R(\lambda, A)$$
为解析函数.

证明 设 $\lambda_0 \in \rho(A)$. 由上一定理的证明过程,若
$$|\lambda - \lambda_0| < \frac{1}{2\|R(\lambda_0, A)\|},$$
则 $\lambda \in \rho(A)$,且由式(5.2)有
$$\lambda - A = (1 + (\lambda - \lambda_0) R(\lambda_0, A))(\lambda_0 - A).$$
因此
$$R(\lambda, A) = R(\lambda_0, A)(1 + (\lambda - \lambda_0) R(\lambda_0, A))^{-1}.$$
利用引理 5.1.1 知
$$\begin{aligned}
\|R(\lambda, A)\| &= \|R(\lambda_0, A)(1 + (\lambda - \lambda_0) R(\lambda_0, A))^{-1}\| \\
&\leqslant \|R(\lambda_0, A)\| \|(1 + (\lambda - \lambda_0) R(\lambda_0, A))^{-1}\| \\
&\leqslant \|R(\lambda_0, A)\| \sum_{n=0}^{\infty} \|(\lambda - \lambda_0) R(\lambda_0, A)\|^n \quad (5.3) \\
&\leqslant \|R(\lambda_0, A)\| \sum_{n=0}^{\infty} \frac{1}{2^n} = 2\|R(\lambda_0, A)\|.
\end{aligned}$$
因此 $R(\lambda, A)$ 在以 λ_0 为中心 $\dfrac{1}{2\|R(\lambda_0, A)\|}$ 为半径的开球内为有界的. 由定理 5.1.1,若 $\lambda \in \rho(A)$,则
$$R(\lambda, A) - R(\lambda_0, A) = (\lambda_0 - \lambda) R(\lambda_0, A) R(\lambda, A).$$
因此当 $|\lambda - \lambda_0| < \dfrac{1}{2\|R(\lambda_0, A)\|}$ 时,利用式(5.3)有
$$\|R(\lambda, A) - R(\lambda_0, A)\| \leqslant 2\|R(\lambda_0, A)\|^2 |\lambda - \lambda_0|.$$
因此预解式 $R(\lambda, A)$ 在 λ_0 处连续. 再次利用定理 5.1.1,若 $\lambda \in \rho(A)$,成立
$$\frac{R(\lambda, A) - R(\lambda_0, A)}{\lambda - \lambda_0} = -R(\lambda, A) R(\lambda_0, A).$$
由已证 $R(\lambda, A)$ 在 λ_0 处的连续性,当 $\lambda \to \lambda_0$ 时,有
$$\left\| \frac{R(\lambda, A) - R(\lambda_0, A)}{\lambda - \lambda_0} - (-R(\lambda_0, A)^2) \right\|$$

$$= \|R(\lambda,A)R(\lambda_0,A) - R(\lambda_0,A)^2\|$$
$$\leqslant \|R(\lambda,A) - R(\lambda_0,A)\| \|R(\lambda_0,A)\| \to 0.$$

这就证明了 $\rho(A)$ 在 λ_0 处的可导性,且 $R(\lambda,A)$ 在 λ_0 处的导数为 $-R(\lambda_0,A)^2$. 由于 $\lambda_0 \in \rho(A)$ 为任选的,所以预解式 $R(\lambda,A)$ 为 $\rho(A)$ 上的解析函数. □

定理 5.1.4(Gelfand-Mazur) 设 X 为复 Banach 空间,$A \in B(X)$. 则 $\sigma(A) \neq \emptyset$.

证明 若 $A=0$,则 $0 \in \sigma(A)$,因此 $\sigma(A) \neq \emptyset$. 下设 $A \neq 0$. 假设 $\sigma(A) = \emptyset$,则 $\rho(A) = \mathbb{C}$. 从而预解式 $R(\lambda,A)$ 为整个复平面上的解析函数. 若 $|\lambda| > 2\|A\|$,或等价地,$\left\|\dfrac{A}{\lambda}\right\| < \dfrac{1}{2}$,则由等式 $\lambda - A = \lambda\left(1 - \dfrac{A}{\lambda}\right)$ 及引理 5.1.1,有 $\lambda \in \rho(A)$,且

$$\|R(\lambda,A)\| = \frac{1}{|\lambda|}\left\|\left(1 - \frac{A}{\lambda}\right)^{-1}\right\| \leqslant \frac{1}{|\lambda|} \frac{1}{1 - \dfrac{1}{2}} = \frac{2}{|\lambda|} \leqslant \frac{1}{\|A\|}. \tag{5.4}$$

任取 $\phi \in B(X)'$,由定理 5.1.3 知 $\lambda \to \phi(R(\lambda,A))$ 为 $\mathbb{C}$ 上的解析函数,因此为 $\mathbb{C}$ 上的连续函数. 复平面上以 0 为中心 $2\|A\|$ 为半径的闭球 $\overline{B}_\mathbb{C}(0, 2\|A\|)$ 为有界闭集,因此存在 $C > 0$,使得任取 $\lambda \in \overline{B}_\mathbb{C}(0, 2\|A\|)$,有 $|\phi(R(\lambda,A))| \leqslant C$.

另外,任取 $\lambda \notin \overline{B}_\mathbb{C}(0, 2\|A\|)$,或等价地,$|\lambda| > 2\|A\|$,由式(5.4)有
$$|\phi(R(\lambda,A))| \leqslant \frac{\|\phi\|}{\|A\|}.$$

这说明 $\lambda \to \phi(R(\lambda,A))$ 为 $\mathbb{C}$ 上的有界解析函数. 由 Liouville 定理得到 $\lambda \to \phi(R(\lambda,A))$ 为常函数,即存在仅与 ϕ 有关的常数 c_ϕ,使得
$$\phi(R(\lambda,A)) = c_\phi, \quad \lambda \in \mathbb{C}. \tag{5.5}$$

利用定理 5.1.1,若 $\lambda \neq \mu$,则
$$R(\lambda,A) - R(\mu,A) = (\mu - \lambda)R(\lambda,A)R(\mu,A).$$

由于 $R(\lambda,A)$ 和 $R(\mu,A)$ 均为一一映射,所以复合算子 $R(\lambda,A)R(\mu,A)$ 也为一一映射,特别地,$R(\lambda,A)R(\mu,A) \neq 0$,因此 $R(\lambda,A) \neq R(\mu,A)$. 由 Hahn-Banach 定理,存在 $\phi \in B(X)'$,使得 $\phi(R(\lambda,A)) \neq \phi(R(\mu,A))$. 这与式(5.5)矛盾. 所以 $\sigma(A) \neq \emptyset$. □

推论 5.1.1 设 X 为复 Banach 空间,$A \in B(X)$. 则
$$\sigma(A) \subset \{\lambda \in \mathbb{C} : |\lambda| \leqslant \|A\|\},$$
且 $\sigma(A)$ 为有界闭集.

证明 从上一定理的证明过程,任取 $|\lambda| > \|A\|$,有 $\lambda \in \rho(A)$. 因此
$$\sigma(A) \subset \{\lambda \in \mathbb{C} : |\lambda| \leqslant \|A\|\}.$$
又由定理 5.1.2,$\rho(A)$ 为开集,因此 $\sigma(A) = \mathbb{C} \setminus \rho(A)$ 为有界闭集. □

定义 5.1.4 设 X 为复 Banach 空间,$A \in B(X)$. 称
$$r(A) = \max_{\lambda \in \sigma(A)} |\lambda|$$

为 A 的**谱半径**.

由上个推论,我们总有 $r(A) \leqslant \|A\|$. 下面这个定理可以用来计算有界线性算子 A 的谱半径.

定理 5.1.5(I. M. Gelfand) 设 X 为复 Banach 空间,$A \in B(X)$. 则极限 $\lim\limits_{n \to \infty} \|A^n\|^{1/n}$ 存在,且

$$r(A) = \lim_{n \to \infty} \|A^n\|^{1/n}.$$

证明 我们首先证明极限 $\lim\limits_{n \to \infty} \|A^n\|^{1/n}$ 的存在性. 为此,令

$$r = \inf_{n \geqslant 1} \|A^n\|^{1/n}.$$

显然有

$$r = \inf_{n \geqslant 1} \|A^n\|^{1/n} \leqslant \varliminf_{n \to \infty} \|A^n\|^{1/n}.$$

任取 $\varepsilon > 0$,存在 $n_0 \geqslant 1$,使得 $\|A^{n_0}\|^{1/n_0} < r + \varepsilon$. 若 $n \geqslant 1$,则存在唯一的 $k \geqslant 0, 0 \leqslant m < n_0$,使得 $n = kn_0 + m$. 此时有

$$\|A^n\| = \|(A^{n_0})^k A^m\| \leqslant \|A^{n_0}\|^k \|A^m\|.$$

因此

$$\|A^n\|^{1/n} \leqslant (\|A^{n_0}\|^{1/n_0})^{\frac{kn_0}{n}} \|A\|^{\frac{m}{n}}.$$

由于 $\lim\limits_{n \to \infty} \dfrac{kn_0}{n} = 1, \lim\limits_{n \to \infty} \|A\|^{\frac{m}{n}} = 1$,所以

$$\varlimsup_{n \to \infty} \|A^n\|^{1/n} \leqslant r + \varepsilon.$$

令 $\varepsilon \to 0^+$,则有

$$\varlimsup_{n \to \infty} \|A^n\|^{1/n} \leqslant r \leqslant \varliminf_{n \to \infty} \|A^n\|^{1/n}.$$

这说明 $\lim\limits_{n \to \infty} \|A^n\|^{1/n}$ 存在,且

$$\lim_{n \to \infty} \|A^n\|^{1/n} = \inf_{n \geqslant 1} \|A^n\|^{1/n}.$$

若 $|\lambda| > r$,则存在足够小的 $\varepsilon > 0$ 及 $N \geqslant 1$,使得任给 $n \geqslant N$,成立

$$\|A^n\|^{1/n} \leqslant r + \varepsilon < |\lambda|.$$

此时有 $\|A^n\| \leqslant (r+\varepsilon)^n$. 考虑级数 $\sum\limits_{k \geqslant 0} \dfrac{A^k}{\lambda^{k+1}}$. 令

$$S_n = \sum_{k=0}^{n} \frac{A^k}{\lambda^{k+1}}$$

为其前 n 项和. 若 $n, m \geqslant 1$,则

$$\|S_{n+m} - S_n\| = \left\|\sum_{k=n+1}^{n+m} \frac{A^k}{\lambda^{k+1}}\right\| \leqslant \sum_{k=n+1}^{n+m} \left\|\frac{A^k}{\lambda^{k+1}}\right\| \leqslant \frac{1}{|\lambda|} \sum_{k=n+1}^{n+m} \left(\frac{r+\varepsilon}{|\lambda|}\right)^k$$

$$\leqslant \frac{|\lambda|}{|\lambda| - r - \varepsilon} \left(\frac{r+\varepsilon}{|\lambda|}\right)^{n+1}.$$

由于 $\frac{r+\varepsilon}{|\lambda|}<1$,所以当 $n\to\infty$ 时,上式右端收敛到 0. 因此 $\{S_n\}$ 为 $B(X)$ 中的柯西列,即级数 $\sum_{k\geqslant 0}\frac{A^k}{\lambda^{k+1}}$ 在 $B(X)$ 中收敛. 令 $S=\sum_{k=0}^{\infty}\frac{A^k}{\lambda^{k+1}}$. 容易验证

$$(\lambda-A)S_n = I_X - \left(\frac{A}{\lambda}\right)^{n+1} = S_n(\lambda-A).$$

利用 $\left\|\frac{A}{\lambda}\right\|<1$,令 $n\to\infty$ 有

$$(\lambda-A)S = S(\lambda-A) = I_X. \tag{5.6}$$

事实上,可以得到

$$\|(\lambda-A)S_n - (\lambda-A)S\| = \|(\lambda-A)(S_n-S)\|$$
$$\leqslant \|\lambda-A\|\|S_n-S\| \to 0.$$

式(5.6)意味着 $\lambda-A$ 为一一映射,从而 $\lambda\in\rho(A)$. 于是 $\{\lambda\in\mathbb{C}:|\lambda|>r\}\subset\rho(A)$. 由谱半径的定义有 $r(A)\leqslant r$,且

$$R(\lambda,A) = \sum_{k=0}^{\infty}\frac{A^k}{\lambda^{k+1}},\quad |\lambda|>r.$$

任取 $\phi\in B(X)'$ 及 $|\lambda|>r$,有

$$\phi(R(\lambda,A)) = \sum_{k=0}^{\infty}\frac{\phi(A^k)}{\lambda^{k+1}}.$$

由于 $R(\lambda,A)$ 为 λ 的解析函数,所以 $\phi(R(\lambda,A))$ 为区域

$$\{\lambda\in\mathbb{C}:|\lambda|>r(A)\}$$

上的解析函数,而 $\sum_{k=0}^{\infty}\frac{\phi(A^k)}{\lambda^{k+1}}$ 为其在区域 $\{\lambda\in\mathbb{C}:|\lambda|>r\}$ 上的 Laurent 展开式,因此其在更大的区域 $\{\lambda\in\mathbb{C}:|\lambda|>r(A)\}$ 上有相同的 Laurent 展开式 $\sum_{k=0}^{\infty}\frac{\phi(A^k)}{\lambda^{k+1}}$. 特别地,任取 $\varepsilon>0$,级数

$$\sum_{k=0}^{\infty}\frac{\phi(A^k)}{(r(A)+\varepsilon)^{k+1}}$$

在 $\mathbb{C}$ 中收敛. 因此有

$$\sup_{k\geqslant 0}\left|\frac{\phi(A^k)}{(r(A)+\varepsilon)^{k+1}}\right|<\infty.$$

考虑典范映射 $J:B(X)\to B(X)''$,则上式意味着

$$\sup_{k\geqslant 0}\left|\frac{[J(A^k)](\phi)}{(r(A)+\varepsilon)^{k+1}}\right|<\infty.$$

由于 $B(X)'$ 为 Banach 空间,利用一致有界性原理有

$$C = \sup_{k\geqslant 0}\frac{\|J(A^k)\|}{(r(A)+\varepsilon)^{k+1}}<\infty.$$

由于 $\|J(A^k)\| = \|A^k\|$,所以由上式有
$$\|A^k\| \leqslant C(r(A)+\varepsilon)^{k+1},$$
或等价地,
$$\|A^k\|^{1/k} \leqslant C^{1/k}(r(A)+\varepsilon)^{\frac{k+1}{k}}.$$
因此有
$$\lim_{k\to\infty} \|A^k\|^{1/k} \leqslant r(A)+\varepsilon.$$
再令 $\varepsilon \to 0^+$ 有
$$r = \lim_{k\to\infty} \|A^k\|^{1/k} \leqslant r(A).$$
由于上面已证 $r(A) \leqslant r$,这就证明了 $r(A) = \lim_{k\to\infty}\|A^k\|^{1/k}$. □

下面我们来计算两个有界线性算子的谱半径.

例 5.1.3 设 $A \in B(\mathbb{C}^n)$,则 A 可以视为一个 n 阶方阵. 若 $\lambda \in \mathbb{C}$,则
$$\lambda \in \rho(A) \Leftrightarrow \lambda - A \text{ 为一一映射} \Leftrightarrow \det(\lambda - A) \neq 0.$$
若 $\lambda_1, \lambda_2, \cdots, \lambda_n$ 为 A 的特征多项式 $\det(\lambda - A)$ 的根,则
$$\sigma(A) = \{\lambda_1, \lambda_2, \cdots, \lambda_n\}.$$
因此 $r(A) = \max\limits_{1 \leqslant i \leqslant n} |\lambda_i|$.

例 5.1.4 在连续函数空间 $C[0,1]$ 上定义算子 A:
$$(Ax)(t) = \int_0^t x(s)\mathrm{d}s, \quad x \in C[0,1], \quad t \in [0,1].$$
A 显然有意义且为线性算子,易证 $\|A\| \leqslant 1$.

若 $\lambda \in \mathbb{C}, x \in C[0,1]$ 满足 $Ax = \lambda x$,即
$$\int_0^t x(s)\mathrm{d}s = \lambda x(t), \quad t \in [0,1].$$
若 $\lambda = 0$,则 $\int_0^t x(s)\mathrm{d}s = 0$,因此 $x = 0$. 这说明 $0 \notin \sigma_p(A)$. 若 $\lambda \neq 0$,则由上式知 $x \in C^1[0,1], x(0) = 0$,且 $\lambda x'(t) = x(t)$. 此方程的解为 $x(t) = Ce^{t/\lambda}$,其中 C 为常数. 由 $x(0) = 0$ 知 $C = 0$,因此 $x = 0$. 这意味着 $\lambda \notin \sigma_p(A)$. 这就证明了 $\sigma_p(A) = \emptyset$.

任取 $y \in R(A)$,存在 $x \in C[0,1]$,使得 $y(t) = \int_0^t x(s)\mathrm{d}s$. 因此 $y(0) = 0$. 若 $y \in \overline{R(A)}$,则存在 $y_n \in R(A), \|y - y_n\|_\infty \to 0$. 因此有 $y_n(0) \to y(0)$. 利用 $y_n(0) = 0$ 可得 $y(0) = 0$. 由此可以推知 $\overline{R(A)} \subsetneq C[0,1]$. 事实上,恒为 1 的连续函数不在 $\overline{R(A)}$ 中. 这就证明了 $0 \in \sigma_r(A)$.

若 $x \in C[0,1], n \geqslant 1$,则
$$(A^n x)(t) = \int_0^t \int_0^{t_1} \cdots \int_0^{t_{n-1}} x(s)\mathrm{d}s\mathrm{d}t_{n-1}\cdots\mathrm{d}t_1.$$

因此
$$|(A^n x)(t)| \leqslant \|x\|_\infty \int_0^t \int_0^{t_1} \cdots \int_0^{t_{n-1}} \mathrm{d}s \mathrm{d}t_{n-1} \cdots \mathrm{d}t_1 = \|x\|_\infty \frac{t^n}{n!} \leqslant \frac{\|x\|_\infty}{n!}.$$

所以 $\|A^n\| \leqslant \dfrac{1}{n!}$，从而 $\|A^n\|^{1/n} \leqslant \dfrac{1}{(n!)^{1/n}} \to 0$. 应用上一定理有 $r(A) = 0$. 于是 $\sigma(A)$ 中没有非零元，所以 $\sigma(A) = \sigma_r(A) = \{0\}$.

5.2 紧算子的谱论

紧算子是一类特殊的有界线性算子，它具有许多一般有界线性算子所不具备的性质，它曾是泛函分析早期研究的雏形，其性质与有限维空间上线性算子的某些性质极为相似. 紧算子的谱理论是一套十分完美的理论体系，被称为 Riesz-Schauder 理论. 紧算子及其谱理论在积分方程和微分方程的求解，以及算子理论和算子代数等领域有着重要应用.

分析中遇到的很多算子都是紧算子. 紧算子的理论体系是从形如
$$(T - \lambda)x(s) = y(s), \quad s \in [a, b]$$
的积分方程理论产生出来的，其中
$$(Tx)(s) = \int_a^b k(s, t) x(t) \mathrm{d}t,$$
$\lambda \in \mathbb{C}$ 为常数，二元连续函数 k 称为核函数. 当 $y \in C[a, b]$ 时，我们希望在 $C[a, b]$ 中求解 x. 上面定义的 T 为紧算子. 上述积分方程解的存在性与唯一性就与紧算子 T 的谱结构有着十分直接的联系.

定义 5.2.1 设 X, Y 为赋范空间，$A: X \to Y$ 为线性算子. 称 A 为**紧算子**，如果任取 $\{x_n\}$ 为 X 的有界列，$\{Ax_n\}$ 在 Y 中总有收敛子列. 所有从 X 到 Y 的紧算子之集记为 $K(X, Y)$，若 $X = Y$，则简记其为 $K(X)$.

注 5.2.1

(1) 由定义易证 A 为紧算子当且仅当任取 $x_n \in X, \|x_n\| \leqslant 1, \{Ax_n\}$ 在 Y 中有收敛子列. 因此 A 为紧算子当且仅当 X 的单位闭球 $\bar{B}_X(0, 1)$ 在 A 下的像 $A(\bar{B}_X(0, 1))$ 为 Y 的相对紧集. 由于相对紧集必为有界集，因此紧算子均为有界线性算子，即
$$K(X, Y) \subset B(X, Y).$$

(2) 若存在 $f_1, f_2, \cdots, f_n \in X', y_1, y_2, \cdots, y_n \in Y$，使得
$$Ax = \sum_{k=1}^n f_k(x) y_k, \quad x \in X,$$
则称 A 为**有限秩算子**. 此时总有 $A \in K(X, Y)$. 事实上，若 $\{x_n\}$ 为 X 的有界列，则 $\{Ax_n\}$ 为 $R(A)$ 中的有界列. 由于
$$R(A) \subset \mathrm{span}\{y_1, y_2, \cdots, y_n\},$$

所以 $\dim(R(A)) \leqslant n < \infty$. 由定理 2.3.3, $\{Ax_n\}$ 有收敛子列. 即 A 为紧算子.

(3) 若 $\dim(X) < \infty$,则 $B(X,Y) = K(X,Y)$. 事实上,若 $A \in B(X,Y)$,由定理 2.3.3,此时 X 的单位闭球 $\overline{B}_X(0,1)$ 为紧集. 因此,由定理 1.3.13,$\overline{B}_X(0,1)$ 通过连续映射 A 的像 $A(\overline{B}_X(0,1))$ 还为紧集. 所以 A 为紧算子.

(4) 若 Z 也为赋范空间,$A \in B(X,Y)$,$B \in B(Y,Z)$,且 A,B 中至少一个算子为紧算子,则 $BA \in K(X,Z)$. 事实上,若 $A \in K(X,Y)$,则任取 $\{x_n\}$ 为 X 的有界列,$\{Ax_n\}$ 在 Y 中有收敛子列,设为 $Ax_{n_k} \to y$. 由于 B 为连续映射,$(BA)x_{n_k} \to By$. 这说明 $\{(BA)x_n\}$ 在 Z 中有收敛子列,因此 $BA \in K(X,Z)$. 若 $B \in K(Y,Z)$,任取 $\{x_n\}$ 为 X 的有界列. 则由于 A 为有界线性算子,$\{Ax_n\}$ 为 Y 中的有界列,再利用 B 为紧算子这个假设,列 $\{(BA)x_n\} = \{B(Ax_n)\}$ 必在 Z 中有收敛子列. 因此也有 $BA \in K(X,Z)$.

定理 5.2.1 设 X,Y 为赋范空间. 则

(1) $K(X,Y)$ 为 $B(X,Y)$ 的线性子空间;

(2) 若 Y 为 Banach 空间,则 $K(X,Y)$ 为 $B(X,Y)$ 的闭线性子空间,从而也为 Banach 空间.

证明

(1) 设 $A, B \in K(X,Y)$,$\alpha, \beta \in \mathbb{K}$. 若 $\{x_n\}$ 为 X 的有界列,则由 A 的紧性,存在 $\{Ax_n\}$ 的收敛子列 $\{Ax_{n_k}\}$. 又由假设 B 也为紧算子,$\{x_{n_k}\}$ 为有界列,所以 $\{Bx_{n_k}\}$ 也有收敛子列 $\{Bx_{n_{k_h}}\}$. $\{Ax_{n_{k_h}}\}$ 为收敛列 $\{Ax_{n_k}\}$ 的子列,所以 $\{Ax_{n_{k_h}}\}$ 也收敛. 因此 $\{(\alpha A + \beta B)x_{n_{k_h}}\}$ 收敛列. 这说明 $\alpha A + \beta B \in K(X,Y)$. 所以 $K(X,Y)$ 为 $B(X,Y)$ 的线性子空间.

(2) 设 Y 为 Banach 空间,$A_n \in K(X,Y)$,$A \in B(X,Y)$,且 $\|A_n - A\| \to 0$. 要证明 A 为紧算子,仅需证 $A(\overline{B}_X(0,1))$ 为 Y 的相对紧集. 由于 Y 为 Banach 空间,由定理 1.3.1,仅需证 $A(\overline{B}_X(0,1))$ 为完全有界集.

任取 $\varepsilon > 0$,存在 $N \geqslant 1$,使得 $\|A_N - A\| < \frac{\varepsilon}{3}$. 由 A_N 的紧性,$A_N(\overline{B}_X(0,1))$ 为相对紧集,从而也为完全有界集. 设

$$y_1, y_2, \cdots, y_k \in A_N(\overline{B}_X(0,1))$$

为其 $\frac{\varepsilon}{3}$-网. 则存在 $x_1, x_2, \cdots, x_k \in \overline{B}_X(0,1)$,使得 $y_i = A_N x_i$. 下证

$$Ax_1, Ax_2, \cdots, Ax_k$$

为 $A(\overline{B}_X(0,1))$ 的 ε-网.

任取 $x \in \overline{B}_X(0,1)$,存在 $1 \leqslant i \leqslant k$,使得 $\|A_N x - A_N x_i\| < \frac{\varepsilon}{3}$. 此时有

$$\|Ax - Ax_i\| \leqslant \|Ax - A_N x\| + \|A_N x - A_N x_i\| + \|A_N x_i - Ax_i\|$$

$$\leqslant \|A - A_N\|(\|x\| + \|x_i\|) + \|A_N x - A_N x_i\|$$

$$< \frac{\varepsilon}{3} + \frac{\varepsilon}{3} + \frac{\varepsilon}{3} = \varepsilon.$$

这就证明了 $Ax_1, Ax_2, \cdots, Ax_k$ 为 $A(\bar{B}_X(0,1))$ 的 ε-网. 因此 $A \in K(X,Y)$. □

例 5.2.1 考虑定义在 ℓ^2 上的线性算子
$$A(\{x_n\}) = \left\{\frac{x_n}{n}\right\}, \quad \{x_n\} \in \ell^2.$$

易证 $A \in B(\ell^2)$, 且 $\|A\| = 1$.

若 $m \geq 1$, 考虑 ℓ^2 上的线性算子
$$A_m(\{x_n\}) = \left(x_1, \frac{x_2}{2}, \cdots, \frac{x_m}{m}, 0, 0, \cdots\right), \quad \{x_n\} \in \ell^2.$$

易证 $A_m \in B(\ell^2)$, 且 $\|A_m\| = 1$. 从 A_m 的定义可以看出 A_m 为有限秩算子, 从而 $A_m \in K(\ell^2)$. 显然有 $\|A - A_m\| = \dfrac{1}{m+1} \to 0$. 由上一定理知 $A \in K(\ell^2)$.

定理 5.2.2 设 X, Y 为赋范空间, $A \in K(X,Y)$. 则 $A^* \in K(Y', X')$.

证明 设 $M = \bar{B}_{Y'}(0,1)$ 为 Y' 的单位闭球, $U = \bar{B}_X(0,1)$ 为 X 的单位闭球. 为了证明 A^* 为紧算子, 仅需证 $A^*(M)$ 为 X' 的相对紧集. 由于 X' 为 Banach 空间, 由定理 1.3.1, 仅需证 $A^*(M)$ 为完全有界集.

由假设 $A \in K(X,Y)$, 所以 $A(U)$ 为 Y 的相对紧集, 因此也为完全有界集. 任取 $\varepsilon > 0$, 存在有限个点 $x_1, x_2, \cdots, x_n \in U$, 使得 $Ax_1, Ax_2, \cdots, Ax_n$ 构成 $A(U)$ 的 $\dfrac{\varepsilon}{4}$-网.

考虑从 Y' 到 $\mathbb{K}^n$ 的映射 T:
$$Tg = (g(Ax_1), g(Ax_2), \cdots, g(Ax_n)), \quad g \in Y'.$$

在 $\mathbb{K}^n$ 上赋予范数
$$\|(y_1, y_2, \cdots, y_n)\|_2 = \left(\sum_{k=1}^n |y_k|^2\right)^{1/2}.$$

易见 T 为有界线性算子. 又 T 显然是有限秩算子, 所以 $T \in K(Y', \mathbb{K}^n)$. 因此 $T(M)$ 为 $\mathbb{K}^n$ 中的相对紧集, 于是也是完全有界集. 存在 $g_1, g_2, \cdots, g_m \in M$, 使得
$$Tg_1, Tg_2, \cdots, Tg_m$$

为 $T(M)$ 的 $\dfrac{\varepsilon}{4}$-网. 下证 $A^* g_1, A^* g_2, \cdots, A^* g_m$ 构成了 $A^*(M)$ 的 ε-网.

设 $g \in M$. 存在 $1 \leq j \leq m$, 使得 $\|Tg - Tg_j\|_2 < \dfrac{\varepsilon}{4}$. 此时, 任取 $1 \leq i \leq n$, 成立
$$|g(Ax_i) - g_j(Ax_i)| \leq \|Tg - Tg_j\|_2 < \frac{\varepsilon}{4}.$$

任取 $x \in U, Ax \in A(U)$. 存在 $1 \leq i \leq n$, 使得 $\|Ax - Ax_i\| < \dfrac{\varepsilon}{4}$. 从而有
$$|g(Ax) - g_j(Ax)| \leq |g(Ax) - g(Ax_i)|$$
$$+ |g(Ax_i) - g_j(Ax_i)| + |g_j(Ax_i) - g_j(Ax)|$$

$$\leqslant \|g\| \|Ax - Ax_i\| + \frac{\varepsilon}{4} + \|g_i\| \|Ax_i - Ax\|$$

$$\leqslant \frac{\varepsilon}{4} + \frac{\varepsilon}{4} + \frac{\varepsilon}{4} < \frac{3\varepsilon}{4}.$$

因此

$$\|A^*g - A^*g_j\| = \sup_{x \in U} |(A^*g - A^*g_j)(x)|$$

$$= \sup_{x \in U} |g(Ax) - g_j(Ax)| \leqslant \frac{3\varepsilon}{4} < \varepsilon.$$

这就证明了 $A^*g_1, A^*g_2, \cdots, A^*g_m$ 为 $A^*(M)$ 的 ε-网. 从而 $A^* \in K(Y', X')$. □

为了研究紧算子谱的性质,我们需要建立下述引理.

引理 5.2.1 设 X 为赋范空间, N 为 X 的有限维线性子空间. 则存在 X 的闭线性子空间 M, 使得 $X = M \oplus N$. 即任给 $x \in X$, 存在唯一的 $y \in M, z \in N$, 使得 $x = y + z$.

证明 设 $\{e_1, e_2, \cdots, e_n\}$ 为 N 的 Hamel 基. 任取 $x \in N$, 存在唯一的系数

$$a_1(x), a_2(x), \cdots, a_n(x) \in \mathbb{K},$$

使得

$$x = a_1(x)e_1 + a_2(x)e_2 + \cdots + a_n(x)e_n.$$

显然每个 a_i 都是 N 上的线性泛函. 由于 N 为有限维空间,由定理 2.4.3, $a_i \in N'$. 由 Hahn-Banach 定理,存在 $f_i \in X'$, 使得 $f_i|_N = a_i$. 令

$$M = \bigcap_{i=1}^{n} N(f_i).$$

由于 $f_i \in X'$, 所以每个 $N(f_i)$ 都为 X 的闭线性子空间, 因此 M 也是 X 的闭线性子空间. 下证 $X = M \oplus N$.

若 $x \in X$, 令

$$z = f_1(x)e_1 + f_2(x)e_2 + \cdots + f_n(x)e_n \in N.$$

则任取 $1 \leqslant i \leqslant n$, 有

$$f_i(x - z) = f_i(x) - f_i(z) = 0.$$

因此 $y = x - z \in M$. 我们有 $x = y + z$, 其中 $y \in M, z \in N$. 若 $x \in M \cap N$. 则由于 $x \in N$, 存在 $\alpha_i \in \mathbb{K}$, 使得

$$x = \alpha_1 e_1 + \alpha_2 e_2 + \cdots + \alpha_n e_n.$$

又由于 $x \in M$, 所以任取 $1 \leqslant i \leqslant n$, 有 $f_i(x) = 0$. 而 $f_i(x) = \alpha_i$. 因此 $x = 0$. 这就证明了 $X = M \oplus N$. □

定理 5.2.3 设 X 为复 Banach 空间, $A \in K(X), \lambda \neq 0$. 则 $\dim(N(\lambda - A)) < \infty$, 且 $R(\lambda - A)$ 为 X 的闭线性子空间.

证明 由于 $\lambda - A = \lambda(1 - A/\lambda)$, 且 $A/\lambda \in K(X)$, 因此不妨假设 $\lambda = 1$.

任取 $x_n \in N(1 - A)$, $\|x_n\| \leqslant 1$. 则 $Ax_n = x_n$. 由于 A 为紧算子, 所以 $\{Ax_n\}$ 有收敛子

列,即 $\{x_n\}$ 有收敛子列 $x_{n_k} \to x \in X$. 此时有 $Ax_{n_k} \to Ax$. 因此 $Ax=x$, 即 $x \in N(1-A)$. 我们证明了 $N(1-A)$ 单位闭球中的任意序列均有子列在 $N(1-A)$ 收敛. 由定理 2.3.3, $N(1-A)$ 为有限维线性空间.

为了证明 $R(1-A)$ 为 X 的闭线性子空间,考虑 $N=N(1-A)$. 由已经证明的结论, N 为 X 的有限维线性子空间. 利用上一引理,存在 X 的闭线性子空间 M, 使得 $X=M \oplus N$. 考虑映射

$$B: M \to X$$
$$x \mapsto (1-A)x.$$

若 $x \in M$ 使得 $Bx=0$, 则 $(1-A)x=0$, 因此 $x \in N=N(1-A)$. 从而 $x \in M \cap N$. 所以有 $x=0$. 这就证明了 B 为单射. 又由于任取 $x \in N$, 有 $(1-A)x=0$, 所以 $R(B)=R(1-A)$. 要证 $R(1-A)$ 为 X 的闭线性子空间,仅需证 $R(B)$ 在 X 为闭线性子空间.

下证存在 $a>0$, 使得

$$a\|x\| \leqslant \|Bx\|, \quad x \in M. \tag{5.7}$$

若不然,任取 $n \geqslant 1$, 存在 $x_n \in M$, $\|x_n\|=1$, $\|Bx_n\| < \dfrac{1}{n}$. 此时有 $Bx_n \to 0$, 或等价地, $x_n - Ax_n \to 0$. A 为紧算子, $\{x_n\}$ 为有界列,所以 $\{Ax_n\}$ 有收敛子列 $Ax_{n_k} \to y$. 由于 $Bx_n = x_n - Ax_n \to 0$, 所以 $x_{n_k} \to y$. 由于 M 为闭集, $x_{n_k} \in M$, 所以由定理 1.3.2 知 $y \in M$. 我们有 $By=(1-A)y=0$. 利用 B 为单射可得 $y=0$. 即 $x_{n_k} \to 0$. 但 $\|x_{n_k}\|=1$, 矛盾! 这就证明了式(5.7).

设 $x_n \in M$, 使得 $Bx_n \to y$, 则 $\{Bx_n\}$ 为柯西列. 若 $m, n \geqslant 1$, 利用式(5.7)有

$$a\|x_{n+m} - x_n\| \leqslant \|Bx_{n+m} - Bx_n\|.$$

因此 $\{x_n\}$ 也为柯西列. M 为 X 的闭线性子空间,从而为 Banach 空间. 因此存在 $x \in M$, $x_n \to x$. 此时有 $Bx_n \to Bx$. 由极限的唯一性知 $y=Bx \in R(B)$. 由定理 1.3.2 知 $R(B)$ 是闭集,从而 $R(1-A)$ 为闭集. □

引理 5.2.2 设 X 为复 Banach 空间, $A \in B(X)$, $\lambda_1, \lambda_2, \cdots, \lambda_n \in \sigma_p(A)$ 两两不等, $x_i \in N(\lambda_i - A)$, $x_i \neq 0$. 则 $\{x_1, x_2, \cdots, x_n\}$ 线性无关.

证明 用数学归纳法来证明这个结论. 单点集 $\{x_1\}$ 显然线性无关. 所以当 $n=1$ 时引理结论成立. 假设引理结论在 $n=k$ 时成立,即 $\{x_1, x_2, \cdots, x_k\}$ 为线性无关的,下面来证明

$$\{x_1, x_2, \cdots, x_k, x_{k+1}\}$$

也线性无关. 设 $a_1, a_2, \cdots, a_{k+1} \in \mathbb{K}$, 使得

$$a_1 x_1 + a_2 x_2 + \cdots + a_k x_k + a_{k+1} x_{k+1} = 0. \tag{5.8}$$

上式两边同时用 A 作用有

$$\lambda_1 a_1 x_1 + \lambda_2 a_2 x_2 + \cdots + \lambda_k a_k x_k + \lambda_{k+1} a_{k+1} x_{k+1} = 0. \tag{5.9}$$

将式(5.8)乘以 λ_{k+1} 后再与式(5.9)作差可得

$$(\lambda_{k+1} - \lambda_1) a_1 x_1 + (\lambda_{k+1} - \lambda_2) a_2 x_2 + \cdots + (\lambda_{k+1} - \lambda_k) a_k x_k = 0.$$

由归纳假设, $\{x_1, x_2, \cdots, x_k\}$ 线性无关,因此上式左端线性组合中的系数均为 0. 由于 λ_1,

$\lambda_2, \cdots, \lambda_k$ 两两不等，所以任给 $1 \leqslant i \leqslant k$ 有 $a_i = 0$. 利用式(5.8)可得 $a_{k+1} x_{k+1} = 0$. 由于 $x_{k+1} \neq 0$，所以 $a_{k+1} = 0$. 这就证明了 $\{x_1, x_2, \cdots, x_{k+1}\}$ 为线性无关的. 这说明引理的结论在 $n = k+1$ 时也成立. 因此任取 $n \geqslant 1, \{x_1, x_2, \cdots, x_n\}$ 线性无关. □

定理 5.2.4 设 X 为复 Banach 空间，$A \in K(X)$. 则

(1) $\sigma(A) \setminus \{0\} \subset \sigma_p(A)$；

(2) $\sigma(A)$ 为至多可数集，且 0 为其唯一可能的聚点；

(3) 若 $\dim(X) = \infty$，则 $0 \in \sigma(A)$.

证明

(1) 设 $\lambda \neq 0$. 若 $\lambda \notin \sigma_p(A)$，则 $\lambda - A$ 为单射. 下面证明 $\lambda - A$ 也为满射. 若 $n \geqslant 1$，则存在 $B \in B(X)$，使得 $(\lambda - A)^n = \lambda^n - AB$. 此时 $AB \in K(X)$. 由上一定理 $R((\lambda - A)^n)$ 为 X 的闭线性子空间. 显然有
$$R((\lambda - A)^{n+1}) \subset R((\lambda - A)^n).$$
假设 $\lambda - A$ 不为满射，所以 $R(\lambda - A) \subsetneq X$. 又由于 $\lambda - A$ 为单射，所以
$$R((\lambda - A)^2) \subsetneq (\lambda - A)(X) = R(\lambda - A).$$
进一步地，任取 $n \geqslant 1$，都有
$$R((\lambda - A)^{n+1}) \subsetneq R((\lambda - A)^n).$$
利用引理 2.3.2 可以找到 $y_n \in R((\lambda - A)^n), \|y_n\| = 1$，使得
$$\rho(y_n, R((\lambda - A)^{n+1})) \geqslant \frac{1}{2}. \tag{5.10}$$
若 $m > n$，则易见 $(\lambda - A) y_n - (\lambda - A) y_m + \lambda y_m \in R((\lambda - A)^{n+1})$. 因此利用式(5.10)有
$$\|A y_n - A y_m\| = \|\lambda y_n - ((\lambda - A) y_n - (\lambda - A) y_m + \lambda y_m)\|$$
$$= |\lambda| \cdot \|y_n - \frac{1}{\lambda}((\lambda - A) y_n - (\lambda - A) y_m + \lambda y_m)\| \geqslant \frac{|\lambda|}{2}.$$
这与 A 的紧性矛盾！故 $\lambda - A$ 为满射，因此为一一映射. 即 $\lambda \in \rho(A)$. 这样证明了若 $\lambda \notin \sigma_p(A) \setminus \{0\}$，则 $\lambda \notin \sigma(A)$，或等价地，$\sigma(A) \setminus \{0\} \subset \sigma_p(A)$.

(2) 设 $t > 0$，下面证明
$$\{\lambda : \lambda \in \sigma(A), |\lambda| \geqslant t\}$$
为有限集. 若不然，存在两两不等的一列元 $\lambda_n \in \sigma(A), |\lambda_n| \geqslant t$. 由已经证明的第一个结论，$\lambda_n \in \sigma_p(A)$. 设 $x_n \in X, x_n \neq 0, A x_n = \lambda_n x_n$. 则任取 $n \geqslant 1$，由引理 5.2.2 知 $\{x_1, x_2, \cdots, x_n\}$ 线性无关.

令 $M_n = \text{span}\{x_1, x_2, \cdots, x_n\}$. 则 $\dim(M_n) = n < \infty$. 因此由定理 2.3.1, M_n 为 X 的闭线性子空间. 显然有 $M_n \subsetneq M_{n+1}$. 利用引理 2.3.2, 存在 $y_n \in M_n, \|y_n\| = 1$, 且
$$\rho(y_n, M_{n-1}) \geqslant \frac{1}{2}. \tag{5.11}$$
若 $y_n = a_1 x_1 + a_2 x_2 + \cdots + a_n x_n$, 则

$$(\lambda_n - A)y_n = a_1(\lambda_n - \lambda_1)x_1 + a_2(\lambda_n - \lambda_2)x_2$$
$$+ \cdots + a_n(\lambda_n - \lambda_{n-1})x_{n-1} \in M_{n-1}. \tag{5.12}$$

设 $m > n$,则利用式(5.11)及式(5.12)有
$$\|Ay_m - Ay_n\| = \|\lambda_m y_m - ((\lambda_m - A)y_m + Ay_n)\|$$
$$= |\lambda_m| \left\| y_m - \frac{1}{\lambda_m}((\lambda_m - A)y_m + Ay_n) \right\| \geq \frac{t}{2}.$$

在上式中我们用到了 $A(M_n) \subset M_n$ 这个事实. 上式显然与 A 的紧性矛盾. 这样就证明了任取 $t > 0$,
$$\{\lambda: \lambda \in \sigma(A), |\lambda| \geq t\}$$
为有限集. 所以 0 是 $\sigma(A)$ 唯一可能的聚点. 又
$$\sigma(A) \setminus \{0\} = \bigcup_{n=1}^{\infty} \left\{ \lambda: \lambda \in \sigma(A), |\lambda| \geq \frac{1}{n} \right\}.$$
所以 $\sigma(A)$ 为至多可数集.

(3) 若 $\dim(X) = \infty$,假设 $0 \in \rho(A)$. 则 A 为一一映射,且 $A^{-1} \in B(X)$. 由于紧算子与有界线性算子的复合算子仍为紧算子,利用 $A \in K(X)$,则有 $I_X = AA^{-1} \in K(X)$. 这意味着 X 的任意有界列都有收敛子列,因此 X 的单位闭球为紧集,利用定理 2.3.3 可得 $\dim(X) < \infty$,矛盾!因此 $0 \in \sigma(A)$. □

定义 5.2.2 设 X 为赋范空间.
(1) 若 $M \subset X$,令 $^\perp M = \{f \in X': f|_M = 0\}$.
(2) 若 $N \subset X'$,令 $N^\perp = \{x \in X: \forall f \in N, f(x) = 0\}$.

容易验证 $^\perp M$ 为 X' 的闭线性子空间,$N^\perp$ 为 X 的闭线性子空间.

定理 5.2.5 设 X 为复 Banach 空间,$A \in K(X)$,$\lambda \neq 0$. 则
(1) $R(\lambda - A) = N(\lambda - A^*)^\perp$;
(2) $R(\lambda - A^*) = {}^\perp N(\lambda - A)$.

证明

(1) 设 $y \in R(\lambda - A)$,则存在 $x \in X$,$(\lambda - A)x = y$. 设 $f \in N(\lambda - A^*)$,即 $(\lambda - A^*)f = 0$. 则
$$f(y) = f((\lambda - A)x) = [(\lambda - A)^* f](x) = [(\lambda - A^*)f](x) = 0.$$
因此 $y \in N(\lambda - A^*)^\perp$. 从而 $R(\lambda - A) \subset N(\lambda - A^*)^\perp$.

反之,设 $y \in N(\lambda - A^*)^\perp$,假设 $y \notin R(\lambda - A)$. 由定理 5.2.3 知 $R(\lambda - A)$ 为 X 的闭线性子空间. 利用定理 4.1.7,存在 $f \in X'$,使得 $f|_{R(\lambda - A)} = 0$,$f(y) \neq 0$. 任取 $x \in X$,$f((\lambda - A)x) = 0$,或等价地,$[(\lambda - A)^* f](x) = 0$. 由 x 的任意性有 $(\lambda - A^*)f = 0$,即 $f \in N(\lambda - A^*)$. 由假设 $y \in N(\lambda - A^*)^\perp$. 所以应有 $f(y) = 0$,矛盾!因此有 $y \in R(\lambda - A)$. 我们证明了 $N(\lambda - A^*)^\perp \subset R(\lambda - A)$. 因此 $R(\lambda - A) = N(\lambda - A^*)^\perp$.

(2) 设 $f \in R(\lambda-A^*)$. 则存在 $g \in X', (\lambda-A^*)g=f$. 设 $x \in N(\lambda-A)$, 则
$$f(x) = [(\lambda-A^*)g](x) = g((\lambda-A)x) = 0.$$
因此 $y \in {}^\perp N(\lambda-A)$. 从而有 $R(\lambda-A^*) \subset {}^\perp N(\lambda-A)$.

反之, 设 $f \in {}^\perp N(\lambda-A)$. 令 $M=N(\lambda-A)$, 由定理 5.2.3, M 为 X 的闭线性子空间. 考虑有界线性算子 $\lambda-A: X \to X$ 的商映射
$$\phi = \lambda \simeq A: X/M \to R(\lambda-A),$$
即每取 $x \in X$, 定义 $\phi(\tilde{x})=(\lambda-A)(x)$. 可证 $\phi(\tilde{x})$ 的定义与 x 的选取无关. $\phi \in B(X/M, R(\lambda-A))$, 且 ϕ 为一一映射. 由于 $X/M, R(\lambda-A)$ 均为 Banach 空间, 利用开映射定理有 $\phi^{-1} \in B(R(\lambda-A), X/M)$.

先在 $R(\lambda-A)$ 上定义一个线性泛函 g: 若 $y \in R(\lambda-A)$, 则 $\phi^{-1}y \in X/M$, 再在 $\phi^{-1}y$ 所代表的等价类里任取一个点 x, 令 $g(y)=f(x)$. 下面首先证明 $g(y)$ 的定义与 x 的选取无关. 事实上, 若 x' 也在 $\phi^{-1}y$ 所代表的等价类里, 则 $x-x' \in M = N(\lambda-A)$, 又由假设 $f \in {}^\perp N(\lambda-A)$, 因此 $f(x-x')=0$, 或等价地, $f(x)=f(x')$.

由 g 的定义, 有
$$|g(y)| = |f(x)| \leqslant \|f\| \|x\|.$$
由商范数的定义有
$$|g(y)| \leqslant \|f\| \|\tilde{x}\|.$$
而 $\tilde{x}=\phi^{-1}y$, 所以 $|g(y)| \leqslant \|f\| \|\phi^{-1}\| \|y\|$. 这说明 $g \in R(\lambda-A)'$.

由 Hahn-Banach 定理, 存在 $g_0 \in X'$, 使得 $g_0|_{R(\lambda-A)}=g$. 下面证明
$$(\lambda-A^*)g_0 = f.$$
为此设 $x \in X$, 则
$$[(\lambda-A^*)g_0](x) = g_0((\lambda-A)x) = g((\lambda-A)x) = f(x).$$
即 $(\lambda-A^*)g_0=f$. 因此 $f \in R(\lambda-A^*)$. 从而 ${}^\perp N(\lambda-A) \subset R(\lambda-A^*)$. 综合以上证明有
$$R(\lambda-A^*) = {}^\perp N(\lambda-A). \qquad \Box$$

引理 5.2.3 设 X 为赋范空间.

(1) 若 $e_1, e_2, \cdots, e_n$ 为 X 中线性无关的元, 则存在 $\phi_1, \phi_2, \cdots, \phi_n \in X'$, 使得任给 $1 \leqslant i, j \leqslant n, \phi_i(e_j)=\delta_{ij}$.

(2) 若 $f_1, f_2, \cdots, f_n$ 为 X' 中线性无关的元, 则存在 $x_1, x_2, \cdots, x_n \in X$, 使得任给 $1 \leqslant i, j \leqslant n, f_i(x_j)=\delta_{ij}$.

证明

(1) 考虑 $M=\text{span}\{e_1, e_2, \cdots, e_n\}$. 由于 $\{e_1, e_2, \cdots, e_n\}$ 线性无关, 所以任取 $x \in M$, 存在唯一的系数 $a_1(x), a_2(x), \cdots, a_n(x) \in \mathbb{K}$, 使得
$$x = a_1(x)e_1 + a_2(x)e_2 + \cdots + a_n(x)e_n.$$
若 $1 \leqslant i \leqslant n, a_i$ 显然是 M 上的线性泛函, 由于 $\dim(M)=n<\infty$, 利用定理 2.4.3, $a_i \in M'$. 由

Hahn-Banach 定理,存在 $\phi_i \in X'$,满足 $\phi_i|_M = a_i$. 若 $1 \leqslant j \leqslant n$,则有 $\phi_i(e_j) = a_i(e_j) = \delta_{ij}$.

(2) 用数学归纳法来证明这个结论. 当 $n=1$ 时,$f_1 \neq 0$,所以存在 $x_1 \in X$ 满足 $f_1(x_1) = 1$. 假设要证命题对 $n=k$ 成立. $f_1, f_2, \cdots, f_{k+1}$ 为 X' 中线性无关元,由归纳假设存在 $x_1, x_2, \cdots, x_k \in X$,使得任给 $1 \leqslant i, j \leqslant k, f_i(x_j) = \delta_{ij}$.

考虑 $M = \bigcap_{i=1}^{k} N(f_i)$. 下证存在 $x \in M$,使得 $f_{k+1}(x) \neq 0$. 若不然,任取 $x \in M$,均有 $f_{k+1}(x) = 0$. 若 $x \in X$,考虑

$$y = x - \sum_{i=1}^{k} f_i(x) x_i.$$

易证任取 $1 \leqslant i \leqslant k$,有 $f_i(y) = 0$,即 $y \in M$. 因此 $f_{k+1}(y) = 0$,或等价地,有

$$f_{k+1}(x) = \sum_{i=1}^{k} f_i(x) f_{k+1}(x_i) = \Big(\sum_{i=1}^{k} f_{k+1}(x_i) f_i\Big)(x).$$

这说明

$$f_{k+1} = \sum_{i=1}^{k} f_{k+1}(x_i) f_i.$$

这与 $\{f_1, f_2, \cdots, f_{k+1}\}$ 线性无关这个假设矛盾. 因此存在 $x_{k+1} \in M$,使得 $f_{k+1}(x_{k+1}) = 1$.

对于 $1 \leqslant i \leqslant k$,令 $x_i' = x_i - f_{k+1}(x_i) x_{k+1}$. 则

$$f_{k+1}(x_i') = f_{k+1}(x_i) - f_{k+1}(x_i) f_{k+1}(x_{k+1}) = 0.$$

若 $1 \leqslant j \leqslant k$,则有

$$f_j(x_i') = f_j(x_i) - f_{k+1}(x_i) f_j(x_{k+1}) = f_j(x_i) = \delta_{ij}.$$

我们证明了 $x_1', x_2', \cdots, x_k', x_{k+1}$ 满足引理要求,即要证结论在 $n=k+1$ 时也成立. 于是对所有 $n \geqslant 1$,要证结论都成立. □

定理 5.2.6 设 X 为复 Banach 空间,$A \in K(X), \lambda \neq 0$. 则

(1) $\sigma(A) = \sigma(A^*)$;

(2) 若 $\lambda \in \sigma_p(A), \mu \in \sigma(A^*), \lambda \neq \mu, x \in N(\lambda - A), f \in N(\lambda - A^*)$,则 $f(x) = 0$;

(3) $\dim(N(\lambda - A)) = \dim(N(\lambda - A^*))$.

证明

(1) 由定理 5.2.2,$A^* \in K(X')$. 若 $\dim(X) < \infty$,则 $\dim(X') = \dim(X) < \infty$. 若 $\lambda \in \rho(A)$,则 $\lambda - A$ 为单射,即 $N(\lambda - A) = \{0\}$. 由定理 5.2.5 知

$$R(\lambda - A^*) = {}^\perp N(\lambda - A) = X',$$

即 $\lambda - A^*$ 为满射. 由于 X' 为有限维空间,这意味着 $\lambda - A^*$ 为一一映射,所以 $\lambda \in \rho(A^*)$. 反之,若 $\lambda \in \rho(A^*)$,则 $\lambda - A^*$ 为一一映射,特别地,$\lambda - A^*$ 为满射. 由定理 5.2.5 知 ${}^\perp N(\lambda - A) = X'$,由 Hahn-Banach 定理易得 $N(\lambda - A) = \{0\}$. 即 $\lambda - A$ 为单射,由于 $\dim(X) < \infty$,所以 $\lambda - A$ 为一一映射,即 $\lambda \in \rho(A)$. 我们证明了 $\rho(A) = \rho(A^*)$,因此有 $\sigma(A) = \sigma(A^*)$.

下设 $\dim(X) = \infty$. 此时 $\dim(X') = \infty$,由于 $A \in K(X), A^* \in K(X')$,利用定理 5.2.4

有 $0\in\sigma(A),0\in\sigma(A^*)$. 下设 $\lambda\neq 0$.

若 $\lambda\in\rho(A)$,则 $\lambda-A$ 为满射,即 $R(\lambda-A)=X$. 由定理 5.2.5,有 $N(\lambda-A^*)^\perp=X$,此时易得 $N(\lambda-A^*)=\{0\}$. 即 $\lambda-A^*$ 为单射,从而 $\lambda\notin\sigma_p(A^*)$,利用定理 5.2.4 有 $\lambda\in\rho(A^*)$.

反之,若 $\lambda\in\rho(A^*)$,则 $R(\lambda-A^*)=X'$. 由定理 5.2.5,$^\perp N(\lambda-A)=X'$,由 Hahn-Banach 定理易得 $N(\lambda-A)=\{0\}$. 即 $\lambda-A$ 为单射,由于 $A\in K(X)$,利用定理 5.2.4 有 $\lambda\in\rho(A)$.

我们证明了 $\rho(A)=\rho(A^*)$,因此有 $\sigma(A)=\sigma(A^*)$.

(2) 由于 $Ax=\lambda x, A^*f=\mu f$,所以
$$\lambda f(x)=f(Ax)=[A^*(f)](x)=(\mu f)(x)=\mu f(x).$$
由于 $\lambda\neq\mu$,故有 $f(x)=0$.

(3) 由于 A,A^* 均为紧算子,所以由定理 5.2.3 知
$$\dim(N(\lambda-A))<\infty,\dim(N(\lambda-A^*))<\infty.$$
记 $\dim(X)=n,\dim(X')=n^*$. 我们首先证明 $n^*\leqslant n$. 若 $n^*=0$,则显然有 $n^*\leqslant n$. 若 $n=0$,则 $\lambda-A$ 为单射,又由于 $\lambda\neq 0$,所以应用定理 5.2.4 知 $\lambda\in\rho(A)$. 由已经证明的结论有 $\rho(A)=\rho(A^*)$,所以 $\lambda\in\rho(A^*)$,从而 $\lambda-A^*$ 为单射,或等价地,$n^*=0$. 此时 $n^*\leqslant n$ 也成立. 下设 $n\geqslant 1, n^*\geqslant 1$.

假设 $n<n^*$. 设 $\{x_1,x_2,\cdots,x_n\}$ 为 $N(\lambda-A)$ 的 Hamel 基,由上一引理,存在 $g_1,g_2,\cdots,g_n\in X'$,满足
$$g_i(x_j)=\delta_{ij},\quad 1\leqslant i,j\leqslant n. \tag{5.13}$$
设 $\{f_1,f_2,\cdots,f_{n^*}\}$ 为 $N(\lambda-A^*)$ 的 Hamel 基,应用上一引理,存在 $y_1,y_2,\cdots,y_{n^*}\in X$,使得
$$f_i(y_j)=\delta_{ij},\quad 1\leqslant i,j\leqslant n^*. \tag{5.14}$$
考虑
$$F(x)=\sum_{i=1}^n g_i(x)y_i,\quad x\in X.$$
则易证 $F\in B(X)$. F 显然是有限秩算子,所以 $F\in K(X)$. 因此 $B=A+F\in K(X)$. 下证 $\lambda-B$ 为满射.

若 $x\in N(\lambda-B)$,则
$$(\lambda-A)x=F(x)=\sum_{i=1}^n g_i(x)y_i. \tag{5.15}$$
设 $1\leqslant i\leqslant n$,由于 $f_i\in N(\lambda-A^*)$,所以 $(\lambda-A^*)f=0$. 因此
$$f_i((\lambda-A)x)=[(\lambda-A^*)f](x)=0.$$
式(5.15)两边同时用 f_i 作用,再利用式(5.14)有
$$0=f_i\Big(\sum_{j=1}^n g_j(x)y_j\Big)=g_i(x).$$

因此 $F(x)=0$. 这说明 $(\lambda-A)x=0$, 即 $x \in N(\lambda-A)$. 存在 $a_1,a_2,\cdots,a_n \in \mathbb{C}$, 使得
$$x = a_1 x_1 + a_2 x_2 + \cdots + a_n x_n.$$
若 $1 \leqslant j \leqslant n$, 上式两边同时用 g_j 作用, 再利用式 (5.13) 有
$$0 = g_j(x) = g_j\Big(\sum_{i=1}^n a_i x_i\Big) = a_j.$$
因此 $x=0$. 我们证明了 $N(\lambda-B)=\{0\}$, 即 $\lambda-B$ 为单射. 由于 $\lambda \neq 0, B \in K(X)$, 应用定理 5.2.4 有 $\lambda \in \rho(B)$, 从而 $\lambda-B$ 为满射.

由假设 $n<n^*$ 有 $n+1 \leqslant n^*$. 由于 $\lambda-B$ 为满射, 存在 $x \in X, (\lambda-B)x = y_{n+1}$, 利用式 (5.14) 有
$$\begin{aligned}
1 &= f_{n+1}(y_{n+1}) = f_{n+1}((\lambda-B)x) \\
&= f_{n+1}[(\lambda-A)x] - f_{n+1}(F(x)) \\
&= [(\lambda-A^*)f_{n+1}](x) - \sum_{i=1}^n g_i(x) f_{n+1}(y_i) = 0.
\end{aligned}$$
矛盾! 这样就证明了 $n^* \leqslant n$.

通过从 X 到 X'' 的典范映射, X 可以视为 X'' 的子空间. 在这种意义下 $(\lambda-A)^{**}$ 可以视为 $\lambda-A$ 的延拓. 于是由已经证明的结论, 可以推出
$$\dim(N(\lambda-A)) \leqslant \dim(N(\lambda-A)^{**}) \leqslant \dim(N((\lambda-A)^*))$$
$$= \dim(N(\lambda-A^*)) \leqslant \dim(N(\lambda-A)).$$
因此有 $\dim(N(\lambda-A)) = \dim(N(\lambda-A^*))$. $\square$

5.3 自伴算子的谱论

在本节里将研究 Hilbert 空间上有界自伴算子及其谱理论. 由于有界自伴算子在应用中特别重要, 因此其谱理论也得到了高度发展, 关于自伴算子的谱理论也是一套十分完美的理论体系.

设 H 为 Hilbert 空间, $A \in B(H)$ 称为**自伴算子**, 如果 $A=A^*$, 即
$$\langle Ax, y \rangle = \langle x, Ay \rangle, \quad x,y \in H.$$

最简单的自伴算子是正交投影. 设 M 为 H 的闭子空间, 则从 H 到 M 的正交投影 P_M 为自伴算子. 事实上, 任取 $x,y \in H$, 则有
$$x = P_M x + P_{M^\perp} x, \quad y = P_M y + P_{M^\perp} y,$$
因此
$$\langle P_M x, y \rangle = \langle P_M x, P_M y + P_{M^\perp} y \rangle = \langle P_M x, P_M y \rangle$$
$$= \langle P_M x + P_{M^\perp} x, y \rangle = \langle x, P_M y \rangle,$$
即 P_M 为自伴算子. 我们首先给出自伴算子的一个刻画.

定理 5.3.1 设 H 为复 Hilbert 空间，$A \in B(H)$. 则 A 为自伴算子当且仅当任取 $x \in X, \langle Ax, x \rangle \in \mathbb{R}$.

证明 若 A 为自伴算子，则 $\langle Ax, x \rangle = \langle x, Ax \rangle$. 但 $\langle x, Ax \rangle = \overline{\langle Ax, x \rangle}$. 因此 $\langle Ax, x \rangle = \overline{\langle Ax, x \rangle}$. 即 $\langle Ax, x \rangle \in \mathbb{R}$.

反之，假设任取 $x \in X, \langle Ax, x \rangle \in \mathbb{R}$. 利用内积关于第一个变量为线性的，关于第二个变量为共轭线性的这两条性质，容易验证

$$4\langle Ax, y \rangle = \langle A(x+y), x+y \rangle - \langle A(x-y), x-y \rangle$$
$$+ \mathrm{i}(\langle A(x+\mathrm{i}y), x+\mathrm{i}y \rangle - \langle A(x-\mathrm{i}y), x-\mathrm{i}y \rangle).$$

而 $x+\mathrm{i}y = \mathrm{i}(y-\mathrm{i}x), x-\mathrm{i}y = -\mathrm{i}(y+\mathrm{i}x)$，所以

$$4\langle Ax, y \rangle = \langle A(y+x), y+x \rangle - \langle A(y-x), y-x \rangle$$
$$+ \mathrm{i}(\langle A(y-\mathrm{i}x), y-\mathrm{i}x \rangle - \langle A(y+\mathrm{i}x), y+\mathrm{i}x \rangle)$$
$$= \langle A(y+x), y+x \rangle - \langle A(y-x), y-x \rangle$$
$$- \mathrm{i}(\langle A(y+\mathrm{i}x), y+\mathrm{i}x \rangle - \langle A(y-\mathrm{i}x), y-\mathrm{i}x \rangle)$$
$$= 4\overline{\langle Ay, x \rangle} = 4\langle x, Ay \rangle.$$

在上式最后一行，用到了 $\langle Ax, x \rangle \in \mathbb{R}$ 这个假设. 因此 A 为自伴算子. □

定理 5.3.2 设 H 为复 Hilbert 空间，$A \in B(H)$. 则

$$\sigma(A^*) = \{\bar{\lambda} : \lambda \in \sigma(A)\}.$$

证明 若 $\lambda \in \rho(A)$，则 $\lambda - A$ 为一一映射，且

$$(\lambda - A)R(\lambda, A) = R(\lambda, A)(\lambda - A) = I_H.$$

上式两边取伴随运算，应用定理 3.4.3 有

$$R(\lambda, A)^* (\bar{\lambda} - A^*) = (\bar{\lambda} - A^*)R(\lambda, A)^* = I_H.$$

因此 $\bar{\lambda} - A^*$ 也为一一映射，即 $\bar{\lambda} \in \rho(A^*)$. 这说明 $\{\bar{\lambda} : \lambda \in \rho(A)\} \subset \rho(A^*)$. 由于 $A^{**} = A$，将已证结论应用于 A^*，则有 $\{\bar{\lambda} : \lambda \in \rho(A^*)\} \subset \rho(A^{**}) = \rho(A)$. 因此 $\{\bar{\lambda} : \lambda \in \rho(A)\} = \rho(A^*)$. 从而 $\sigma(A^*) = \{\bar{\lambda} : \lambda \in \sigma(A)\}$. □

定理 5.3.3 设 H 为复 Hilbert 空间，$A \in B(H)$ 为自伴算子. 则

$$\|A\| = \sup_{\|x\|=1} |\langle Ax, x \rangle|.$$

证明 设 $r = \sup_{\|x\|=1} |\langle Ax, x \rangle|$. 若 $x \in H, \|x\| = 1$，则

$$|\langle Ax, x \rangle| \leqslant \|A\| \|x\|^2 = \|A\|.$$

因此 $r \leqslant \|A\|$.

若 $x \in H, x \neq 0$，则

$$\left| \left\langle A\left(\frac{x}{\|x\|}\right), \frac{x}{\|x\|} \right\rangle \right| \leqslant r.$$

于是

$$|\langle Ax,x\rangle|\leqslant r\|x\|^2. \tag{5.16}$$

上式当 $x=0$ 时显然也成立. 任取 $x,y\in H$,有
$$4\mathrm{Re}\langle Ax,y\rangle=\langle A(x+y),x+y\rangle-\langle A(x-y),x-y\rangle.$$
所以由平行四边形等式(3.5)和式(5.16),得到
$$|\mathrm{Re}\langle Ax,y\rangle|\leqslant\frac{r}{4}(\|x+y\|^2+\|x-y\|^2)=\frac{r}{2}(\|x\|^2+\|y\|^2).$$
存在 $\theta\in[0,2\pi]$,使得 $|\langle Ax,y\rangle|=\mathrm{e}^{\mathrm{i}\theta}\langle Ax,y\rangle$,因此
$$|\langle Ax,y\rangle|=\mathrm{e}^{\mathrm{i}\theta}\langle Ax,y\rangle=\langle A(\mathrm{e}^{\mathrm{i}\theta}x),y\rangle=\mathrm{Re}\langle A(\mathrm{e}^{\mathrm{i}\theta}x),y\rangle$$
$$\leqslant\frac{r}{2}(\|\mathrm{e}^{\mathrm{i}\theta}x\|^2+\|y\|^2)=\frac{r}{2}(\|x\|^2+\|y\|^2).$$

在上式的第二行里用到了 $\langle A(\mathrm{e}^{\mathrm{i}\theta}x),y\rangle\geqslant 0$ 这个事实. 若 $Ax\neq 0$,在上式中取 $y=\dfrac{\|x\|}{\|Ax\|}Ax$ 可得 $\|Ax\|\leqslant r\|x\|$. 此式当 $Ax=0$ 时显然也成立. 因此有 $\|A\|\leqslant r$. 这样就证明了 $\|A\|=\sup\limits_{\|x\|=1}|\langle Ax,x\rangle|$. □

定理 5.3.4 设 H 为复 Hilbert 空间,$A\in B(H)$ 为自伴算子. 则

(1) $\sigma(A)\subset\mathbb{R}$;

(2) 任取 $\lambda,\mu\in\sigma_p(A),\lambda\neq\mu$,必有 $N(\lambda-A)\perp N(\mu-A)$;

(3) $\sigma_r(A)=\varnothing$.

证明

(1) 设 $\lambda\in\mathbb{C},x\in H$,则利用 A 为自伴算子这个假设有
$$\langle(\lambda-A)x,x\rangle-\langle x,(\lambda-A)x\rangle=\lambda\|x\|^2-\langle Ax,x\rangle-\bar{\lambda}\|x\|^2+\langle x,Ax\rangle$$
$$=2\mathrm{Im}(\lambda)\|x\|^2. \tag{5.17}$$
应用 Cauchy-Schwarz 不等式有
$$2|\mathrm{Im}(\lambda)|\|x\|^2\leqslant 2|\langle(\lambda-A)x,x\rangle|\leqslant 2\|(\lambda-A)x\|\|x\|. \tag{5.18}$$
因此
$$|\mathrm{Im}(\lambda)|\|x\|\leqslant\|(\lambda-A)x\|. \tag{5.19}$$
假设 $\mathrm{Im}(\lambda)\neq 0$,由上式易见 $\lambda-A$ 为单射. 下证 $\lambda-A$ 还为满射,即有 $R(\lambda-A)=H$.

首先证明 $\overline{R(\lambda-A)}=H$. 若不然,$\overline{R(\lambda-A)}\subsetneq H$,由定理 3.2.3,存在 $x\in H,x\neq 0$,$x\perp\overline{R(\lambda-A)}$. 特别地,有 $\langle(\lambda-A)x,x\rangle=0$. 应用式(5.18)可得 $x=0$. 矛盾!因此有 $\overline{R(\lambda-A)}=H$.

再证 $R(\lambda-A)$ 为闭集. 为此设 $y_n\in R(\lambda-A)$,$y_n\to y\in H$. 存在 $x_n\in H,R(\lambda-A)x_n=y_n$. 因此 $\{(\lambda-A)x_n\}$ 为柯西列. 由式(5.19),得到
$$|\mathrm{Im}(\lambda)|\|x_m-x_n\|\leqslant\|(\lambda-A)x_m-(\lambda-A)x_n\|,$$
因此 $\{x_n\}$ 也为柯西列. 设 $x_n\to x\in H$,则 $(\lambda-A)x_n\to(\lambda-A)x$. 由极限的唯一性知 $y=(\lambda-A)x\in R(\lambda-A)$. 利用定理 1.3.2 可得 $R(\lambda-A)$ 为闭集. 因此

$$R(\lambda - A) = \overline{R(\lambda - A)} = H,$$

即 $\lambda - A$ 为满射,从而为一一映射. 于是 $\lambda \in \rho(A)$. 我们证明了 $\mathbb{C} \setminus \mathbb{R} \subset \rho(A)$, 这说明 $\sigma(A) \subset \mathbb{R}$.

(2) 利用已经证明的第一个结论, $\lambda, \mu \in \mathbb{R}$. 设 $x \in N(\lambda - A), y \in N(\mu, A)$, 则 $Ax = \lambda x$, $Ay = \mu y$. 由于 A 为自伴算子,得到

$$\lambda \langle x, y \rangle = \langle Ax, y \rangle = \langle x, Ay \rangle = \langle x, \mu y \rangle = \mu \langle x, y \rangle.$$

利用假设 $\lambda \neq \mu$ 可得 $\langle x, y \rangle = 0$, 即 $x \perp y$. 因此 $N(\lambda - A) \perp N(\mu - A)$.

(3) 若 $\sigma_r(A) \neq \varnothing$, 取定 $\lambda \in \sigma_r(A)$, 由已经证明的第一个结论, $\lambda \in \mathbb{R}$. 由剩余谱的定义, $\overline{R(\lambda - A)} \subsetneq H$. 应用定理 3.2.3 有 $\overline{R(\lambda - A)}^\perp \neq \{0\}$. 若 $x \in \overline{R(\lambda - A)}^\perp$, 则任取 $y \in H$, 利用 A 的自伴性有 $0 = \langle (\lambda - A)y, x \rangle = \langle y, (\lambda - A)x \rangle$. 利用 $y \in H$ 的任意性,有 $(\lambda - A)x = 0$, 即 $x \in N(\lambda - A)$. 因此 $\overline{R(\lambda - A)}^\perp \subset N(\lambda - A)$. 特别地, $N(\lambda - A) \neq \{0\}$. 这说明 $\lambda \in \sigma_p(A)$, 矛盾! 因此必有 $\sigma_r(A) = \varnothing$. □

定义 5.3.1 设 H 为复 Hilbert 空间, $A \in B(H)$. 定义

$$\omega(A) = \{\langle Ax, x \rangle : x \in H, \|x\| = 1\}$$

为 A 的**数值值域**. $R(A) = \sup\limits_{\mu \in \omega(A)} |\mu|$ 称为 A 的**数值半径**.

定理 5.3.5 设 H 为复 Hilbert 空间, $A \in B(H)$ 为自伴算子,则

(1) $\sigma(A) \subset \overline{\omega(A)}, \omega(A) \subset \mathbb{R}$;

(2) $R(A) = \|A\|$.

证明

(1) 由于 A 为自伴算子,应用定理 5.3.1 可得 $\omega(A) \subset \mathbb{R}$.

若 $\lambda \notin \overline{\omega(A)}$, 则 $d = \rho(\lambda, \overline{\omega(A)}) > 0$. 若 $x \in H, x \neq 0$, 则

$$d \leqslant \left| \lambda - \left\langle A\left(\frac{x}{\|x\|}\right), \frac{x}{\|x\|} \right\rangle \right|.$$

因此

$$d \|x\|^2 \leqslant |\lambda \langle x, x \rangle - \langle Ax, x \rangle| = |\langle (\lambda - A)x, x \rangle| \leqslant \|(\lambda - A)x\| \|x\|.$$

因此

$$d \|x\| \leqslant \|(\lambda - A)x\|.$$

应用与上一定理证明类似的方法可证 $\lambda - A$ 为一一映射, 因此 $\lambda \in \rho(A)$. 于是 $\sigma(A) \subset \overline{\omega(A)}$.

(2) 直接应用定理 5.3.3 就可以得到 $R(A) = \|A\|$. □

定理 5.3.6 设 H 为复 Hilbert 空间, $A \in B(H)$ 为自伴算子. 令

$$m_A = \inf_{\lambda \in \omega(A)} \lambda, \quad M_A = \sup_{\lambda \in \omega(A)} \lambda.$$

则 $\sigma(A) \subset [m_A, M_A]$, 且 $m_A, M_A \in \sigma(A)$.

证明 由于 A 为自伴算子,所以由定理 5.3.1, $\langle Ax, x \rangle \in \mathbb{R}$. 因此 $\omega(A) \subset \mathbb{R}$, 于是 $\omega(A) \subset [m_A, M_A]$. 由上一定理, $\sigma(A) \subset \overline{\omega(A)}$, 故 $\sigma(A) \subset [m_A, M_A]$.

为了证明 $M_A \in \sigma(A)$, 考虑 $B = M_A - A$. 任取 $x \in H$, 有
$$\langle Bx, x \rangle = M_A \langle x, x \rangle - \langle Ax, x \rangle \geqslant 0.$$
若 $t \in \mathbb{R}$, 则
$$\langle B(tBx + x), tBx + x \rangle \geqslant 0.$$
由于 A 为自伴算子, 所以 B 也为自伴算子, 因此
$$t^2 \langle B^2 x, Bx \rangle + 2t \langle Bx, Bx \rangle + \langle Bx, x \rangle \geqslant 0. \tag{5.20}$$
若 $\langle B^2 x, Bx \rangle \neq 0$, 则 $\langle B^2 x, Bx \rangle = \langle B(Bx), Bx \rangle > 0$. 因此 上式左端是一个实系数二次函数, 其判别式必为小于等于 0 的. 由此可得
$$\langle Bx, Bx \rangle^2 \leqslant \langle B^2 x, Bx \rangle \langle Bx, x \rangle. \tag{5.21}$$
若 $\langle B^2 x, Bx \rangle = 0$. 则由式 (5.20), 任取 $t \in \mathbb{R}$, 有
$$2t \langle Bx, Bx \rangle + \langle Bx, x \rangle \geqslant 0.$$
此时一定有 $\langle Bx, Bx \rangle = 0$. 则不等式 (5.21) 也成立. 利用不等式 (5.21), 得到
$$\| Bx \|^4 = \langle Bx, Bx \rangle^2 \leqslant \langle B^2 x, Bx \rangle \langle Bx, x \rangle \leqslant \| B \|^3 \| x \|^2 \langle Bx, x \rangle.$$
由算子 B 的定义有
$$\inf_{\| x \| = 1} | \langle Bx, x \rangle | = 0.$$
所以
$$\inf_{\| x \| = 1} \| Bx \| = 0. \tag{5.22}$$
假设 $M_A \in \rho(A)$, 则 $B = M_A - A$ 为一一映射, 因此 $B^{-1} \in B(H)$. 若 $x \in H$, 有
$$\| x \| = \| B^{-1} Bx \| \leqslant \| B^{-1} \| \| Bx \|.$$
所以
$$\frac{1}{\| B^{-1} \|} \leqslant \inf_{\| x \| = 1} \| Bx \|.$$
这与式 (5.22) 矛盾! 因此 $M_A \in \sigma(A)$. 类似方法可证 $m_A \in \sigma(A)$. □

最后我们给出 Hilbert 空间上自伴紧算子的结构定理.

定理 5.3.7 设 H 为复 Hilbert 空间, $A \in B(H)$ 为自伴紧算子. 则下列结论成立.

(1) 存在有限或无限非零实数列 $\lambda_n \in \sigma_p(A)$, 使得
$$| \lambda_1 | \geqslant | \lambda_2 | \geqslant \cdots.$$
若 $\{\lambda_n\}$ 为无穷数列, 则 $\lambda_n \to 0$. 相应地, 存在标准正交集 $\{e_n : n \geqslant 1\}$, $A e_n = \lambda_n e_n$. 任取 $x \in H$ 有
$$Ax = \sum_{n=1}^{\infty} \lambda_n \langle x, e_n \rangle e_n.$$

(2) 若 P_n 为由 H 到 $\mathbb{C} e_n$ 上的正交投影, 则
$$A = \sum_{n=1}^{\infty} \lambda_n P_n.$$

(3) 若 $0 \notin \sigma_p(A)$, 则 $\{e_n : n \geqslant 1\}$ 构成 H 的完全标准正交基.

证明

(1) 不妨设 $A \neq 0$. 由定理 5.3.3, 得到
$$\|A\| = \sup_{\|x\|=1} |\langle Ax, x \rangle| \neq 0,$$
因此 $\omega(A) \neq \{0\}$, 于是有 $m_A \neq 0$ 或 $M_A \neq 0$. 由上一定理知 $m_A, M_A \in \sigma(A)$, 且 $\sigma(A) \subset [m_A, M_A]$. 若 $|M_A| \geqslant |m_A|$, 则取 $\lambda_1 = M_A$; 若 $|m_A| > |M_A|$, 则取 $\lambda_1 = m_A$. 那么 $\lambda_1 \neq 0$, 由定理 5.2.4, $\lambda_1 \in \sigma_p(A)$.

设 $e_1 \in H, \|e_1\| = 1, Ae_1 = \lambda_1 e_1$. 令 $Q_1 = \mathbb{C} e_1, H_1 = Q_1^\perp$. 则 Q_1, H_1 均为 H 的闭线性子空间. 显然有 $A(Q_1) \subset Q_1$. 任取 $x \in H_1, y \in Q_1$, 有 $Ay \in Q_1$, 利用 A 的自伴性
$$\langle Ax, y \rangle = \langle x, Ay \rangle = 0.$$
这说明 $Ax \in H_1$. 因此 $A(H_1) \subset H_1$.

设 $A_1 = A|_{H_1}$, 则 $A_1 \in B(H_1)$ 为自伴紧算子. 若 $A_1 = 0$, 则任取 $x \in H$, 存在唯一的 $y \in Q_1, z \in H_1, x = y + z$. 此时
$$Ax = Ay + Az = Ay = \lambda_1 y = \lambda_1 \langle y, e_1 \rangle e_1 = \lambda_1 \langle x, e_1 \rangle e_1.$$
若 $A_1 \neq 0$, 则由以上的证明, 存在 $\lambda_2 \in \sigma_p(A_1) \setminus \{0\} \subset \sigma_p(A) \setminus \{0\}, |\lambda_1| \geqslant |\lambda_2|$. 取 $e_2 \in H_1$, $\|e_2\| = 1, A_1 e_2 = \lambda_2 e_2$. 令 $Q_2 = \text{span}\{e_1, e_2\}, H_2 = Q_2^\perp$. Q_2 和 H_2 均为 H 的闭线性子空间. 由于 $A(Q_2) \subset Q_2$, 所以易证 $A(H_2) \subset H_2$. 若 $A_2 = A_1|_{H_2} = 0$, 则易证
$$Ax = \lambda_1 \langle x, e_1 \rangle e_1 + \lambda_2 \langle x, e_2 \rangle e_2.$$
若 $A_2 \neq 0$, 则可以继续上述构造过程.

若在有限次之后有 $A_n = 0$, 则
$$Ax = \sum_{i=1}^n \lambda_i \langle x, e_i \rangle e_i, \quad x \in H.$$
若任取 $n \geqslant 1, A_n \neq 0$, 则 $\{e_n : n \geqslant 1\}$ 为无穷集, 且
$$|\lambda_1| \geqslant |\lambda_2| \geqslant \cdots.$$
由 Q_n 及 H_n 的构造知 e_n 两两正交, $Ae_n = \lambda_n e_n$. 此时必有 $\lambda_n \to 0$. 事实上, A 为紧算子, 由定理 5.2.4, $\sigma(A)$ 唯一可能的聚点是 0. $\sigma(A)$ 为有界无穷集, 所以 $\sigma(A)$ 必有聚点. 于是 0 为 $\sigma(A)$ 的聚点. 此时必有 $\lambda_n \to 0$.

令 $Q_\infty = \overline{\text{span}\{e_1, e_2, \cdots\}}, H_\infty = Q_\infty^\perp$. 则 $A|_{H_\infty} = 0$. 事实上, 任取 $x \in H_\infty$, 则 $x \perp Q_\infty$. 从而 $x \perp Q_n$, 因此 $x \in H_n$, 又 $A(H_n) \subset H_n$. 因此
$$|\langle Ax, x \rangle| = |\langle A|_{H_n} x, x \rangle| \leqslant \|A|_{H_n}\| \|x\|^2$$
$$= |\lambda_n| \|x\|^2 \to 0.$$
即 $\langle Ax, x \rangle = 0$. 又易证 $A(H_\infty) \subset H_\infty$. 令 $B = A|_{H_\infty}$, 则任取 $x \in H_\infty$, 有 $\langle Bx, x \rangle = 0$.

任取 $x, y \in H_\infty$, 成立
$$\langle Bx, y \rangle = \frac{1}{4} (\langle B(x+y), x+y \rangle - \langle B(x-y), x-y \rangle)$$

$$+\frac{\mathrm{i}}{4}(\langle B(x+\mathrm{i}y), x+\mathrm{i}y\rangle - \langle B(x-\mathrm{i}y), x-\mathrm{i}y\rangle) = 0.$$

故 $B = A|_{H_\infty} = 0$.

任取 $x \in H$, 存在唯一的 $y \in Q_\infty$, $z \in H_\infty$, 使得 $x = y + z$. 此时

$$Ax = Ay + Az = Ay = A\Big(\sum_{n=1}^{\infty}\langle y, e_n\rangle e_n\Big) = \sum_{n=1}^{\infty}\langle y, e_n\rangle Ae_n$$

$$= \sum_{n=1}^{\infty}\lambda_n\langle y, e_n\rangle e_n = \sum_{n=1}^{\infty}\lambda_n\langle x, e_n\rangle e_n.$$

(2) 令 $P_n = P_{\mathbb{C}e_n}$. 则 $P_n x = \langle x, e_n\rangle e_n$. 若 λ_n 仅有有限个, 设为 $\lambda_1, \lambda_2, \cdots, \lambda_n$. 则

$$Ax = \sum_{i=1}^{n}\lambda_i\langle x, e_i\rangle e_i = \Big(\sum_{i=1}^{n}\lambda_i P_i\Big)(x), \quad x \in H.$$

即 $A = \sum_{i=1}^{n}\lambda_i P_i$.

若 λ_n 有无穷多个, 则由 Bessel 不等式 (3.11), 得到

$$\Big\|A - \sum_{i=1}^{n}\lambda_i P_i\Big\|^2 = \sup_{\|x\|=1}\Big\|Ax - \sum_{i=1}^{n}\lambda_i P_i(x)\Big\|^2$$

$$= \sup_{\|x\|=1}\Big\|\sum_{i=1+n}^{\infty}\lambda_i\langle x, e_i\rangle e_i\Big\|^2 = \sup_{\|x\|=1}\sum_{i=1+n}^{\infty}|\lambda_i|^2|\langle x, e_i\rangle|^2$$

$$\leqslant |\lambda_{n+1}|^2 \sup_{\|x\|=1}\|x\|^2 = |\lambda_{n+1}|^2 \to 0.$$

即 $A = \sum_{i=1}^{\infty}\lambda_i P_i$.

(3) 若 $0 \notin \sigma_p(A)$, 则 A 为单射. 若 $x \in H$, 使得任取 $n \geqslant 1$ 有 $x \perp e_n$, 则

$$Ax = \sum_{n=1}^{\infty}\lambda_n\langle x, e_n\rangle e_n = 0.$$

利用 A 为单射可得 $x = 0$. 从而 $\{e_n : n \geqslant 1\}$ 为完全标准正交基. □

习 题 5

以下假设 X 为复 Banach 空间.

1. 设 $v \in C[0,1]$ 固定, 考虑 $C[0,1]$ 上的算子 $(Ax)(t) = v(t)x(t)$, 求 $\sigma(A)$.

2. 设 $a < b$. 求一个有界线性算子 $A \in B(C[0,1])$, 使得 $\sigma(A) = [a,b]$.

3. 设 $A \in B(X)$. 求证: 当 $|\lambda| \to \infty$ 时, $R(\lambda, A) \to 0$.

4. 设 $T_n, T \in B(X)$, 且 $\|T_n - T\| \to 0$, $\lambda_0 \in \rho(T)$. 求证: 当 n 足够大时, $\lambda_0 \in \rho(T_n)$, 且

$$\lim_{n\to\infty} R(\lambda_0, T_n) = R(\lambda_0, T).$$

5. 设 $A: \ell^\infty \to \ell^\infty$ 定义为

$$A(x_1, x_2, x_3, \cdots) = (x_2, x_3, x_4, \cdots).$$

求证：

(1) 若 $|\lambda|>1$，则 $\lambda\in\rho(A)$；

(2) 若 $|\lambda|\leqslant 1$，则 $\lambda\in\sigma_p(A)$，此时求出相应的特征空间.

6. 设 $A:\ell^2\to\ell^2$ 定义为
$$A(x_1,x_2,x_3,\cdots)=(x_2,x_3,x_4,\cdots).$$
若 $|\lambda|=1$，此时 λ 还是 A 的特征值吗？

7. 设 $A\in B(X)$，$m\geqslant 1$，λ 为 A^m 的特征值. 求证：λ 的某个 m 次方根是 A 的特征值.

8. 设 $A\in B(X)$ 满足 $A^2=A$，$A\neq 0,I$. 求证：$\sigma(A)=\{0,1\}$.

9. 设 $A,B\in B(X)$，$\lambda\in\rho(A)\cap\rho(B)$. 求证：
$$R(\lambda,A)-R(\lambda,B)=R(\lambda,A)(B-A)R(\lambda,B).$$

10. 设 $A\in B(X)$，p 为多项式. 证明下述命题相互等价：

(1) 任取 $y\in X$，存在唯一的 $x\in X$ 满足 $p(A)x=y$；

(2) 任给 $\lambda\in\sigma(A)$，$p(\lambda)\neq 0$.

11. 设 X 为非零复 Banach 空间，$A\in B(X)$. 若存在 $m\geqslant 1$，使得 $A^m=0$，则称 A 为**幂零算子**. 若 A 为幂零算子，求 $\sigma(A)$.

12. 考虑 $B(X)$ 的子集 $G=\{A\in B(X):A$ 为一一映射$\}$. 求证：G 为 $B(X)$ 的开集.

13. 设 $A,B\in B(X)$，且 $AB=BA$. 求证：
$$r(AB)=r(BA)\leqslant r(A)r(B).$$

14. 设 $A\in K(X)$，$\lambda\neq 0$. 求证：

(1) 任取 $n\geqslant 1$，$N((\lambda-A)^n)\subset N((\lambda-A)^{n+1})$；

(2) 存在 $n_0\geqslant 1$，使得 $N((\lambda-A)^{n_0})=N((\lambda-A)^{n_0+1})$，且任取 $m\geqslant 1$，$N((\lambda-A)^{n_0})=N((\lambda-A)^{n_0+m})$.

15. 设 $A\in K(X)$，$\lambda\neq 0$. 求证：

(1) 任取 $n\geqslant 1$，$R((\lambda-A)^{n+1})\subset R((\lambda-A)^n)$；

(2) 存在 $n_0\geqslant 1$，使得 $R((\lambda-A)^{n_0})=R((\lambda-A)^{n_0+1})$，且任取 $m\geqslant 1$，$R((\lambda-A)^{n_0})=R((\lambda-A)^{n_0+m})$.

16. 考虑 $C[0,1]$ 上的算子 $(Ax)(t)=tx(t)$. 求证：A 不为紧算子.

17. 设 $A\in B(X)$ 为紧算子，且 $A^2=A$. 求证：$\dim(R(A))<\infty$.

18. 设 Y 为 X 的线性子空间，$A\in B(X)$. 称 Y 为 A 的**不变子空间**，若 $T(Y)\subset Y$. 求证：

(1) A 的特征空间均是 A 的不变子空间；

(2) 若 Y 为 A 的不变子空间，则 $\overline{Y}$ 也是 A 的不变子空间；

(3) 任取 $n\geqslant 1$，$N(A^n)$ 和 $R(A^n)$ 都是 A 的不变子空间；

(4) 若 $B\in B(X)$，使得 $BA=AB$，则 $N(B)$ 和 $R(B)$ 均是 A 的不变子空间.

19. 设 $A\in B(X)$，Y 为 A 的不变闭子空间，设 $B=A|_Y$. 求证：

(1) 若 A 为紧算子，则 B 也为紧算子；

(2) 若 A 为自伴算子，则 B 也为自伴算子；

(3) $\sigma_p(B) \subset \sigma_p(A)$；

20. 设 H 是 Hilbert 空间，$T \in B(H)$. 求证：T 为到 H 某一闭子空间的正交投影当且仅当 T 为自伴算子且 T 为幂等的，即 $T^2 = T$.

21. 设 H 是 Hilbert 空间，M 为 H 的闭线性子空间，A 为从 H 到 M 上的正交投影. 求：m_A 和 M_A.

22. 设 H 为非零 Hilbert 空间，$A \in B(X)$ 为自伴紧算子. 求证：$\sigma_p(A) \neq \varnothing$.

23. 考虑 ℓ^2 上的有界线性算子：
$$A(x_1, x_2, x_3, \cdots) = (\lambda_1 x_1, \lambda_2 x_2, \lambda_3 x_3, \cdots).$$
其中 $\lambda_i \in \mathbb{R}$ 为有界列，$a = \inf_{i \geq 1} \lambda_i$，$b = \sup_{i \geq 1} \lambda_i$. 求证：任取 $i \geq 1$，$\lambda_i \in \sigma_p(A)$. 问：在什么情形下有 $\sigma(A) = [a, b]$？

24. 设 H 为 Hilbert 空间，$A \in B(H)$，$\{e_1, e_2, \cdots\}$ 为 H 的完全标准正交序列. 求证：A 为自伴算子当且仅当
$$\langle Ae_i, e_j \rangle = \langle e_i, Ae_j \rangle, \quad i, j \geq 1.$$

附录 1　半序集和 Zorn 引理

定义 5.3.2　设 X 为非空集合,"$\leqslant$"是定义在 X 中某些元素间的一种关系,若"$\leqslant$"满足:

(1) $\forall x \in X, x \leqslant x$,(自反性);

(2) $\forall x, y \in X$,若 $x \leqslant y$ 且 $y \leqslant x$,则 $x = y$(对称性);

(3) $\forall x, y, z \in X$,若 $x \leqslant y$ 且 $y \leqslant z$,则 $x \leqslant z$(传递性).

则称"$\leqslant$"为 X 上的**半序**,也称为**偏序**,序对 $(X, \leqslant)$ 称为**半序集**或**编序集**. 若 $x \leqslant y$,则称 x 小于等于 y. 若任取 $x, y \in X, x \leqslant y$ 和 $y \leqslant x$ 至少有一项是成立的,则称"$\leqslant$"为**全序**,此时称 X 为**全序集**.

若 X 为半序集,则有可能存在 $x, y \in X$,使得 $x \leqslant y$ 和 $y \leqslant x$ 均不成立,即 x, y 不可以比较大小.

设 X 为非空集合,令 $\mathcal{P}(X)$ 为 X 所有子集构成的集合. 若 $M, N \in \mathcal{P}(X)$,定义 $M \leqslant N$ 当且仅当 $M \subset N$. 则易证这样定义的"$\leqslant$"为 $\mathcal{P}(X)$ 上的半序. 这样的半序集 $(\mathcal{P}(X), \leqslant)$ 一般不为全序集. 在 $\mathbb{R}$ 上考虑通常的大小关系,则 $\mathbb{R}$ 为全序集.

若 X 为半序集,$M \subset X$ 为非空子集,$x \in X$ 称为 M 的**上界**,如果任给 $y \in M$,都有 $y \leqslant x$. $a \in X$ 称为 X 的**极大元**,如果任取 $y \in X$,满足 $a \leqslant y$,则必有 $a = y$.

很多实际问题需要确定半序集极大元的存在性,但一般来讲,极大元可能根本不存在. Zorn 引理给出了半序集具有极大元的一个充分条件.

引理 5.3.1(Zorn)　设 X 为非空半序集. 若 X 的任意非空全序子集均有上界,则 X 必有极大元.

附录 2 集合的势与可数集

定义 5.3.3 设 A,B 为集合,若存在一一映射 $T:A\to B$,则称 A 和 B **等势**. 与 $\mathbb{N}$ 等势的集合称为**可数集**,也称为**可列集**.

若 A 和 B 均为有限集,则 A 和 B 等势当且仅当 A 和 B 具有相同的元素个数. 如果 A 和 B 为无穷集且 A 和 B 等势,我们也可以理解为 A 和 B 具有相同的元素个数.

从定义可以看出,若 A 和 B 等势,则 B 和 A 也等势. 事实上,若 $T:A\to B$ 为一一映射,则 $T^{-1}:B\to A$ 也为一一映射. 若 A 和 B 等势,B 和 C 等势,则 A 和 C 也等势. 事实上,若 $T:A\to B$ 和 $S:B\to C$ 为一一映射,则复合映射 $S\circ T:A\to C$ 也为一一映射. 特别地,若 A 为可数集且 A 和 B 等势,则 B 也为可数集. 我们称可数集具有可数多个元素. 若 A 为有限集或是可数集,则称 A **至多可数集**. 不为至多可数集的集合称为**不可数集**.

设 A 为可数集,则存在一一映射 $T:\mathbb{N}\to A$. 对于 $n\in\mathbb{N}$,令 $a_n=T(n)$,由于 T 为满射,所以
$$A=\{a_1,a_2,a_3,\cdots\}.$$
利用 T 为单射可得:任取 $m\neq n$,有 $a_m\neq a_n$,即 a_n 两两不等. 反之,假设无穷集 A 可以表示为 $A=\{a_1,a_2,a_3,\cdots\}$,且 a_n 两两不等,则 A 必为可数集. 事实上,可以定义映射
$$T:\mathbb{N}\to A$$
$$n\mapsto a_n.$$
由假设条件 a_n 两两不等知 T 为单射,又 T 显然为满射,因此 T 为一一映射. 从而 A 与 $\mathbb{N}$ 等势,所以 A 为可数集. 这就给出了可数集的一个简单刻画. 利用这个可数集的刻画,容易证明若 A 为可数集,则 A 的子集或者为有限集,或者还为可数集,即为至多可数集. 我们可以给出很多可数集的例子.

$\mathbb{Z}$ 为可数集. 事实上,显然有 $\mathbb{Z}=\{0,1,-1,2,-2,\cdots\}$. 所有正偶数之集 $2\mathbb{N}$ 为可数集,这是由于 $2\mathbb{N}=\{2,4,6,\cdots\}$. $2\mathbb{N}$ 是 $\mathbb{N}$ 的真子集,因此无穷集可能和其子集等势. 可以证明集合 A 与其真子集等势当且仅当 A 为无穷集.

另一个常用的可数集是有理数集 $\mathbb{Q}$. 为了证明这个结论,我们对有理数引入模的概念,设 $x\in\mathbb{Q}$,$x=\dfrac{q}{p}$,其中 $p\in\mathbb{N}$,$q\in\mathbb{Z}$,且 p,q 互质. 令 $m(x)=p+|q|$ 为 x 的模. 我们总有 $m(x)\geqslant 1$. 固定正整数 m,模为 m 的有理数至多只有 $2m-1$ 个. 模为 1 的有理数只有 0,模为 2 的有理数是 $0,1,-1$,模为 3 的有理数是 $0,\dfrac{1}{2},-\dfrac{1}{2},2,-2$. 我们可以首先列出模为 0 的有理数,然后列出模为 1 的有理数,再列出模为 2 的有理数,依这种方式列下去,重复出现的

就不列在之内,因此
$$\mathbb{Q} = \left\{0, 1, -1, \frac{1}{2}, -\frac{1}{2}, 2, -2, \cdots\right\}.$$
这说明 $\mathbb{Q}$ 为可数集.

现假设 $A_1, A_2, A_3, \cdots$ 为可数多个可数集,即每个 A_i 均为可数集. 设
$$A_i = \{a_{i1}, a_{i2}, a_{i3}, \cdots\}.$$
设 $A = \bigcup_{i=1}^{\infty} A_i$. 则 A 还为可数集. 事实上,若 $i, j \geqslant 1$,可以定义元素 a_{ij} 的下标为 $i+j$. 则任取 $n \geqslant 1$,下标为 n 的 A 中元素仅有有限多个. 下标为 2 的 A 中元素有 a_{11},下标为 3 的 A 中元素有 a_{12}, a_{21},下标是 4 的 A 中元素有 a_{13}, a_{22}, a_{31}. 我们首先列出下标为 2 的 A 中元素,然后列出下标为 3 的 A 中元素,再列出下标为 4 的 A 中元素,依这种方式列下去,重复出现的就不列在之内,因此
$$A = \{a_{11}, a_{12}, a_{21}, a_{13}, a_{31}, a_{22}, \cdots\}.$$
这说明 A 仍为可数集. 因此可数个可数集的并集还为可数集. 由于可数集的子集或为有限集或为可数集,所以可数多个至多可数集的并集仍为至多可数集.

若 A 和 B 为可数集,设
$$A = \{a_1, a_2, a_3, \cdots\}, \quad B = \{b_1, b_2, b_3, \cdots\}.$$
a_i 两两不等, b_i 也两两不等. 考虑笛卡儿乘积
$$A \times B = \{(a_i, b_j) : i, j \geqslant 1\}.$$
则 $A \times B$ 为可数集. 事实上,任意固定 $i \geqslant 1$,考虑映射
$$T_i : B \to \{a_i\} \times B$$
$$b_j \mapsto (a_i, b_j).$$
易见 T_i 为从 B 到 $\{a_i\} \times B$ 的一一映射. 从而 B 与 $\{a_i\} \times B$ 等势,由于与可数集等势的集合仍为可数集,所以 $\{a_i\} \times B$ 为可数集. 又由于可数多个可数集的并集还为可数集,于是
$$A \times B = \bigcup_{i=1}^{\infty} \{a_i\} \times B$$
为可数集. 若 $A_1, A_2, \cdots, A_n$ 均为可数集,则利用数学归纳法易证笛卡儿乘积
$$\prod_{i=1}^{n} A_i = \{\{a_i\} : a_i \in A_i, i = 1, 2, \cdots, n\}$$
为可数集. 特别地, $\mathbb{Q}^n$ 为可数集.

下面我们来证明 $[0, 1]$ 不为可数集. 任取 $x \in [0, 1]$, x 有十进制小数表示
$$x = 0.a_1 a_2 a_3 \cdots.$$
这种十进制小数表示不唯一,例如 $0.1000\cdots = 0.099\,99\cdots$. 为此我们约定如果 x 的十进制表示从某一位之后全为零,则取其循环小数表示为其十进制小数表示. 因此对于 0.1,我们取 $0.099\,99\cdots$ 作为其十进制小数表示. 加上这个约定之后,任给 $x \in [0, 1]$, x 有唯一的十进制

小数表示.

假设 $[0,1]$ 为可数集,设 $[0,1]=\{x_1,x_2,x_3,\cdots\}$,每个 x_i 都有十进制小数表示
$$x_i = 0.a_{i1}a_{i2}a_{i3}\cdots.$$

对于 $n \geqslant 1$ 令
$$a_n = \begin{cases} 2, & a_{nn} \neq 2, \\ 1, & a_{nn} = 2. \end{cases}$$

考虑 $x=0.a_1a_2a_3\cdots \in [0,1]$,这个 x 的十进制小数表示不是从某一位之后全为 0,所以满足上面关于十进制小数表示的约定. 存在 $n_0 \geqslant 1$,使得 $x = x_{n_0}$. 特别地,x 和 x_{n_0} 的十进制小数表示的第 n_0 位相等,即 $a_{n_0} = a_{n_0 n_0}$,而这由 a_n 的定义是不可能成立的,矛盾!这样就证明了 $[0,1]$ 为不可数集. 由于 $[0,1] \subset \mathbb{R}$,所以 $\mathbb{R}$ 也为不可数集.

另一个典型的不可数集的例子是
$$\{0,1\}^{\mathbb{N}} = \{\{x_i\}: x_i = 0 \text{ 或者 } x_i = 1, i = 1,2,\cdots\}.$$

为了证明这个结果,我们考虑 $[0,1]$ 中元素的二进制小数表示. 任取 $x \in [0,1]$,x 都有二进制小数表示
$$x = 0.a_1a_2a_3\cdots,$$

其中 a_i 或者是 0 或者是 1. 与十进制小数表示类似,这种二进制小数表示并不唯一. 例如 $0.1000\cdots = 0.01111\cdots$. 为此我们约定如果 x 的二进制小数表示从某一位之后全为零,则取其循环小数表示为其二进制小数表示. 因此对于二进制小数 $0.1000\cdots$,我们取 $0.01111\cdots$ 作为其二进制小数表示. 加上这个约定之后,任给 $x \in [0,1]$,x 有唯一的二进制小数表示.

考虑映射
$$\phi: [0,1] \to \{0,1\}^{\mathbb{N}}$$
$$0.a_1a_2a_3\cdots \mapsto (a_1,a_2,a_3,\cdots).$$

由于 $[0,1]$ 中不同元素的二进制小数表示是不同的,因此 ϕ 为单射. 由于 $[0,1]$ 为不可数集,$[0,1]$ 通过 ϕ 的像集 $\phi([0,1])$ 也为不可数集,于是 $\{0,1\}^{\mathbb{N}}$ 也为不可数集. 这是由于至多可数集的子集均为至多可数集.

所有整系数多项式所构成的集合 $\mathcal{P}$ 也是可数集. 事实上,若 $n \geqslant 0$,我们令 $\mathcal{P}_n$ 为所有次数小于等于 n 的整系数多项式的全体,则显然 $\mathcal{P}_n$ 与 $\mathbb{Z}^{n+1}$ 等势. 由于 $\mathbb{Z}^{n+1}$ 为可数集,因而 $\mathcal{P}_n$ 也是可数集. 又由于 $\mathcal{P} = \bigcup_{n \geqslant 0} \mathcal{P}_n$,再利用上面已经证明的可数个可数集的并集仍为可数集这个结论,就可以得到集合 $\mathcal{P}$ 的可数性.

如果实数 r 为某个整系数多项式的根,则称 r 为**代数数**. 所有代数数所构成的集合记为 $\mathcal{A}$. 若 r 为有理数,则存在 $p \in \mathbb{N}$,$q \in \mathbb{Z}$ 使得 $r = \dfrac{q}{p}$,易见 r 为整系数多项式 $px - q = 0$ 的根,从而 $r \in \mathcal{A}$. 因此我们有 $\mathbb{Q} \subset \mathcal{A}$. 无理数也可能是代数数,例如 $\sqrt{2}$ 是整系数多项式 $x^2 - 2 = 0$ 的实根,因此 $\sqrt{2} \in \mathcal{A}$. 下面我们来说明 $\mathcal{A}$ 为可数集. 我们已经证明了所有整系数多项式

所构成的集合 $\mathcal{P}$ 是可数集,设 $\mathcal{P}=\{p_1,p_2,p_3,\cdots\}$,设 R_i 为整系数多项式 p_i 的所有实根构成的集合,则 R_i 为有限集,且 $A=\bigcup\limits_{i=1}^{\infty} R_i$. 利用上面已经证明的可数个至多可数集的并集为至多可数集这个结论,A 为至多可数集. 又由于 $\mathbb{Q}\subset A$ 及 $\mathbb{Q}$ 为无穷集,可知 A 为无穷集. 从而 A 必为可数集.

不为代数数的实数称为**超越数**. 历史上人们曾经费尽周折来证明超越数的存在性(如 π 和 e 的超越性),利用上面证明的结论,我们很容易就可以得到超越数的存在性:由于 $\mathbb{R}$ 为不可数集,A 为可数集,所以所有超越数构成的集合是一个不可数集,也就是说,超越数不仅存在,而且超越数的个数要比代数数的个数多得多.

索　引

ε-网,　24
n 阶 Chebyshev 多项式,　151
p-阶可和的数列,　4
Applonius 恒等式,　98
Baire 范畴定理,　122
Banach-Steinhauss 定理,　123
Banach 不动点定理,　29
Banach 空间,　47
Bessel 不等式,　85
Cauchy-Schwarz 不等式,　6
Dirac 测度,　66
Fourier 级数,　125
Gelfand-Mazur 定理,　164
Gelfand 谱半径公式,　165
Gram-Schmidt 标准正交化方法,　89
Hölder 不等式,　5
Haar 条件,　146
Hahn-Banach 保范延拓定理,　106
Hahn-Banach 定理,　101, 105～108
Hamel 基,　44
Hamel 基存在性定理,　45
Hilbert 空间,　77
Lipschitz 条件,　32
Lipschitz 映射,　12
Minkowski 不等式,　7
Parseval 等式,　88
Polya 定理,　138
Riemann-Stieltjes 积分,　117
Riesz 表示定理,　92, 94, 118
Riesz 定理,　54
Schauder 基,　49
Schwarz 不等式,　76
Toeplitz 定理,　134

Volterra 积分方程,　34
Zorn 引理,　187
伴随算子,　95
半范,　105
半范数,　105
半序,　187
半序集,　187
本征值,　158
闭包,　11
闭集,　8
闭球,　8
闭算子,　142
闭图像定理,　143
闭延拓,　156
边界,　37
标准正交基,　87
标准正交基存在性定理,　90
标准正交集,　84
标准正交序列,　84
标准正交组,　84
不变子空间,　185
不动点,　28
不可数集,　188
超越数,　191
稠密子集,　13
次线性泛函,　101
从 x_0 到 M 的距离,　28
代表元,　56
代数对偶空间,　66
代数数,　190
导集,　11
等价度量,　19
等价范数,　51

索 引

等距同构, 23,48,79
等势, 188
第二范畴子集, 122
第二类 Fredholm 积分方程, 33
第一范畴子集, 122
点谱, 159
典范映射, 111
迭代法, 28
度量, 2
度量空间, 2
对偶基, 67
对偶空间, 66
范数, 46
赋范空间, 46
赋范子空间, 47
复线性空间, 40
共鸣定理, 123
共轭空间, 66
共轭双线性泛函, 92
共轭算子, 108
共轭线性, 75,93
勾股定理, 84
极大元, 187
极化恒等式, 78
极限, 15
极值点, 146
交错集, 150
紧度量空间, 24
紧集, 24
紧算子, 168
聚点, 11
距离, 2
距离空间, 2
开集, 8
开球, 8
开映射, 138
开映射定理, 138
柯西列, 17

可分度量空间, 13
可列集, 188
可数集, 188
离散度量, 3
离散度量空间, 3
连续谱, 159
连续谱点, 159
连续映射, 12
零化子, 74
幂零算子, 185
内部, 8
内点, 8
内积, 75
内积空间, 75
逆算子定理, 138
偏序, 187
平行四边形等式, 77
平移不变性, 46
谱, 159
谱集, 159
齐次性, 46
强收敛, 127
球面, 8
全变差, 116
全序, 187
全序集, 187
弱极限, 127
弱收敛, 127
弱星极限, 129
弱星收敛, 129
三次样条函数, 152
三角不等式, 46,76
商范数, 57
商空间, 56
商映射, 57
上界, 187
剩余谱, 159
剩余谱点, 159

实线性空间, 40
矢量空间, 40
收敛到 0 的数列空间 c_0, 22
收敛列, 15
数列空间 s, 3
数值半径, 181
算子 T 的范数, 61
算子的强收敛性, 130
算子的弱收敛性, 131
算子的一致收敛性, 130
特征空间, 159
特征向量, 158
特征值, 158
凸集, 80
拓扑对偶空间, 66
拓扑空间, 10
完备度量空间, 17
完备化, 24, 48, 79
完全标准正交集, 87
完全集, 83
完全有界集, 24
维数, 43
无处稠密子集, 122
无穷维空间, 44
先验估计, 30
限制, 64
线性泛函, 66
线性空间, 40
线性算子, 48
线性无关, 42
线性相关, 42
线性子空间, 41
线性组合, 41
相对紧集, 24
向量, 40
向量空间, 40
向量值解析函数, 163

向量值连续函数, 162
行和判据, 32
压缩映射, 28
严格凸赋范空间, 145
延拓, 64
一致有界性原理, 121
隐函数存在定理, 35
由范数 $\|\cdot\|$ 诱导出来的度量, 46
由 M 生成的线性子空间, 42
由内积 $\langle\cdot,\cdot\rangle$ 诱导出来的范数, 77
酉算子, 98
有界变差函数, 116
有界共轭双线性泛函, 93
有界集, 15
有界线性算子, 60
有界线性算子空间, 61
有限维空间, 43
有限秩算子, 168
预解集, 159
预解式, 161
预解式等式, 161
正泛函, 73
正规算子, 100
正交, 80
正交补, 80
正交分解定理, 82
正交集, 84
正交投影, 82
正则值, 159
直和, 82
直径, 38
至多可数集, 188
自伴算子, 178
自反空间, 112
最佳逼近元, 28
最小二乘法, 151